BEIHEFTE ZUR
ZEITSCHRIFT FÜR ROMANISCHE PHILOLOGIE

BEGRÜNDET VON GUSTAV GRÖBER
FORTGEFÜHRT VON WALTHER VON WARTBURG
HERAUSGEGEBEN VON KURT BALDINGER

113. HEFT

Otto Jänicke

Die Bezeichnungen des Roggens in den romanischen Sprachen unter besonderer Berücksichtigung der Galloromania

MAX NIEMEYER VERLAG TÜBINGEN 1967

Die Bezeichnungen des Roggens in den romanischen Sprachen unter besonderer Berücksichtigung der Galloromania

Ein Beitrag zur Geschichte der romanischen Getreideterminologie

von

Otto Jänicke

MAX NIEMEYER VERLAG TÜBINGEN 1967

Die vorliegende Arbeit wurde 1964
von der Philosophisch-Historischen Fakultät der Universität Basel
als Dissertation angenommen

Satz und Druck: Allgäuer Heimatverlag GmbH., Kempten/Allgäu
Einband von Heinr. Koch, Tübingen

Inhaltsverzeichnis

Vorwort

Frumenti genera non eadem ubique nec,
ubi eadem sunt, isdem nominibus.
Plin. NH 18, 81

Es unterliegt keinem Zweifel, daß der Roggen in den Ländern des romanischen Kulturkreises eine untergehende Getreideart ist. Während sich heute die große Masse der Konsumenten hier von Weizenbrot ernährt, erfreut sich das Roggenbrot nur noch geringer Gunst. Zwangsläufig verringert sich auch die Anbaufläche des Roggens von Jahr zu Jahr. Damit geht eine mehr als tausendjährige Periode zu Ende, in der der Roggen eine beachtliche Rolle in der Ernährung der romanischen Völker gespielt hat.

Im Augenblick seines Verschwindens erscheint es angebracht, den Geschicken des Roggens in der Romania noch einmal im einzelnen nachzugehen. Dieses soll hier speziell für seine Namen unternommen werden. Da jedoch die Bezeichnungsgeschichte einer Sache untrennbar mit deren materiellen Existenz verbunden ist, werden auch agrar- und kulturhistorische Fragen, die sich im Zusammenhang mit dem Roggen stellen, gebührend berücksichtigt werden.

Will diese Arbeit also in erster Linie eine onomasiologische Studie sein, so wird es ihr andererseits nicht an Ausblicken auf Bezeichnungen anderer Getreidearten fehlen. Gelegenheit dazu bieten vor allem jene Getreidenamen, die sporadisch in romanischer Zeit auf den Roggen übertragen wurden.

Eine besonders eingehende Behandlung wird das lat. SECALE mit seinen romanischen Folgeformen erfahren. Dieser vorrangige Platz kommt dem Wort aber nicht allein auf Grund der Tatsache zu, daß es sich hierbei um die wichtigste Roggenbezeichnung innerhalb der Romania handelt, sondern auch, weil das Wort im Lateinischen wie im Romanischen zu einigen Problemen Anlaß gibt. Es mußte also das besondere Anliegen der vorliegenden Arbeit sein, in diese Fragen ein wenig Licht zu bringen.

Es ist mir ein aufrichtiges Bedürfnis, an dieser Stelle all jenen zu danken, die sich in der einen oder anderen Weise um das Zustandekommen dieser Arbeit gekümmert haben. An erster Stelle sei Herr Dr. habil.

W. Rothe, Kiel, genannt, dem ich die Anregung zur Beschäftigung mit den romanischen Getreidebezeichnungen verdanke. Bei der Abfassung der Arbeit selbst wurde mir vor allem der Rat und die Förderung der Herren Professoren T. Reinhard † und G. Colón, Basel, zuteil. Für ihre sich nie versagende Hilfsbereitschaft sei ihnen hier noch einmal herzlich gedankt. Über das Maß des Üblichen hinausgehend bin ich endlich Herrn Prof. W. von Wartburg verpflichtet. Indem er mir die Mitarbeit am Französischen Etymologischen Wörterbuch gestattete, schaffte er die wissenschaftlichen und materiellen Voraussetzungen, die die Abfassung dieser Arbeit überhaupt erst ermöglichten. Ihm gebührt daher mein ganz besonderer Dank.

Die Drucklegung vorliegender Arbeit wurde ermöglicht durch einen Zuschuß der Max-Geldner-Stiftung in Basel, der ich noch einmal für ihr verständnisvolles Entgegenkommen danke. Weiterhin möchte ich an dieser Stelle Herrn Prof. K. Baldinger meinen Dank für die Aufnahme dieser Arbeit in die Reihe der „Beihefte zur Zeitschrift für romanische Philologie" abstatten.

Hinweise

Das verwendete phonetische Transkriptionssystem ist mit geringfügigen Abweichungen das des FEW. Galloromanische Dialektbelege, die ohne Quellenangabe zitiert werden, sind dem FEW entnommen. Etwaige Abkürzungen bei ihrer Lokalisierung gehen ebenfalls auf das FEW zurück und können mit dessen Beiheft aufgelöst werden.

Aus praktischen Gründen werden bibliographische Angaben im Text selbst aufgeführt. Dies geschieht dergestalt, daß Quellenwerke mit Sigeln zitiert werden, sachkundliche und linguistische Arbeiten mit dem bloßen Namen des Autors, sofern nur ein Titel vom jeweiligen Autor hier vorkommt, andernfalls auch mit Sigeln. Die auf Name oder Sigel folgende Zahl ist die Seite; eine davorstehende 1, usw. betrifft den Band. Wenn es sich um einen Zeitschriftenartikel handelt, werden auch nur Autor und Seite genannt. Ebenso wird verfahren, wenn sich der Artikel über mehrere Zeitschriftenbände erstreckt, sofern sich die Seitenzahlen nicht überschneiden. Ist dies jedoch der Fall, wird unabhängig von der tatsächlichen Bandzahl eine neue Numerierung von 1 ab eingeführt. Häufig wiederkehrende alphabetische Wörterbücher werden in der Regel ohne Seitenangabe zitiert. Bei der Auflösung der bibliographischen Angaben im Text ist also in jedem Falle das Literaturverzeichnis zu Rate zu ziehen. Dabei ist zu beachten, daß philologische oder andere Arbeiten, denen einzelne Belege entnommen wurden, sowie Wörterbücher nicht unter den Quellen, sondern unter der Sekundärliteratur aufgeführt werden. Nur einmal genannte Werke werden dagegen gelegentlich mit vollem Titel in den Anmerkungen zitiert, erscheinen dann aber nicht mehr in der Bibliographie.

A. Die Getreideart Roggen

1. Botanisches und Landwirtschaftliches[1]

a. Beschreibung der Pflanze

Obwohl der Roggen für europäische Verhältnisse keine botanische Rarität darstellt, verdient er es in diesem Zusammenhang doch, eingangs mit einigen Worten charakterisiert zu werden.

Was uns am Roggen sofort ins Auge fällt, ist ohne Frage sein langer Halm; mit einer durchschnittlichen Höhe von 1,5 m überragt er alle anderen Getreidearten. Die Roggenähre ist schlank, lang und leicht gebogen; und selbst noch im Reifezustand verfügt sie über eine zähe, biegsame Spindel. Dieses stellt fraglos einen Vorteil gegenüber gewissen Weizensorten (u. a. Dinkel) dar, die eine sehr leicht zerbrechliche Ährenspindel haben und bei deren Ernte auf Grund dieser Tatsache ein relativ hoher Prozentsatz an Korn verlorengeht. Auf jedem Spindelzahn der Roggenähre sitzt ein Ährchen mit zwei Körnern in Deckspelzen, deren äußere schiffchenförmig gewölbt sind und in Grannen auslaufen. Die innere Spelze ist dagegen flach und grannenlos. Zur Zeit der Reife sitzen die Körner ziemlich locker in den Spelzen, so daß nicht – wie bei anderen Getreidearten – erst ein „Gerbgang" eingeschaltet zu werden braucht, damit sich die Körner leichter von den sie umhüllenden Spelzen lösen. Das einzelne Korn des Roggens hat eine längliche Form, unterscheidet sich also merklich vom bäuchigen Korn des Weizens.

Mit dieser summarischen Charakterisierung der Roggenpflanze mag es sein Bewenden haben, schon deshalb, weil selbst eine detaillierte Anatomie der uns interessierenden Pflanze nicht – wie sich weiter unten zeigen wird – zur Erklärung der Bezeichnungen des Roggens in den romanischen Sprachen beiträgt. Was uns in diesem Zusammenhang weiterhilft, ist vielmehr eine eingehende Untersuchung der spezifischen Eigenschaften unserer Pflanze und eine anschließende Gegenüberstellung mit anderen Getreidearten unter diesem Gesichtspunkt.

---

[1] Zu diesem Abschnitt wurden vor allem herangezogen BeckerD 112ff., Berkner 3, 26ff., Hegi 1, 496ff., Schiemann 62ff.

b. Eigenschaften und Anbaubedingungen des Roggens

Der Roggen kommt in zwei Formen vor: einjährig (Sommerroggen) und einjährig überwinternd (Winterroggen). Da aber der Roggen kaum noch als Sommerfrucht angebaut wird, gilt das im folgenden Gesagte in erster Linie für den Winterroggen.

Als Winterfrucht wird der Roggen in Ost- und Norddeutschland in der ersten Septemberhälfte, sonst im allgemeinen in der zweiten Hälfte des Monats ausgesät. Schon nach 10 bis 16 Tagen geht seine Saat auf. Dabei zeigt sich der Roggen als fast völlig unabhängig von der Temperatur. Das Minimum der zu seiner Keimung nötigen Temperatur liegt nämlich bei $+1°-+2°$ C; eine Bodenwärme von nur $+4°-+5°$ C ist schon ausreichend, damit der Roggen in vier Tagen keimt. Noch bevor der eigentliche Winter einsetzt, bestockt sich die Pflanze kräftig. Selbst während des Winters ruht die Pflanze nicht. Solange die Temperatur nicht unter dem Gefrierpunkt liegt und der Boden nicht gefroren ist, wächst die junge Roggenpflanze. Aber damit ist die Widerstandsfähigkeit des Roggens im Winter noch nicht erschöpft. So kann die nunmehr allerdings ruhende Pflanze Kahlfröste bis zu —25° C ertragen, und auch plötzliche Temperaturstürze übersteht sie ohne nennenswerte Schäden. Im Frühjahr ist die Roggenpflanze, nachdem sie sich bereits im Herbst gehörig bestockt hat, in der Lage, schnell hoch zu wachsen, wobei sie in vollem Umfange die im Boden vorhandene Winterfeuchtigkeit ausnutzen kann. Und noch bevor die sommerliche Dürre einsetzt, hat sich so die Roggenpflanze voll entwickelt. Dieser verhältnismäßig schnelle Entwicklungsprozeß im Frühjahr bedingt denn auch, daß der Roggen als erste Getreideart gegen Mitte Juli erntereif ist. Dies trifft in erster Linie für Gebiete mit kontinentalen Klimaverhältnissen zu; maritimes Klima erweist sich dagegen als reifehemmend. So wird der Roggen beispielsweise in der norddeutschen Tiefebene früher geerntet als in Belgien und Holland. Auch Berglagen verzögern den Reifeprozeß; während man etwa in Mecklenburg unter günstigen Bedingungen schon gegen den 10. Juli mit dem Einfahren des Roggens beginnen kann, ist in den deutschen Mittelgebirgen und in den Alpen erst im August oder gar im September an die Roggenernte zu denken.

Sahen wir also, daß der Roggen gegen fast alle Wechselfälle des Klimas gefeit ist, so werden wir im folgenden auch seine große Anspruchslosigkeit in bezug auf den Boden feststellen können.

Nicht von ungefähr kommt es, daß gerade die reinen Sandböden in der landwirtschaftlichen Terminologie die Bezeichnung „Roggenböden" tragen; auf diesem Boden minimaler Güte ist dagegen der Weizenanbau praktisch unmöglich. Ja selbst vor den armen Heideböden macht der Roggenanbau nicht halt. Und was das bedeutet, kann so recht nur derjenige ermessen, welcher mit norddeutschen Agrarverhältnissen vertraut ist. Große Flächen würden nämlich der landwirtschaftlichen Nutzung ganz einfach verschlossen sein, wenn nicht auf ihnen der Roggen auf Grund seiner Anspruchslosigkeit ein Auskommen fände. Die sichersten und höchsten Roggenerträge werden jedoch auf trockenen, lehmigen Sandböden bzw. sandigen Lehmböden erzielt. Aber auch auf Äckern mit schwerem Boden ist sein Anbau mit Erfolg möglich, solange die Bodenfeuchtigkeit nicht zu groß ist.

Der Roggen ist also eine sehr genügsame Getreideart, deren Ansprüche an Klima und Boden bemerkenswert gering sind.

c. Der Roggen im Vergleich mit anderen Getreidearten

Da der Roggen – wenn auch nicht ausschließlich, so doch vorwiegend – als Brotgetreide Verwendung findet, muß als Vergleichsobjekt natürlich in erster Linie der Weizen, das Hauptbrotgetreide, herangezogen werden.

Zunächst fällt auf, daß der Weizen (Winterweizen) weitaus mehr Wärme erfordert als die Winterfrucht des Roggens. Die minimale Keimungstemperatur des Weizens liegt bei $+3°$–$+4°$ C, und wenn der Roggen bei einer Bodenwärme von $+4°$–$+5°$ C schon nach vier Tagen keimt, so braucht der Weizen dazu mindestens 6 bis 7 Tage. Auch bestockt sich der Winterweizen nur sehr spärlich im Herbst, was sich im Frühjahr bei der Entwicklung der Pflanze verzögernd auswirkt. Trotzdem birgt die nur geringe Bestockung der Weizenpflanze auch einen Vorteil in sich. Langanhaltende Winternässe und hoher Schnee wirken sich nämlich in keiner Weise nachteilig auf die erst spärlich entwickelte Pflanze aus. Dagegen muß gerade der Winterroggen eine übergroße Winterfeuchtigkeit fürchten, bringt sie doch die Gefahr eines möglichen Ausfaulens der schon relativ weitentwickelten Pflanze mit sich. Aber schon in bezug auf trockene Winterkälte ist wieder der Roggen weitaus robuster als der Weizen. Vor allem im Frühjahr zeigt sich aber die Überlegenheit des Roggens. Während es die relativ weitentwickelte Roggenpflanze geschickt versteht, die noch im Boden vorhandene Winterfeuchtigkeit für ihren Wachstumsprozeß auszunutzen, kommt der Weizen nur zögernd nach. Dieser unterschiedliche Entwicklungsgrad der beiden Pflanzen zu Beginn des Frühjahrs hat nun wiederum zur Folge, daß der schon recht hohe Roggen das Ackerunkraut, welches die Winterfröste überstanden hat, in seiner Entwicklung stark behindert und später durch sein langes Stroh ganz einfach erdrückt. Dagegen hat der nur langsam wachsende Weizen einen schweren Stand gegen das rasch vorankommende Unkraut. Die Gefahr einer Verunkrautung ist somit beim Weizen bedeutend größer als beim Roggen.

Die Ansprüche des Weizens an die Witterung sind hoch. So braucht der Weizen eher feuchtwarmes Wetter bis zu seiner Blüte, bis zur Reife zieht er aber dann anhaltende, trockene Wärme vor. Auch dem Boden gegenüber zeigt sich der Weizen sehr anspruchsvoll. Man kann ihn nicht wie etwa den Roggen auf Äckern minimaler Bodengüte anbauen, vielmehr braucht er einen relativ schweren Boden für einen guten Ertrag.

Diese kurze Gegenüberstellung von Weizen und Roggen dürfte gezeigt haben, daß der Weizen spürbar empfindlicher ist als der Roggen. Auch seine höheren Ansprüche an das Klima und den Boden sind unverkennbar.

Vielleicht sollte man noch die Gerste in den Vergleich miteinbeziehen, schon weil sie in Skandinavien und in einigen anderen Ländern auch als Brotgetreide angebaut wird. Auffallend gering sind ihre Wärmeansprüche; bedingt durch den Einfluß des Seeklimas wird sie noch bei 70° n. Br. an der Westküste Norwegens angebaut. Auch zeigt sie sich praktisch unabhängig von der Bodenfeuchtigkeit ganz im Gegensatz zum Weizen, der darauf nicht verzichten kann.

Aus dem eben Gesagten ließe sich womöglich eine noch größere Anspruchslosigkeit der Gerste im Vergleich zum Roggen ableiten. Dem ist nun nicht so. Wir haben es nämlich beim Gerstebau im hohen Norden mit der Sommerform zu tun. Die Wintergerste würde genauso wenig wie der Winterroggen den nordischen Winter überstehen. Sie erweist sich sogar als eine ausgesprochen empfindliche und anspruchsvolle Getreideart. Mildes Klima ist für ihr gutes Gedeihen unerläßlich; die schweren Marschböden in Holland und Nordwestdeutschland sowie Böden gleicher Güte in West- und Süddeutschland, die sie beherbergen, zeigen uns, daß die Wintergerste in bezug auf den Boden nicht weniger anspruchsvoll ist als der Weizen. Hier wie überall sonst in Mittel- und Osteuropa wird sie in erster Linie als Braugerste angebaut.

Man kann also bei einem Vergleich mit dem Roggen nicht von einer größeren Anspruchslosigkeit der Wintergerste sprechen. Ihre Eigenschaften rücken sie schon eher in die Nähe des Weizens. Die Sommergerste erweist sich dagegen als widerstandsfähiger; ein spürbarer Unterschied dem Roggen gegenüber ist jedoch auch nicht festzustellen.

Die unterschiedlichen Eigenschaften der fraglichen Getreidearten finden, wie nicht anders zu erwarten, ihren Niederschlag in der Pflanzengeographie. Wenn auch die Gerste in ihrer Sommerform bei 70° n. Br. die Nordgrenze des Getreidebaus überhaupt erreicht, so folgt ihr doch der Roggen unmittelbar, und zwar handelt es sich hier bereits um die Winterfrucht. So liegt denn die nördliche Grenze des Roggenanbaus bei etwa 69° n. Br.[2] an der norwegischen Küste, wo sich noch der Einfluß des Seeklimas förderlich auswirkt. Weiter östlich sinkt die Nordgrenze des Roggenanbaus unter dem Zwang des harten kontinentalen Klimas merk-

---

[2] EncUn 12, 1083 verzeichnet sogar den 72° n. Br. als Nordgrenze des Roggenanbaus in Skandinavien. Sollte sich diese Angabe als richtig erweisen, so würde der Roggen – wenn auch wahrscheinlich in seiner Sommerfrucht – das „nördlichste“ Getreide sein.

lich ab; in Finnland übersteigt er nicht mehr den 65° n. Br., und in Sibirien ist es gar der 60° n. Br., wo ihm Halt geboten wird. Die Nordgrenze des Weizenanbaus liegt dagegen schon bei 64° n. Br. in Skandinavien und bei 58° n. Br. in Schottland. Es muß jedoch gesagt werden, daß es sich hier noch nicht um einen verbreiteten Weizenanbau handelt; dieser setzt erst weiter südlich in Mitteleuropa ein. Der nördliche Teil unseres Kontinents wird vielmehr vom Roggenanbau beherrscht. Seine Hauptverbreitungszone umfaßt im einzelnen folgende Gebiete: das südliche Skandinavien, Belgien, Holland, Nord- und Mitteldeutschland, Polen, die Tschechoslowakei, Ungarn und die Sowjetunion. Wohl findet sich der Roggen auch noch weiter südlich (bis zum 38° n. Br.), jedoch handelt es sich hier nur noch um sporadischen Anbau.

Der Roggen erweist sich also als eine Getreideart des gemäßigten Klimas. Auch der Weizen ist hier zu Hause, sein Anbau macht aber nicht vor der subtropischen Zone halt; ja selbst noch in den Tropen finden wir ihn.

Konnten wir an Hand der Pflanzengeographie eine recht unterschiedliche Verbreitung der beiden fraglichen Getreidearten in den einzelnen Klimazonen feststellen, so werden wir auf Grund ihres Verhaltens in Berglagen zu ähnlichen Ergebnissen kommen. Auch hier zeigt sich der Roggen wieder wetterfester und weniger abhängig von den Bodenverhältnissen. Diese Überlegenheit des Roggens spiegelt sich denn auch zahlenmäßig in den Höhen wider, wo wohl noch Roggenanbau möglich ist, der Weizen jedoch zum Verkümmern verurteilt ist. In den deutschen Mittelgebirgen schwingt sich der Roggen bis zu einer Höhe von 800 bis 900 m hinauf, hat aber bereits in 450–500 m Höhe den Weizen hinter sich gelassen. In den Alpen verhalten sich die Höhengrenzen unserer beiden Getreidearten nicht viel anders zueinander. Hier ist der Roggen sogar eindeutig das erste Brotgetreide, an dessen Platz der Weizen nur in klimatisch günstig gelegenen Gegenden rückt. So findet der Weizen hier seine eigentliche Anbaugrenze bereits bei 800–900 m, der Roggenanbau ist jedoch noch in einer Höhe von 1400–1800 m möglich.

Dieses unterschiedliche Verhalten des Weizens und des Roggens im Gebirge ist recht augenfällig. Es verdient unsere besondere Aufmerksamkeit vor allem im Hinblick auf romanische Getreidebauverhältnisse.

Aus der vorangegangenen Gegenüberstellung von Roggen und Weizen ergibt sich zusammenfassend folgendes Bild: Der Roggen zeichnet sich ganz im Gegensatz zum Weizen durch eine große Anspruchslosigkeit aus; selbst auf Äckern minimaler Bodengüte ist sein Anbau von unübertroffener Ertragssicherheit. Auch widrigen Klimaeinflüssen gegenüber erweist sich der Roggen als widerstandsfähiger als der Weizen. Niedrige Temperaturen und mangelnde Bodenfeuchtigkeit sind keine Hindernisse für seinen Anbau, erschweren jedoch andererseits erheblich die Weizenkultur, wenn sie sie nicht sogar unmöglich machen. Diese recht nuancierten Merkmale der beiden Brotgetreidearten finden – wie wir sahen – ihren unmißverständlichen Ausdruck in der Pflanzengeographie: Nord- und Höhengrenze des Roggens schieben sich weit über die des Weizens hinaus. Der Roggen ist also, so könnte man aus dem Gesagten folgern, in erster Linie ein Getreide des Nordens und der Gebirge. Zu diesem Schluß berechtigt im übrigen auch seine heutige Verbreitung. Daß es aber nicht immer so war, soll schon hier angedeutet werden, auch wenn dieser Wandel erst weiter unten eine eingehende Würdigung erfährt. Seit etwa 100 Jahren ist nämlich eine rückläufige Tendenz im Roggenanbau unverkennbar, und zwar geht dieser Rückgang fast ausschließlich zugunsten des Weizens. Nach dem, was weiter oben über die Vor- und Nachteile der beiden uns interessierenden Getreidearten gesagt wurde, kann uns diese Tatsache nur überraschen. Man wird sich nämlich fragen müssen, was den Menschen dazu veranlaßt hat, gerade der empfindlichsten unter den Getreidearten den Vorzug zu geben. Es war aber – um es gleich zu sagen – nicht die Pflanze und die ihr inhärenten Eigenschaften, die bei dieser Wahl den Ausschlag gegeben haben. Vielmehr war es das aus dem jeweiligen Korn gewonnene Mehl, das über Gunst oder Ungunst des Menschen entschied. Und da Weizenmehl und das daraus hergestellte Brot bzw. Gebäck nun einmal eine sehr reine, weiße Färbung haben, während Roggenmehl und Roggenbrot schon eher unansehnlich grau erscheinen, gehörten dem Weizen von jeher die Sympathien der Menschen.

Wie steht es nun aber wirklich um die Güte der beiden Brotarten? Werden ihnen von der modernen Ernährungswissenschaft die gleichen Plätze zugewiesen wie von der herkömmlichen Meinung der Menschen? Dazu ist zu sagen, daß das Weizenbrot seinen Vorrangplatz nicht ganz zu Unrecht inne hat. Das Weizenbrot ist in der Tat nahrhafter als das Roggenbrot; der Eiweißgehalt des Weizenbrotes überwiegt den des Roggenbrotes. Dann gibt man dem Weizenbrot auch vielfach den Vorzug, weil es lockerer und leichter verdaulich ist als das Roggenbrot. Zeigt sich nun das Weizenbrot in all diesen Punkten überlegen, so weist doch auch das Roggenbrot unverkennbare Vorzüge auf. Ihm wird vor allem nachgesagt, daß es sehr schmackhaft sei und in höherem Maße sättige als das Weizenbrot. Es hält sich auch bedeutend länger frisch als das lockere Weizenbrot. Dies ist ein Vorteil, den besonders die Landleute zu schätzen wissen, die nur von Zeit zu Zeit ihr Brot backen.

Allein diese Vorzüge des Roggenbrotes reichen nicht annähernd aus, dem Weizenbrot seinen Vorzugsplatz streitig zu machen. Heute sogar weniger denn je! Denn immer größere Bevölkerungskreise selbst in den ausgesprochenen Roggenländern Mittel- und Osteuropas wenden sich dem Weizenbrot zu. Dieser Geschmacksverschiebung sind heute nicht mehr wie im Mittelalter von agrarwirtschaftlicher Seite her Schranken gesetzt. Die moderne intensive Landwirtschaft mit ihren fortschrittlichen

Bodenbearbeitungs- und Düngungsmethoden erschließt nämlich dem Weizen immer neue Gebiete, in denen früher ausschließlich Roggenanbau möglich war. Unter dem Druck der Nachfrage breitester Volkskreise nach Weizenmehlprodukten muß also der Roggen dem Weizen auf den Feldern weichen. In der Ebene hat er praktisch nur noch auf den schlechtesten Böden ein Heimatrecht; sein eigentliches Rückzugsgebiet ist jedoch das Gebirge, jene Höhen, wohin ihm der Weizen auf Grund der unwirtlichen Witterungsbedingungen auch heute noch nicht folgen kann. Diese Feststellung wird sich weiter unten an unzähligen Beispielen aus den romanischen Ländern bestätigen lassen.

Als unumstößliche Tatsache bleibt jedenfalls bestehen, daß der Roggen fast alles von seiner einstigen Bedeutung zugunsten des Weizens eingebüßt hat.

2. Kulturhistorisches

a. Alter und Verbreitung des Roggens

Unter den uns bekannten Getreidearten ist der Roggen wohl die jüngste, wenn wir einmal vom Hafer absehen wollen, der etwa gleichzeitig mit dem Roggen vom Menschen in Kultur genommen wurde. In ihrer Urzeit sind den Indogermanen aller Wahrscheinlichkeit nach nur Weizen, Gerste, Hirse, aber kein Roggen bekannt gewesen (Braungart 7); zu dieser Annahme ist man um so mehr berechtigt, als kein gemeinindogermanischer Roggenname vorliegt. Die späte Herausbildung des Kulturroggens bedingte aber auch, daß sein Verbreitungsgebiet relativ begrenzt blieb. So war der Roggen dem ägyptisch-semitischen Kulturkreis nicht bekannt. Gleiches läßt sich auch von Indien und den alten Kulturen des Ostens (China, Japan) sagen (Schrader 2, 265). Zu dem relativ kleinen Kreis Roggen anbauender Völkerschaften gehörten dagegen seit vorgeschichtlichen Zeiten die Slawen, Germanen und Kelten, bei denen unser Korn von Anfang an eine bedeutsame Rolle als Brotgetreide gespielt hat. Neben objektiven Gegebenheiten, die seine Kultur begünstigten, wird man diese indogermanischen Völkerschaften für das jahrhundertelange, unbestrittene Vorherrschen des Roggens in der mittel- und osteuropäischen Getreidewirtschaft verantwortlich machen müssen.

Da es nicht unsere Aufgabe ist, hier das Schicksal unserer Getreideart bei den genannten Stämmen im einzelnen nachzuzeichnen, beschränken wir uns in diesem Zusammenhang auf den Hinweis, daß die Kenntnis vom Roggen in den Räumen, die später die Romania bilden sollten, zu einem großen Teil auf die Kelten zurückgeht. Frühzeitig sorgten sie für seine Verbreitung in Gallien und Oberitalien. So wird denn auch den Kelten der Roggenkörnerfund im Pfahlbau Bor am Garda-See zugeschrieben. Zeitlich gehört er noch der La Tène-Periode der Eisenzeit an, was beweist, daß der Roggenanbau in Oberitalien verhältnismäßig alt ist.

b. Die antike Landwirtschaft und der Roggen

Im antiken Griechenland hat die Getreidewirtschaft immer eine untergeordnete Rolle gespielt. Der karge Boden entsprach nicht den Ansprüchen des Weizens; so wurde denn auch nur Gerste in größeren Mengen angebaut (Wiskemann 11). Früh hatte die griechische Landwirtschaft den ungünstigen Anbaubedingungen Rechnung getragen und sich auf den Weinbau und die Olivenbaumkultur umgestellt (Savoy 2, 125). Diese Entwicklung hatte zur Folge, daß Griechenland landwirtschaftlich nie autark wurde; zu jeder Zeit war es von Getreidezufuhren aus dem Ausland abhängig. Im Kreise der unzähligen Getreidelieferanten waren der thrakische und der taurische Chersones sowie das Reich der bosporanischen Könige die wichtigsten (Wiskemann 14/15). Unter den eingeführten Getreidesorten ist in erster Linie der Weizen zu nennen, erst dann – und zwar mit Abstand – die Gerste.

Vom Roggen finden wir jedoch keine Spur in klassischer Zeit, was den Schluß zuläßt, daß die Griechen ihn zu jener Zeit auch tatsächlich nicht kannten. Erst im zweiten Jahrhundert n. Chr. wird uns hier sein Anbau zum ersten Mal bezeugt. Claudius Galenus berichtet nämlich im ersten Buch seines Werkes über die Eigenschaften der Nahrungsmittel, er habe auf vielen Feldern in Thrakien und Mazedonien eine Getreideart angetroffen, die in ihrer Pflanze und Ähre der kleinasiatischen τίφη (= Einkorn) sehr ähnlich gewesen sei; auf seine Frage hin habe man ihm erklärt, daß Pflanze und Korn βρίζα genannt und aus letzterem ein übelriechendes, schwarzes Brot hergestellt werde[3].

Lange Zeit hat man gezögert, das hier genannte βρίζα als Roggenbezeichnung zu werten. Auf Grund des Vergleichs mit der Weizenart Einkorn glaubte man in βρίζα eher die Bezeichnung für eine verwandte Weizensorte zu sehen (Link 132 u. 134). Allein es steht fast außer Zweifel, daß wir es hier mit einer Roggenbezeichnung zu tun haben. Denn noch heute wird in Thessalien und Aetolien der Roggen mit βρίζα bzw. βρύζα bezeichnet (SchulzRogg 155 n. 11; MeyerGl 120), wobei der Anlaut als labiodentaler Reibelaut gesprochen wird.

Mit der Stelle bei Claudius Galenus ist bereits das Belegmaterial für den Roggen im antiken Griechenland erschöpft. Es ist also anzunehmen, daß die Roggenkultur nicht allgemein verbreitet war, sondern lediglich über eine lokale Bedeutung in Thrakien und Mazedonien verfügte, wozu ihr die dort herrschenden Anbaubedingungen verholfen haben mögen. Heute findet sich der Roggen noch im thessalischen Bergland und in Aetolien, doch sind die Ausmaße seines Anbaus recht bescheiden. Vielfach kultiviert man den Roggen nur seines langen Strohes we-

[3] Claudius Galenus: De alimentorum facultatibus libri III (ed. F. W. Assmann), lib. I cap. XIII in Medicorum Graecorum opera quae exstant 6 (Leipzig 1823), 514.

gen; sein Korn wird dagegen als minderwertig angesehen (Fraas 306; BeckerD 103).

In der folgenden Betrachtung der römischen Landwirtschaft im Hinblick auf den Roggen werden wir eine gewisse Parallelität mit den entsprechenden griechischen Agrarverhältnissen feststellen können.

Zur Zeit der Republik galt vor allen anderen Zweigen der Landwirtschaft dem Getreidebau das besondere Interesse der Römer. Schon von altersher kannten sie die Gerste. Im Laufe der Zeit verlor sie jedoch mehr und mehr ihre Rolle als Brotgetreide, weil man sie gegenüber den verschiedenen Weizenarten als zu wenig nahrhaft ansah (Marquardt 414). Im römischen Heer wurde sogar als Strafe Gerstenbrot statt des üblichen Weizenbrotes an die Soldaten ausgegeben. Das eigentlich altrömische Korn war jedoch der Spelt oder Dinkel *(far, ador)*. Etwa um die Mitte des 5. Jahrhunderts v. Chr. fand der *triticum*-Weizen Eingang in die römische Getreidewirtschaft, nachdem ihn die Römer vermutlich bei den Ägyptern kennengelernt hatten (Nissen 446f.). Allmählich verdrängte nun der *triticum*-Weizen den Spelt, obwohl dieser bedeutend anspruchsloser und wetterfester war als das *triticum*. Aber auch der *triticum*-Weizen hatte unverkennbare Vorteile aufzuweisen: vor allem war er ertragreicher; dann gestaltete sich auch sein Ausdrusch einfacher. Entscheidend war aber, daß er ein besseres Mehl lieferte. Schließlich bauten die Römer noch den qualitativ hochwertigen Weißweizen *(siligo)* an, der unter den Weizensorten das feinste Mehl lieferte.

Schon lange vor der Zeitenwende kannten also die Römer eine Anzahl bewährter Getreidearten, die einerseits den eigenen Bedarf an Brotkorn deckten, andererseits aber auch über den Handel den Weg ins Ausland fanden. Für diesen Zeitabschnitt (etwa bis zum 3. Jahrhundert v. Chr.) lassen sich jedoch keine Anzeichen feststellen, die auf einen selbst nur beschränkten Roggenanbau hindeuten. Gleiches läßt sich übrigens auch vom Hafer sagen.

Gegen Ende der Republik zeichnete sich jedoch ein Strukturwandel in der römischen Landwirtschaft ab. Die Annexion großer Territorien, die Ausdruck der neuen, expansiven Außenpolitik Roms war, sicherte dem aufstrebenden Staate unermeßliche Räume, die fortan für die Versorgung des Mutterlandes herangezogen werden konnten. So wurden bald nach dem ersten Punischen Krieg Sizilien und Sardinien, deren Landwirtschaft sich schon früher auf den Getreidebau spezialisiert hatte, zu ausgesprochenen provinciae frumentariae Roms (PaulyW 7, 1, 126). Diese landwirtschaftlichen Überschußgebiete waren natürlich in der Lage, ihr Getreide zu Spottpreisen nach Rom zu verkaufen, wenn sie es nicht schon als Naturalabgaben nach dort lieferten. Damit entstand der römischen Getreidewirtschaft auf dem eignen Markt eine Konkurrenz, der sie nicht gewachsen war. Dieser neuen Situation mußte die römische Landwirtschaft in irgendeiner Form Rechnung tragen, wollte sie nicht einem allmählichen Niedergang anheimfallen. Sie tat dies rasch und gründlich durch eine Neuorientierung in Richtung auf die Viehwirtschaft und den Agrumenbau.

Im Zuge der ständigen Erweiterung des römischen Reiches kamen zu den ursprünglichen „Kornkammern" Roms (Sizilien und Sardinien) weitere große Getreideerzeugungsgebiete hinzu. Hier ist an erster Stelle die Provinz Africa zu nennen, die zeitweilig bis zur Hälfte den Kornbedarf der Millionenstadt Rom deckte (Hauger 9). Aber auch Ägypten zählte zu den großen Getreidelieferanten, vor allem seitdem es römische Provinz geworden war (Wiskemann 53). Geringeren Umfanges waren schon die Lieferungen aus der Hispania (ib. 57; Dubler 7). In Abständen folgten dann Gallien, Britannien, Pannonien, Illyrien, der thrakische Chersones sowie einige weitere Gegenden (PaulyW 7, 1, 126ff.; Wiskemann 59ff.).

Untersuchen wir einmal, welches unter den genannten Gebieten für die Rolle des Roggenvermittlers in Frage kommen könnte. Die Inseln Sizilien und Sardinien, Africa, Ägypten, Hispania, aber auch noch andere Gebiete scheiden von vornherein als mögliche Anwärter aus. Wenn nämlich die Getreidearten, die diese Provinzen nach Rom lieferten, einmal im einzelnen genannt werden, ist immer nur von den verschiedenen Weizensorten sowie von der Gerste die Rede (Scalais 143ff.; Wiskemann 50ff.). Übrigens spricht auch das mediterrane Klima dieser Gebiete dagegen, daß hier der mögliche Vermittler zu suchen ist. Vielmehr muß der Roggen zu den Römern aus einer Gegend gekommen sein, in der er über Vorteile gegenüber den empfindlicheren Getreidearten verfügte und sein Anbau folglich dominierend war. Das würde bedeuten, daß für eine Vermittlerrolle nur die nördlichen Provinzen in Frage kommen, also etwa das cisalpinische oder transalpinische Gallien, Illyrien usw.

Es ist im übrigen noch recht zweifelhaft, ob die Römer den Roggen überhaupt auf dem Wege über den Getreidehandel kennengelernt haben. Wahrscheinlicher ist fast, daß sie im Zuge ihrer territorialen Expansion in den eben genannten Gebieten auf Volksstämme stießen, die den Roggen als Brotgetreide anbauten. In diesem Zusammenhang wäre an die in Norditalien seßhaft gewordenen Kelten zu denken, die hier den Roggenanbau heimisch gemacht haben. An dieser Stelle ist auch noch einmal an den Roggenkörnerfund im Pfahlbau Bor am Garda-See zu erinnern, der den Anbau unseres Getreides in Oberitalien bereits für die Zeit der römischen Republik bezeugt. Mit einiger Wahrscheinlichkeit ließe sich also annehmen, daß die Römer in der Gallia Cisalpina – bei Kelten oder anderen Stämmen, die ihrerseits die Kenntnis vom Roggen den Kelten verdanken – unser Korn kennengelernt haben.

Der Zeitpunkt für diese erste Berührung der Römer mit dem Roggenanbau wird sicherlich noch vor der Zeitenwende liegen, auch wenn der Roggen in der römischen Agrarliteratur erst im 1. Jahrhundert n. Chr. erwähnt wird. C. Plinius Secundus ist es, der in seiner Naturgeschichte zum ersten Mal den Roggen nennt und folgendes über ihn zu berichten weiß: „Secale Taurini sub Alpibus asiam vocant, deterrimum et tantum ad arcendam famem, fecunda, sed gracili stipula, nigritia triste, pondere praecipuum. admiscetur huic far, ut mitiget amaritudinem eius, et tamen sic quoque ingratissimum ventri est. nascitur qualicumque solo cum centesimo grano, ipsumque pro laetamine est“ (PlinNH 18, 141)[4].

Da sich Plinius recht gut orientiert zeigt über die Qualität des Roggenbrotes, ist als sicher anzunehmen, daß die Römer zu seiner Zeit den Roggen bereits als Brotgetreide kannten; wenngleich auch gesagt werden muß, daß er wohl nur den niederen Volksschichten zur Nahrung diente, berücksichtigt man den eher abschätzigen Ton, mit dem Plinius vom Roggen spricht.

Zu Beginn des 4. Jahrhunderts n. Chr. wird der Roggen noch einmal im Edictum Diocletiani in der Reihenfolge nach Weizen und Gerste genannt[5]. Da der Anwendungsbereich des Edikts des Kaisers Diokletian ein sehr weiter war, wird sich aus diesem Beleg nur der allgemeine Schluß ziehen lassen, daß der Roggen zu jener Zeit bereits ein Gegenstand des interregionalen Getreidehandels geworden war, also zweifellos an Bedeutung gewonnen hatte.

Zusammenfassend läßt sich sagen, daß die Römer den Roggen erst verhältnismäßig spät bei unterworfenen Völkerschaften kennengelernt haben. Da sie aber bereits über eine ganze Anzahl von qualitativ besseren Getreidesorten verfügten, fand der Roggen nur zögernd Eingang in die römische Getreidewirtschaft. Seine Verwendung als Brotgetreide wird zudem auf die soziale Unterschicht beschränkt gewesen sein. Daneben wurde der Roggen wohl auch in beschränktem Maße als Grünfutter für das Vieh angebaut.

c. Der Roggen in den romanischen Ländern

Dieser Abschnitt soll uns einen Überblick über die Verbreitung des Roggens in den einzelnen romanischen Ländern verschaffen. Soweit es das vorliegende Material erlaubt, wird dieser Abriß auch historisch sein, also die Verhältnisse im Roggenanbau berücksichtigen, wie sie etwa im Mittelalter herrschten. Aus Mangel an präzisen Unterlagen wird es dabei jedoch meistens bei allgemeingehaltenen Feststellungen bleiben müssen. Das Schwergewicht unserer Betrachtungen wird also notgedrungen auf der Darstellung der Roggenkultur in neuerer Zeit liegen. Da uns statistisches Material über die Landwirtschaft der romanischen Länder nicht immer in gleicher Ausführlichkeit vorliegt, wird die „neuere Zeit“ ein etwas dehnbarer Begriff; einmal sind damit die letzten fünfzig Jahre

---

[4] Zu diesem Beleg und einer weiteren Nennung von *secale* bei Plinius vgl. S. 22f.

[5] Vgl. hierzu S. 23ff., wo dieser Beleg ausführlich besprochen wird.

gemeint, dann aber auch wieder das 19. und 20. Jahrhundert. Das wird uns aber nicht hindern, trotzdem die allgemeine Entwicklungstendenz im Roggenanbau der betreffenden Länder zu erkennen.

Rumänien

Nur mit wenigen Zügen soll hier die Stellung des Roggens in der rumänischen Getreidewirtschaft skizziert werden.

Rumänien war bis zum zweiten Weltkrieg ein ausgesprochener Agrarstaat. Etwa 80 % der rumänischen Bevölkerung war in der Landwirtschaft beschäftigt (Rothmann 41). Jahr für Jahr gelangte ein beträchtlicher Getreideüberschuß über den Export ins Ausland, vor allem in die Industrieländer Westeuropas. An erster Stelle ist hier der Weizen zu nennen, der in den dreißiger Jahren der wichtigste Exportartikel des Landes war. Recht erheblich waren auch die Exporte an Mais und Gerste (ib. 52f.).

Der Roggen spielte dagegen nur eine untergeordnete Rolle in der rumänischen Getreidewirtschaft. Das läßt sich sehr gut aus dem Anteil der einzelnen Getreidearten an der Gesamtanbaufläche ersehen; so nahm 1931 der Weizen 25,7 % des Ackerlandes ein, der Mais 35,3 %, die Gerste 14,2 %, der Hafer 6,5 %, der Roggen jedoch nur etwas mehr als 3 % (ib. 54).

Im Vorkriegsrumänien befanden sich die Zentren der Roggenerzeugung in der Bukowina, in Nordbessarabien, in Nordsiebenbürgen und in der Donautiefebene. Aber selbst hier nahm der Roggen nur einen Bruchteil der Anbaufläche in Anspruch, die dem Weizen, dem Mais und der Gerste vorbehalten war (ib. 114).

Trotz seiner Unbedeutendheit ist der Roggenanbau in Rumänien noch weiter im Rückgang begriffen. So verringerte sich die Roggenanbaufläche zwischen 1953 und 1960 – wie die folgenden Zahlen zeigen (nach ASF 1961 Suppl 36) – erneut um mehr als die Hälfte (in Klammern die Vergleichszahlen für den Weizen): 1953 216000 ha (2758000 ha), 1955 202000 ha (2948000 ha), 1958 140000 ha (2973000 ha), 1959 119000 ha (2988000 ha), 1960 98000 ha (2746000 ha).

Italien

Hatten wir bereits in spätrömischer Zeit auf Grund des Edictum Diocletiani eine wachsende Bedeutung des Roggens feststellen können, so wird diese in den folgenden Jahrhunderten auch auf der Apennin-Halbinsel noch zugenommen haben. Dafür spricht die Tatsache, daß die Völkerwanderungen des frühen Mittelalters germanische Völkerschaften ins Land brachten, die bereits in ihren ursprünglichen Siedlungsgebieten den Roggen als Brotgetreide angebaut hatten. Diese werden nicht allein den Roggen auch in der neuen Heimat weiterhin kultiviert haben, sondern dürften auch durch ihr Beispiel dazu beigetragen haben, ihm neue Anhänger unter der einheimischen Bevölkerung zu gewinnen. Jetzt wurde der Roggen nicht mehr ausschließlich in der Po-Ebene angebaut, wo seine Kultur noch ein Erbe der Kelten gewesen war. Vielmehr öffneten sich auch Mittel- und Süditalien seinem Anbau. Daß in Mittelitalien – zumindest zeitweilig und räumlich beschränkt – der Roggen eine gewisse Rolle in der Getreidewirtschaft gespielt hat, läßt sich aus der Verwendung des Typus *Segalare* als Ortsnamen entnehmen[6]. Er drang selbst in Campanien ein, das zur Römerzeit noch eins der wichtigsten Weizenanbaugebiete der Halbinsel gewesen war (PaulyW Suppl 8, 658). Dafür, daß diese Entwicklung direkt oder indirekt auf germanischen Einfluß zurückgeht, liefert uns die Sprache ein wertvolles Zeugnis; nachweislich wurde nämlich seit dem frühen Mittelalter in Süditalien das Wort *germanum* zur Bezeichnung des Roggens verwendet[7].

Bedeutend schwieriger ist es schon, sich einen annähernd objektiven Eindruck von den tatsächlichen Ausmaßen des Roggenanbaus im mittelalterlichen Italien zu verschaffen. Für Norditalien gilt dies weniger, da man auf Grund der relativ häufigen Nennungen des Roggens in mittellateinischen Urkunden, Zinsrodeln und Statuten den Eindruck gewinnt, als habe er hier neben bzw. nach dem Weizen eine beachtliche Rolle als Brotkorn gespielt. In gleichartigen Quellen aus Süd- und Mittelitalien sind dagegen nur mit großer Mühe einzelne Erwähnungen des Roggens zu finden[8], während immer wieder vom Weizen, aber auch von der Gerste, der Hirse und dem Spelt die Rede ist. Daraus ist wohl der Schluß zu ziehen, daß der Roggenanbau in Mittel- und Süditalien bereits im Mittelalter wieder zurückgegangen ist, und zwar wohl in dem Maße, wie die germanischen Zuwanderer von der einheimischen Bevölkerung absorbiert worden sind. Andererseits darf aber nicht übersehen werden, daß die seltene Nennung des Roggens in den genannten Quellen auch noch einen anderen Grund haben kann. Da der Roggen nämlich kein autochthones Korn war und sich zudem nicht durch besondere Qualitäten auszeichnete, werden die Feudal-

---

[6] So wird ein mlat. *Segalare* des öfteren in Urkunden des RegPisa genannt: a. 991 (S. 39), a. 997 (S. 42), a. 1137 (S. 237), a. 1137 (S. 240), a. 1146 (S. 270), a. 1157 (S. 309), a. 1182 (S. 417); mlat. *Sigalare* im CartFirenze a. 1079 (S. 257), im RegCamaldoli a. 1027 (1, 37), a. 1126 (2, 113), im RegColtibuono ca. 1000 (S. 5), a. 1064 (S. 30), a. 1100 (S. 103, *Segalare*), im RegVolterra a. 1227 (S. 153, id.).

[7] Vgl. hierzu S. 160ff.

[8] So kommt mlat. *segale* im dreibändigen RegLucca nur in zwei Urkunden vor: a. 1180 (2, 271), a. 1181 (2, 278); im vierbändigen RegCamaldoli findet mlat. *segale* nur an drei Stellen Erwähnung: a. 1229 (3, 267), a. 1232 (3, 319), a. 1232 (3, 321).

herren und Klöster wenig Interesse gehabt haben, ihn als Naturalabgabe von den ihnen zinsbaren Bauern einzufordern. Damit erschien er natürlich auch nicht in den Zinsrodeln oder ähnlichen Quellen. Dennoch mag der Roggen zur selben Zeit eine nicht näher zu bestimmende Rolle als Brotgetreide der Bauern gespielt haben, was jedoch nicht Anlaß zu schriftlichen Fixierungen war und somit uns auch nicht überliefert worden ist. Diese Möglichkeit muß bei den früheren Anbauverhältnissen in Mittel- und Süditalien mitberücksichtigt werden, wenn auch im ganzen als gesichert gelten darf, daß der Roggen hier im Vergleich zu Norditalien bereits im Mittelalter deutlich hinter den einheimischen Getreidearten zurückgeblieben ist. Somit wurden im Laufe der Jahrhunderte wieder Verhältnisse geschaffen, wie sie schon in römischer Zeit bestanden hatten.

Heute sind die Ebenen der Apennin-Halbinsel von neuem ausschließlich dem Weizen vorbehalten. Dem Roggen sind vor allem die Gebirgslagen geblieben, wo er sich besser als der Weizen mit den niedrigen Temperaturen und unfruchtbaren Böden abfindet.

Das Schwergewicht der italienischen Roggenkultur liegt auch noch heute im Norden des Landes. Allein 74,8 % der Gesamtroggenanbaufläche befinden sich hier nach dem Durchschnitt der Jahre 1933/37. Der Rest ist sehr ungleichmäßig auf Mittelitalien (7,1 %), Süditalien (17,1 %) und die Inseln Sizilien und Sardinien (1 %) verteilt (LandwIt 29).

In Norditalien findet sich der Roggen vor allem in den Alpen sowie im Alpenvorland. Unter den oberitalienischen Provinzen steht das Piemont bei weitem an der Spitze in der Roggenerzeugung. Von der einen Million dz, die Italien im Jahre 1956 erzeugte, entfallen allein auf das Piemont fast 350000 dz (ASI 1958, 155). In ausgesprochenen Gebirgsgegenden überwiegt noch heute der Roggenanbau, so etwa in der Provinz Valle d'Aosta (1957 2200 ha Roggen gegenüber 500 ha Weizen) und in der Provinz Trentino-Alto Adige (1957 11400 ha Roggen gegenüber 9400 ha Weizen, ASI 1958, 155).

In Mittelitalien wird der Roggen in erster Linie in den gebirgigen Gegenden um Siena und Arezzo angebaut, während sich allein 70 % der süditalienischen Roggenerzeugung in Kalabrien und Campanien konzentrieren. Auf Sizilien wird der Roggen nur in der Gegend von Catania kultiviert, auf Sardinien dagegen gar nicht (LandwIt 29).

Im ganzen gesehen nimmt die Roggenanbaufläche Italiens ständig ab. Durch die Züchtung widerstandsfähiger Weizensorten ist die italienische Landwirtschaft in die Lage versetzt worden, die Anbaufläche des Roggens weiter zu verringern. Diese rückläufige Tendenz im italienischen Roggenanbau wird selbst schon in einer relativ kurzen Zeitspanne sichtbar. Noch 1933 wurden in Italien 1,7 Mill. dz Roggen erzeugt (EncIt 30, 291); 1955 waren es aber nur noch 1,2 Mill. dz (ASI 1958, 154). 1957 fiel die italienische Roggenerzeugung zum ersten Mal unter die

Millionengrenze (920000 dz, ASI 1958, 154). Da jedoch durch intensive Bodenbearbeitung die Hektarerträge des Roggens laufend gesteigert werden, ist die effektive Produktionsmenge nicht der beste Gradmesser für den allgemeinen Trend im italienischen Roggenanbau[9]. Klarer kommt dieser in der steten Verringerung der Anbaufläche zum Ausdruck: 1955 80000 ha, 1957 71000 ha, 1960 63000 ha, 1962 56000 ha (ASI 1958, 154; ASI 1963, 174).

Wir sehen also, daß dem Roggen in der italienischen Landwirtschaft Jahr für Jahr mehr Boden entzogen wird.

Frankreich

Die größte Bedeutung innerhalb der mittelalterlichen Getreidewirtschaft der romanischen Länder dürfte der Roggen in Frankreich gehabt haben. Für diese auffällige Hinwendung zum Roggen werden jedoch nicht allein die einströmenden Germanen verantwortlich zu machen sein. Ohne Frage werden hier bereits die Kelten wertvolle Vorarbeit geleistet haben. Wie dem auch sei, vom frühesten Mittelalter an finden wir den Roggen als wichtiges Brotgetreide in Frankreich[10]. Er lieferte vor allem der Landbevölkerung das tägliche Brot, wenn auch vielfach vermischt mit anderen Getreidesorten. War die Ernte gut ausgefallen, leistete sich der Bauer ein Brot, das aus einem Teil Weizenmehl und zwei Teilen Roggenmehl bestand (Calonne 453). War die Ernte aber schlecht gewesen, was nicht selten geschah, so mußte man sogar auf dieses *pain bis de méteil* verzichten. Dann wurde ein Brot gebacken, für das neben dem Roggenmehl noch Gerstenmehl verwendet wurde. In Zeiten wirklicher Not konnte es passieren, daß man dem Brotteig zermahlene Bohnen und Erbsen beimengte (BlochCar 21).

Ein frühes Zeugnis dafür, daß das Brot der einfachen Leute aus Roggen- bzw. Gerstenmehl gebacken wurde, finden wir in der Vita der Heiligen Radegunde des Venantius Fortunatus. Von ihr heißt es: „... Quod in mensa sub fladone sigilatium panem absconsum vel ordeatium manducabat occulte, sic ut nemo perciperet“ und „Panis vero deliciarum sigilatium fuit aut ordeatium, quem absconsum sub fladone sumebat, ne quis perciperet“[11], eben weil sie nicht wollte, daß sich ihre

[9] So hat sich in den letzten Jahren gegenüber 1957 die Gesamtproduktion sogar – wenn auch nur geringfügig – erhöht: 1960 932000 dz, 1962 929000 dz (ASI 1963, 174).

[10] Dies spiegelt sich auch in der vielfachen Verwendung des lat. SECALE in gallorom. Ortsnamen wider; vgl. hierzu Arbois 608, Longnon 635, Gröhler 2, 193, Strobel 63.

[11] Venanti Fortunati vita Sanctae Radegundis in MGH Auctores antiquissimi Bd 4, 2 (Berlin 1885), S. 42 und 44; vgl. auch De vita Sanctae Radegundis libri duo in MGH Scriptores rerum Merovingicarum 2 (Hannover 1888), 358/95, spez. S. 369 und 371.

Nahrung von der des einfachen Volkes unterschied, dem sie sich als gute Christin verbunden fühlte.

Selbst Jahrhunderte später war die Brotnahrung vor allem der Landbevölkerung noch immer dieselbe. 1730 heißt es in einem Mémoire concernant plusieurs questions au sujet des grains: „Les habitants (gemeint: des Dorfes) vendent pour la ville les froments qu'ils recueillent. Les plus aisés ne se nourrissent que de méteil qui est un composé d'un tiers de petit froment et de deux tiers de seigle, les médiocres de seigle, les pauvres d'orge et même d'avoine" (zit. nach Calonne 453).

Die Stellung des Roggens als Volksnahrungsmittel im Mittelalter geht nicht auf eine plötzliche Sympathie breiter Schichten für ihn zurück, sondern ist im besonderen Charakter der damaligen Landwirtschaft begründet. Die mittelalterliche Landwirtschaft – und zwar nicht nur in Frankreich – war bekanntlich ausgesprochen extensiv: Man kümmerte sich wenig um die Bodenbearbeitung, der Auslese des Saatgutes wurde nicht die ihr gebührende Aufmerksamkeit geschenkt; kurzum, alles war mehr oder weniger dem Selbstlauf überlassen. Vor allem in der Getreidewirtschaft wirkte sich diese Einstellung sehr nachteilig aus. Wohl versuchte man überall, wo es nur möglich war, den Weizen anzubauen. Aber nur zu bald antwortete dieses empfindliche, anspruchsvolle Korn auf die fortschreitende Verarmung des Bodens mit rasch zurückgehenden Ernteerträgen (vgl. Grand 321, BlochCar 25). Wollte also der Bauer nicht seine Existenz aufs Spiel setzen, so mußte er nach einer genügsameren Getreideart Ausschau halten, und das war der Roggen. Wohl war sein Mehl weniger weiß als das des Weizens, dafür gab er aber ungeachtet des ausgelaugten Bodens und allen Witterungseinflüssen zum Trotz dem Bauern die Gewißheit, daß er für ein weiteres Jahr seinen Abgabeverpflichtungen nachkommen konnte und auch sein tägliches Brot auf dem Tisch hatte.

So wurde im Mittelalter der Roggen im Grunde in allen Landschaften Frankreichs angebaut. Wir finden ihn im Artois, in der Normandie, also auf Böden, die heute ganz andere Kulturen gestatten, selbstverständlich aber auch schon in Gegenden, die noch in neuerer Zeit über große Roggenanbauflächen verfügen, also etwa in der Bretagne und der Auvergne (Grand 317).

Schon im 16. Jahrhundert erlitt der Roggen flächenmäßig einige Einbußen; der aus Kleinasien kommende Buchweizen verstand es nämlich, ihm einen Teil des Bodens in der Bretagne, in der Bresse und im Massif Central streitig zu machen (BlochCar 24). Wesentlich wurde jedoch das Flächenverhältnis der einzelnen Getreidearten zueinander nicht verändert. Erst die neueren Erkenntnisse auf dem Gebiet der Landwirtschaft ermöglichten es, daß im Getreidebau eine Akzentverlagerung eintrat. Dieser Wandel wurde aber erst im 19. Jahrhundert spürbar, und auch dann gingen die Veränderungen zunächst sehr langsam vor sich.

Zu Beginn des 19. Jahrhunderts war beispielsweise im Limousin der Roggen noch die am weitesten verbreitete Getreideart. Erst im Laufe des Jahrhunderts verdrängte der Weizen den Roggen aus der Ebene und den Tälern (Perpillou 63). Gleiches läßt sich etwa auch von der Limagne sagen. Wenn wir auch keine genauen Angaben über die Aufteilung der Getreideanbaufläche aus der Zeit vor der Revolution haben, so wissen wir doch, daß in der fruchtbaren Ebene zu beiden Seiten des Allier als Brotfrucht vorzugsweise der Roggen angebaut wurde. Das geht im übrigen auch aus der im Auftrag des Direktoriums im Jahre 1799 angestellten Untersuchung über den Stand der Landwirtschaft hervor. Erst zu Beginn des zweiten Kaiserreichs trat im Getreidebau der Limagne ein grundlegender Wandel ein; nunmehr gehörte dem Weizen die Ebene, der Roggen dagegen zog sich in die Berge zurück (Gachon 359f.).

Die hier an Einzelbeispielen gemachten Beobachtungen entsprechen durchaus der allgemeinen Entwicklungstendenz in der französischen Landwirtschaft. Sie läßt sich sehr gut an den landwirtschaftlichen Statistiken der Départements für die Jahre 1815–1876 ablesen (RécCér 456ff.). Bei keiner anderen Getreideart ist während dieses Zeitraums die Verringerung der Anbaufläche größer als beim Roggen. Auffällig ist jedoch, daß sich bis zur Mitte des Jahrhunderts noch keine merkliche Veränderung abzeichnet (1815 2,6 Mill. ha gegenüber 1849 2,5 Mill. ha); während dieser Zeitspanne vergrößert der Roggen sogar zeitweilig – wenn auch nur geringfügig – seine Anbaufläche. Nach 1850 vollzieht sich jedoch innerhalb von wenigen Jahren eine spürbare Abnahme der Roggenanbaufläche. Später sind die Veränderungen wieder weniger augenfällig, die allgemeine Entwicklungstendenz im Roggenanbau bleibt aber weiterhin rückläufig. Von Anfang an ging der Bodenverlust des Roggens zugunsten des Weizens, der seine Anbaufläche laufend vergrößerte. Diese Entwicklung hielt jedoch nicht lange an, denn schon gegen Ende des 19. Jahrhunderts setzte auch eine allmähliche, aber stetige Verringerung der Weizenanbaufläche ein, die auf die Abnahme der Anbaufläche überhaupt oder auf die Neuorientierung der Landwirtschaft gewisser Regionen zurückgeht. Im übrigen machen aber die sich Jahr für Jahr erhöhenden Hektarerträge beim Weizen den Bodenverlust wett.

Welche Stellung nimmt nun der Roggen im französischen Getreidebau unseres Jahrhunderts ein? Dazu ist zunächst ganz allgemein zu sagen, daß man heute, wo immer es Klima und Boden gestatten, Weizen anbaut. Erst wenn die Anbaubedingungen derart schlecht sind, daß sie dem Weizen keine ertragreiche Ernte mehr sichern, greift der französische Bauer auf den Roggen zurück. Das wird erfahrungsgemäß in erster Linie im Gebirge oder auf den Sandböden der Ebene sein. Typisch ist deshalb auch für den französischen Getreidebau, daß die Hektarerträge des Weizens weitaus höher liegen als die des Roggens, eben weil dem Roggen nur die minderwertigen Böden bleiben. 1886 ist dieser Unterschied wohl schon spürbar, bleibt aber noch in Grenzen. In diesem Jahr wird für den Roggen ein durchschnittlicher Ertrag von fast 10 dz/ha errechnet, der durchschnittliche Ertrag für den Weizen liegt jedoch bei fast 12 dz/ha (Enc 10, 25). 1959 sprechen die Zahlen eine weitaus deutlichere Sprache: 14 dz/ha für den Roggen, 26 dz/ha für den Weizen (ASF 1961, 134)[12]. Besser läßt sich die Rolle des Roggens als Lückenbüßer in der französischen Getreidewirtschaft nicht veranschaulichen!

Wenden wir uns nun der Frage zu, in welchen Gebieten der Roggen noch heute eine relative Bedeutung hat. An erster Stelle sind hier die Départements im und am Massif Central zu nennen, die von jeher einen wesentlichen Teil ihres Ackerlandes der Roggenkultur widmeten. Das Département Corrèze hat heute (1959) die größte Roggenanbaufläche (30000 ha) und liegt auch in der Erzeugung an der Spitze vor allen anderen Départements (390000 dz)[13]. In Abständen folgen die Départements Puy-de-Dôme (20000 ha 320000 dz), Haute-Loire (20000 ha 260000 dz), Cantal (17000 ha 253000 dz), Loire (20500 ha 205000 dz). Bedingt durch Klima- und Bodenverhältnisse sind im Massif Central jedoch nur Hektarerträge zwischen 10 und 16 dz an der Tagesordnung. Die höchsten Hektarerträge für den Roggen – zwischen 21 und 28 dz/ha – finden wir dagegen gerade in den Départements, die ihm nur einen bescheidenen Platz einräumen, jedoch die großen Weizenlieferanten Frankreichs sind: Aisne, Aube, Marne, Nord, Oise, Pas-de-Calais.

Ein weiteres altes Roggenanbaugebiet ist die Bretagne. Noch 1843 äußerte sich Lullin de Châteauvieux in seinen „Voyages agronomiques" in folgender Weise über die bretonische Landwirtschaft: „Plus de seigle que de froment, plus de sarrasin que de seigle" (zit. nach Klatzmann 353). Dann setzte auch hier eine Entwicklung ein, im Laufe deren sich besonders in den letzten fünfzig Jahren die Verhältnisse zuungunsten des Roggens verändert haben. Gegen Ende des vorigen Jahrhunderts stand das Département Morbihan noch an dritter Stelle in der französischen Roggenerzeugung; das Département Finistère folgte bald (Enc 17, 1010). Heute hat jedoch der Roggenanbau in der Bretagne praktisch jede über den provinziellen Rahmen hinausgehende Bedeutung eingebüßt.

Von den kleineren Roggenanbaugebieten ist in erster Linie das Département Landes zu nennen; besonders in der Umgebung von Mont-de-Marsan wird noch recht rege Roggen kultiviert (Klatzmann 30). Der Roggenanbau erklärt sich hier durch den verbreiteten Sandboden (George 25). Von lokaler Bedeutung ist der Roggen gleichfalls im Vimeu und Ponthieu, in Teilen der Départements Marne et Moselle, im Elsaß (vor allem im Sundgau) sowie in einigen weiteren Gegenden (Klatzmann 30; ASF 1961, 134f.).

---

[12] Vgl. ib. 135 die entsprechenden Zahlen für 1960.

[13] ASF 1961, 134; die entsprechenden Zahlen für 1960 finden sich ib. 135.

Um eine Vorstellung vom wirklichen Umfang des heutigen französischen Roggenanbaus zu bekommen, müssen wir noch einmal die Statistiken zu Worte kommen lassen. Schon früher hatten wir die diesbezügliche Entwicklung im 19. Jahrhundert, die durch einen raschen Rückgang seit der Jahrhundertmitte gekennzeichnet war, kurz skizziert. Dieser rückläufige Trend ergibt sich auch für den Zeitraum seit der Jahrhundertwende. Verringerte sich die Anbaufläche im vorigen Jahrhundert innerhalb von 75 Jahren um eine Million Hektar (1815 2,6 Mill. ha gegenüber 1,6 Mill. ha im Jahre 1890; Enc 17, 1008, ASF 1958 Suppl 30), so sind es in den letzten 70 Jahren bereits 1,3 Mill. ha, um die die Roggenanbaufläche erneut verkleinert wurde (1890 1,6 Mill. ha gegenüber weniger als 300000 ha im Jahre 1960, ASF 1961, 135). Es hat also den Anschein, als würde der Roggen über kurz oder lang ganz aus der französischen Getreidewirtschaft verschwinden. Schon heute mutet jedenfalls seine Anbaufläche zwergenhaft neben der des Weizens an (1960: 4,3 Mill. ha Weizen gegenüber weniger als 300000 ha Roggen, ASF 1961, 135).

Zum Vergleich mögen hier noch die entsprechenden Angaben aus Ländern angeführt werden, die noch heute zu den Hauptanbauländern des Roggens gehören. So wurden etwa 1958 in Gesamtdeutschland fast 2,6 Mill. ha Roggen (gegenüber nur 1,7 Mill. ha Weizen; JahrbBRD 1959, 138f., JahrbDDR 1959, 448) und in der Sowjetunion 17,9 Mill. ha Roggen (gegenüber 66,6 Mill. ha Weizen, ASF 1961 Suppl 31) angebaut. Neben der Sowjetunion ist heute aber vor allem Polen der wichtigste europäische Roggenproduzent. 1960 war hier die Roggenanbaufläche von über 5 Mill. ha noch viermal größer als die des Weizens (ib. 33); der polnische Getreidebau steht also noch ganz im Zeichen des Roggens.

Fassen wir abschließend zusammen, was über die Bedeutung des Roggens in Frankreich zu sagen war. Das Mittelalter kannte ihn hier als wichtiges Brotgetreide. Erst verhältnismäßig spät verlor der Roggen den Charakter eines Volksnahrungsmittels, was zeitlich mit der Anwendung neuer Erkenntnisse in der Landwirtschaft (Saatzucht, künstliche Düngung usw.) zusammenfiel. Seitdem befindet sich der Roggen permanent auf dem Rückzug vor dem Weizen. Geblieben sind ihm nur noch die Äcker minimaler Bodengüte in der Ebene und vor allem die kargen Böden des Gebirges, die dem Weizen auch heute noch nicht behagen. Aber selbst in diesen Lagen ist der Roggen in seiner Existenz bedroht, denn bedingt durch die immer geringer werdende Nachfrage nach Roggen strebt die Landwirtschaft in den Bergen eine Neuorientierung in Richtung auf die Viehzucht an.

Wir können also feststellen, daß der Roggen nur noch von untergeordneter Bedeutung in der französischen Getreidewirtschaft ist, ja vielleicht eines Tages ganz verschwinden wird.

Die Verhältnisse im Roggenanbau auf der Iberischen Halbinsel unterscheiden sich nicht wesentlich von denen der anderen romanischen Länder. Auch hier findet er sich vor allem in den gebirgigen Gegenden, und dann auch fast nur im nördlichen Teil der Halbinsel[14]. Im einzelnen umfaßt seine Hauptanbauzone Galicien – von hier greift sie auch auf portugiesisches Gebiet in die Provinz Tras-os-Montes über –, Asturien, León, Teile von Altkastilien, die nördlichen Teile von Neukastilien (die Provinzen Madrid und Guadalajara), die Provinzen Zaragoza und Teruel in Aragonien und schließlich Lérida in Katalonien[15]. Innerhalb dieser Zone lassen sich noch recht erhebliche Unterschiede im Umfange des Roggenanbaus feststellen. Die größten Roggenerzeuger sind die westlichen bzw. nordwestlichen Provinzen Spaniens, und zwar Salamanca, Zamora, León, Lugo, Orense, Avila, Segovia, La Coruña; im östlichen Teil der umschriebenen Zone ist vor allem Teruel zu nennen. Im südlichen Landesteil gewinnt der Roggen nur in der Provinz Albacete eine relative Bedeutung[16].

Nur in geringem Umfang baut man den Roggen auf der Iberischen Halbinsel als Brotgetreide an; hier wie in allen anderen romanischen Ländern genießt fast ausschließlich der Weizen dieses Vorrecht. Mancherorts erlangt jedoch der Roggen eine gewisse Bedeutung als Futterpflanze für das Vieh. Schon zeitig im Frühjahr hat bekanntlich der Winterroggen seine Pflanze voll entwickelt und ist so – noch vor der Reife geschnitten – in der Lage, ein ergiebiges Futter für das Vieh zu liefern.

Hinsichtlich der Größenordnung lag in den zwanziger Jahren der spanische Roggenanbau nur knapp hinter dem französischen. Im Jahre 1925 etwa baute Spanien 747000 ha Roggen an (gegenüber 880000 ha in Frankreich); die Anbaufläche des Roggens in Portugal belief sich dagegen auf 192000 ha (BeckerD 109).

In den Jahren nach dem zweiten Weltkrieg hat sich der Roggenanbau auf der Pyrenäenhalbinsel unterschiedlich entwickelt. In Spanien ist weiterhin ein steter Rückgang zu konstatieren; von 598000 ha im Jahre 1953 sank die Anbaufläche des Roggens 1958 auf 554000 ha und 1959

---

[14] Interessante Schlüsse lassen sich in dieser Hinsicht aus der Karte „Superficie arable con destino al cultivo cereal" in der EncUn 12, 1240 ziehen. Gerade die Gebiete mit der kleinsten landwirtschaftlichen Nutzfläche, also mit vorwiegend gebirgigem Charakter, sind die wichtigsten Anbaugebiete des Roggens; das trifft vor allem für Galicien und Asturien zu.

[15] Vgl. dazu die Karte „Densidad de la producción de centeno en las provincias de España" in der EncUn 12, 1085.

[16] Vgl. dazu die statistische Übersicht nach Provinzen „Cálculo aproximado de la producción de cereales en España en el año 1920" in der EncUn 21, 178/9.

auf 540000 ha (ASF 1961 Suppl 30). In der gleichen Zeit machte sich dagegen in der portugiesischen Getreidewirtschaft eine eher zunehmende Tendenz im Roggenanbau bemerkbar, wie aus den folgenden Zahlen hervorgeht: 1953 226000 ha, 1958 253000 ha, 1959 277000 ha, 1960 250000 ha (ASF 1961 Suppl 30). Die letzte Angabe zeigt aber, daß diese Entwicklung nur vorübergehenden Charakter hat.

B. Die Bezeichnungen des Roggens in den romanischen Sprachen

Der Übersicht halber teilen wir den Gesamtkomplex der romanischen Roggenbezeichnungen in primäre (I.) und sekundäre (II.) Bezeichnungen. Unter primären Roggenbezeichnungen verstehen wir jene, die bereits dem Lateinischen als solche bekannt waren. Unter dem Begriff „sekundäre Bezeichnungen" werden dagegen Wörter zusammengefaßt, die erst in romanischer Zeit zur Benennung des Roggens herangezogen wurden; dazu stellen wir auch Lehnwörter aus dem Germanischen.

I. Die primären Bezeichnungen

1. Lat. SECALE

a. Das lateinische Wort

α. Die Belege

Spärlich wie der Anbau des Roggens bei den Römern sind auch seine sprachlichen Zeugnisse. So erwähnt die gesamte ältere lateinische Agrarliteratur noch nicht den Roggen unter den damals bekannten Getreidearten. Erst in der zweiten Hälfte des ersten nachchristlichen Jahrhunderts wird uns zum ersten Mal seine Existenz bezeugt, und zwar geschieht das durch eine Stelle in der Naturalis historia des C. Plinius Secundus. Dort heißt es: „Et silicia, hoc est fenum Graecum, scariphatione seritur, non alteriore quattuor digitorum sulco, quantoque peius tractatur, tanto provenit melius. rarum dictu esse aliquid, cui prosit neglegentia. id autem, quod secale ac farrago appellatur, occari tantum desiderat" (PlinNH 18, 140). Unmittelbar darauf folgt in der Naturalis historia eine weitere Erwähnung von *secale,* die allgemein den Vorzug genießt, weil sie zugleich eine aufschlußreiche Charakterisierung des Roggens vom römischen Standpunkt aus bietet: „Secale Taurini sub Alpibus asiam vocant, deterrimum et tantum ad arcendam famem, fecunda, sed gracili stipula, nigritia triste, pondere praecipuum. admiscetur huic far, ut mitiget amaritudinem eius, et tamen sic quoque ingratissimum ventri est. nascitur qualicumque solo cum centesimo grano, ipsumque pro laetamine est" (PlinNH 18, 141).

Da bekanntlich die Naturalis historia eine groß angelegte Kompilation der damals vorliegenden naturwissenschaftlichen und landwirtschaftlichen Literatur darstellt, ist mit Wahrscheinlichkeit anzunehmen, daß *secale* schon vor Plinius etwa bei einem Agrarschriftsteller, dessen Schriften jedoch verlorengegangen sind, erwähnt worden ist. Darauf deutet vor allem jene ohne eigentlichen Zusammenhang dastehende Äußerung über die Bezeichnung des Roggens bei den Taurinern hin; befaßt sich doch Plinius in diesem Teil des 18. Buches mit den Anforderungen, die einige Ackerfrüchte an die Bodenbearbeitung stellen. Dieser kleine Exkurs stammt zweifellos aus einem der vielen Quellenwerke, die Plinius bei der Abfassung seiner Naturalis historia vorgelegen haben.

Mehr als zwei Jahrhunderte vergehen nach diesem Erstbeleg in der Naturalis historia, bis wir zu Beginn des 4. Jahrhunderts erneut auf ein Zeugnis für den Roggen im römischen Altertum stoßen. Es handelt sich hierbei um seine Erwähnung im 301 n. Chr. verfaßten Edictum Diocletiani de pretiis rerum venalium. Dieses kaiserliche Edikt war mit der Absicht erlassen worden, den damals im Reiche auftretenden inflationistischen Preisbewegungen durch die Festsetzung von Höchstpreisen für alle Handelsgüter Einhalt zu gebieten. Gleich am Anfang dieses umfangreichen Preiskatalogs sind entsprechend ihrer volkswirtschaftlichen Wichtigkeit die Getreidearten aufgeführt[1]:

(*Quae pr*)etia (*in singularum rerum venditionibus ex*)cedere nemini licitum sit, (*hic i*)nfra oste(*nditur*).

1,1	Frumenti	KM[2]	....
2	Hordei	KM unum	X[3] c(*entum*)
3	Centenu*m*[4] sive sicale	KM unum	X sexa(*ginta*)
4	Mili pisti	KM unum	X centu(*m*)
5	Mili integri	KM	X quinquaginta
6	Panicii	KM	X quinquaginta
7	Speltae mundae	KM	X centum
8	Scandulae sive speltae	KM	X triginta
9	Fabe fressae		X centum
10	Fabae non fresse		X sexaginta
11	Lenticlae		X centum

[1] EdictDiocl 9; vgl. auch die Ausgabe (Edictum Diocletiani et collegarum de pretiis rerum venalium) im CIL Bd 3, 2 (Berlin 1873) S. 801ff., wo auch alle bis zu diesem Zeitpunkt bekannten Bruchstücke abgedruckt sind.

[2] Das hier verwendete Hohlmaß ist der kastrensis modius; vgl. dazu Edict Diocl 60.

[3] Die Preise sind also in denarii angegeben; zum genauen Wert des denarius zur Zeit des Kaisers Diocletian vgl. ib. 59.

[4] Die Inschrift von Stratonicea (Karien), die als einzige diese Stelle überliefert, gibt *centenun*.

Bevor wir auf die uns hier interessierenden Wörter eingehen, sollen zum besseren Verständnis des Edikts einige erläuternde Bemerkungen vorausgeschickt werden.

Herrscht allgemein Einmütigkeit hinsichtlich des Zeitpunkts der Entstehung des Edictum Diocletiani, so läßt sich Gleiches nicht von seiner Lokalisierung sagen. H. Blümner glaubt den Anwendungsbereich des Edikts auf den von Kaiser Diocletian verwalteten Reichsteil einschränken zu müssen[5]. Er stützt sich in dieser Annahme vor allem auf die geographische Lage der Fundorte der auf uns gekommenen Ediktfragmente. So ist von der ursprünglichen (lateinischen) Fassung ein Fragment in Ägypten, fünf in Karien (darunter das umfangreichste von Stratonicea) und je eins auf Samos, auf dem Peloponnes, in Phrygien und Boeotien gefunden worden; von der griechischen Übersetzung sind elf Fragmente in Boeotien, sechs in Lakonien, je zwei auf den Inseln Atalanta und Euboea sowie in Theben, je eins in Phokis und Arkadien zu Tage gefördert worden[6]. Einen weiteren Beweis für die Richtigkeit seiner Annahme zieht H. Blümner aus dem Edikt selbst. Hier werden nämlich Waren genannt, die nur in Griechenland, Kleinasien und Ägypten zu Hause sind. Es muß jedoch hinzugefügt werden, daß es auch nicht an solchen fehlt, die aus den anderen Provinzen stammen. Im übrigen sind jene Waren, die an keine bestimmte Gegend gebunden sind, in der Überzahl, so etwa die weiter oben angeführten Getreidearten.

Dieser von Blümner vertretenen Auffassung steht die Meinung gegenüber, das Edikt von 301 n. Chr. habe für das ganze Imperium Romanum Gültigkeit gehabt[7]. Sie findet ihre Berechtigung vor allem in der Präambel, in der nämlich nicht nur Diocletian genannt wird, sondern auch Maximian, der über die westliche Reichshälfte herrschte, und die diesem nachgeordneten Caesaren Galerius (Illyrien) und Constantius (Gallien). Hätte also das Edikt nur in Diocletians Machtbereich Gesetzeskraft gehabt, so wäre in diesem Falle zu erklären, was mit der Nennung seiner Mitregenten bezweckt werden sollte. Weiterhin muß auf die Verwendung der Formel *totus orbis* (praef. I 27, II 3, II 10) bzw. *universus orbis* (praef. II 24) in der Einleitung aufmerksam gemacht werden. Sie ist nur denkbar, wenn das Edikt für den größeren Rahmen – das ganze Imperium Romanum – bestimmt war.

Was gegen diesen größeren Gültigkeitsbereich des Edikts zu sprechen scheint, ist eigentlich nur das Fehlen jeglicher Überlieferung im Gebiet der ehemals westlichen Reichsteile. Aber verliert die letztere Annahme durch einen Umstand, der möglicherweise zufallsbedingt ist, wirklich

---

[5] EdictDiocl 54.

[6] Zur genauen geographischen Lage der einzelnen Fundorte vgl. ib. S. V/VIII.

[7] Vgl. etwa W. Loring: A New Portion of the Edict of Diocletian from Megalopolis in The Journal of Hellenic Studies 11, 299/342, spez. S. 301.

jede Berechtigung? Wir glauben nicht. Denn wie wollen die Befürworter eines eingeschränkten Anwendungsbereiches etwa das auffällige Nebeneinander von *centenum* und *sicale* zur Bezeichnung des Roggens im Edikt erklären? Es fehlt nämlich jeder Anhaltspunkt dafür, daß *centenum* als Roggenbezeichnung jemals im östlichen Reichsteil bekannt, geschweige denn gebräuchlich war. Da andererseits Isidor von Sevilla *centenum* als einzige Roggenbezeichnung verwendet und auch die ibero-romanischen Sprachen das Wort in gleicher Bedeutung bewahrt haben (sp. *centeno*, pg. *centeio*), sehen wir uns zu der Annahme genötigt, daß bereits in römischer Zeit *centenum* im Ibero-Lateinischen als Roggenbezeichnung gebräuchlich war. Das würde also bedeuten, daß das auffällige Nebeneinander von *centenum* und *sicale* im Edictum Diocletiani nur dann eine befriedigende Erklärung findet, wenn der kaiserliche Erlaß von 301 n. Chr. für das ganze römische Reich Gültigkeit gehabt hat[8]. Eine Einschränkung des Anwendungsbereiches auf die von Diocletian verwalteten Ostprovinzen würde jedenfalls der Nennung von *centenum* neben *sicale* nicht gerecht werden.

Die Belegstelle für *centenum* und *sicale* im Edictum Diocletiani verdient jedoch noch in anderer Hinsicht unsere Aufmerksamkeit. Wie aus dem weiter oben wiedergegebenen Anfang des umfangreichen Preiskatalogs hervorgeht, steht die Maßeinheit jeweils im Akkusativ, die in dieser Maßeinheit gemessene Ware syntaktisch davon abhängig im Genitiv. Nun fällt aber sofort ins Auge, daß im Gegensatz zu den anderen aufgeführten Bezeichnungen weder *centenum* noch *sicale* den geforderten Genitiv aufweisen. Während H. Blümner in seinen Erläuterungen zum Edictum Diocletiani diesen speziellen Verstoß gegen die Grammatik nicht weiter erwähnt, glaubt A. Schulz (SchulzRogg 157; SchulzGetr 77), er resultiere aus der Hilflosigkeit der Kopisten den beiden genannten Wörtern gegenüber, was für ihn Beweis genug ist anzunehmen, beide Wörter hätten zu jener Zeit noch spürbar lehnwörtlichen Charakter getragen. Man hüte sich aber, solchen Schreibfehlern im Edictum Diocletiani allzu große Bedeutung beizumessen. Derartige Verstöße gegen die primitivsten Regeln der lateinischen Grammatik sind hier häufig und darauf zurückzuführen, daß selbst die lateinischen Kopien des Edikts von griechischen Steinmetzen, die die lateinische Sprache nur unvollkommen oder gar nicht beherrschten, verfertigt worden sind (vgl. EdictDiocl S. X). Das *centenum sive sicale* ist denn auch durchaus nicht der einzige Verstoß gegen die Abhängigkeit der Ware im Genitiv von der Maßeinheit im Akkusativ. So heißt es u. a. in 4, 14 *isicia bubula Ital. p° I*, in 6, 54 *nuclei pine[i] purgati Ital. s. unum* (vgl. dagegen in 6, 53 *nucium Abellanarum*

---

[8] Es wäre zu untersuchen, ob sich nicht noch weitere regional-lateinische Elemente aus den römischen Westprovinzen im vorliegenden Edikt finden lassen, die für den größeren Anwendungsbereich sprechen.

purgatarum It. s. unum). Hier wie in weiteren Fällen erscheint also ebenfalls die Ware im Nominativ statt im sonst üblichen Genitiv. Eine Umkehrung des Abhängigkeitsverhältnisses begegnet an einer anderen Stelle: 4,13 *isicium porcinum unciae unius*. Es lassen sich jedoch auch noch andere Varianten in diesem Zusammenhang finden (EdictDiocl 56).

Was speziell *sicale* betrifft, so besteht vielleicht doch die Möglichkeit, daß es sich bei dieser Form um einen Genitiv handelt, und zwar um einen solchen der ersten Deklination[9]. Eine derartige Annahme ist nicht ganz von der Hand zu weisen, wenn man berücksichtigt, daß die Form *sigala* durch jüngere Texte bezeugt ist, wie wir weiter unten noch im einzelnen sehen werden.

Die Schreibung *e* statt *ae* im Wortinnern wie im Wortauslaut als Ausdruck der monophthongischen Aussprache ę stellt zu Beginn des 4. Jahrhunderts nichts Außergewöhnliches mehr dar. Sie begegnet bereits in vorchristlicher Zeit, wenn auch zunächst nur im vulgärlateinischen Sprachgebrauch außerhalb Roms (StolzSchm 75). Auf den pompejanischen Wandinschriften ist die Graphie *e* für *ae* ebenfalls weitverbreitet (Väänänen 24f.). In den folgenden Jahrhunderten erfaßte diese Erscheinung auch die Sprache Roms selbst, womit die Monophthongierung des *ae* > ę und dessen Schreibung als *e* endgültig sanktioniert wurde. Auch im Edictum Diocletiani wird *ae* des öfteren durch *e* ersetzt. Da in unserm Zusammenhang gerade die Wiedergabe des Endungs-*ae* der 1. Deklination im Edikt von Interesse ist, werden im folgenden speziell Beispiele für *e* statt *ae* im Wortauslaut gegeben, wobei es keiner besonderen Erwähnung bedarf, daß dort dieselbe Erscheinung auch im Wortinnern vorkommt. Aus dem bereits weiter oben zitierten Teil der Preisliste: 1, 9 *fabe fressae*, 1, 10 *fabae non fresse;* an weiteren Beispielen: 6, 18 *rape maximae*, 6, 92 *ube passe fabril[es]*, 6, 93 *ubae passe maxim[ae]*, 29, 13/14 *hypoblatte*. Andererseits findet sich in den verschiedenen Fragmenten des Edikts fast noch häufiger in hyperkorrekter Schreibung *ae* für *e*.

Hieraus ließe sich also durchaus der Schluß ziehen, daß es sich bei *sicale* im Edictum Diocletiani nicht um einen Nominativ der i-Deklination, sondern um einen Genitiv der a-Deklination handelt. Was dieser Annahme jedoch im Wege steht, ist der Umstand, daß das beigegebene synonyme *centenum* eindeutig ein Nominativ ist, Gleiches also auch von *sicale* zu erwarten wäre. Wir wagen deshalb auch nicht ohne Einschränkung zu behaupten, daß bereits im Edictum Diocletiani die Variante **sicala* gemeint ist.

Damit ist jedoch noch nicht alles zur Form *sicale* im Edikt gesagt. Auffällig ist nämlich, daß hier *sicale* mit einem *i* in der ersten Silbe geschrieben wird, während wir doch die gleiche Bezeichnung als *secale* mit *e* bei Plinius kennengelernt hatten. Eine Erklärung für diese ver-

---

[9] Im gleichen Sinne äußert sich auch Szemerényi 250.

änderte Schreibung findet sich bereits bei den lateinischen Grammatikern. So heißt es bei Servius in dessen Commentarius in artem Donati: „vocales sunt quinque, a e i o u. ex his duae, e et o, aliter sonant productae, aliter correptae. ... item e quando producitur, vicinum est ad sonum i litterae, ut meta; quando autem correptum, vicinum est ad sonum diphthongi, ut equus"[10]. Eine Äußerung gleichen Inhalts findet sich wenig später auch in den Explanationum in artem Donati libri II des sogenannten Sergius: „vocales sunt quinque. hae non omnes varios habent sonos, sed tantum duae, e et o. nam quando e correptum est, sic sonat, quasi diphthongus, ut equus; quando productum est, sic sonat, quasi i, ut demens"[11]. Man glaubte also *ē* wie *i* zu hören, was seinen Niederschlag in der gelegentlichen Schreibung von *i* für *ē* fand, wie zum Beispiel bei *sicale* im Edictum Diocletiani statt *secale*[12]. Da jedoch langes *ē* nur beschränkt im Vulgär- und Spätlatein als *i* wiedergegeben wird, können wir im übrigen als sicher annehmen, daß es sich hier nicht um einen Lautwandel, sondern nur um eine gelegentliche Intonationsverschiebung handelt. Das bestätigen uns auch die romanischen Sprachen, die in den hierher gehörenden Fällen ein *ē (ẹ)* voraussetzen und nicht *i*.

Von den uns noch verbleibenden Belegen für das lat. *secale* führt uns der nächste in das 5. Jahrhundert. Er findet sich in dem zwischen 410 und 415 entstandenen Kommentar des Heiligen Hieronymus zum Propheten Ezechiel, wo es u. a. heißt: „Quam nos vitiam interpretati sumus, pro quo in Hebraeo dicitur chasamim: Septuaginta Theodotioque posuerunt ὄλυραν, quam alii avenam, alii s i g a l a m putant" (Patrologia Latina 25, 47). Diese Stelle ist allein durch die Nennung der Form *sigala* für uns bedeutungsvoll. Was nämlich an Hand des Edictum Diocletiani noch nicht überzeugend zu beweisen war, wird uns hier unzweideutig vor Augen geführt: der Übertritt des lat. *secale* in die erste Deklination.

Die spätlateinische Variante *sigala* findet sich erneut beim sogenannten Plinius Valerianus aus dem 6. Jahrhundert, und zwar in folgendem Zusammenhang: „(Pulvis ad humorem dentium.) Farina de s i g a l a duas manus plenas tolles ac salis tantundem, facies pastam et coques ita, ut in pulverem possis redigere"[13]. In diese fünf Bücher umfassende Rezeptsammlung, deren Autor im 16. Jahrhundert irrtümlicherweise als Plinius Valerianus bezeichnet wurde, ist die sogenannte Medicina Plinii aus der

[10] Servii commentarius in artem Donati in Grammatici Latini (ex recensione H. Keil) 4, 421. Mit dem Diphthong ist hier das *ae* in *aequus* gemeint.

[11] Sergii explanationum in artem Donati libri II in Grammatici Latini 4, 520.

[12] In der etwa gleichzeitigen Appendix Probi wird die Form *fistuca* genannt („festuca, non f i s t u c a"). Für Beispiele bei Palladius vgl. Svennung 118/21.

[13] C. Plinii Secundi de re medica libri V, lib. I cap. 37 in Medici antiqui omnes (ed. Aldina, Venetiis 1547) S. 171.

1. Hälfte des 4. Jahrhunderts aufgegangen, die ihrerseits von einem anonymen Autor aus den vom heilpraktischen Gesichtspunkt her interessanten Abschnitten der Naturalis historia des Plinius zusammengestellt wurde. Da sich die oben zitierte Stelle noch nicht in der Medicina Plinii findet, muß sie aus einer uns unbekannten Quelle oder vom sogenannten Plinius Valerianus selbst stammen. Hier wie schon im Kommentar des Heiligen Hieronymus zum Propheten Ezechiel weist die Form *sigala* mit der Sonorisierung des stimmlosen Verschlußlautes nach Norditalien oder in die angrenzenden Gebiete.

Befassen wir uns nun im einzelnen mit den Fragen, die sich im Zusammenhang mit dem spätlateinischen Genuswechsel von *secale* stellen. In der Form, in der sich das Wort bei Plinius findet, müssen wir es als Neutrum annehmen. Die Verwendung von *secale* bei Plinius gibt uns zugleich die Gewähr, daß unser Wort in dieser Form dem Lateinischen der frühen Kaiserzeit geläufig war. Wann nun der Genuswechsel von *secale* erfolgte, läßt sich genau kaum noch festlegen. Das vor allem deshalb nicht, weil wir nicht eindeutig entscheiden können, ob es sich bei *sicale* im Edictum Diocletiani wirklich schon um einen Genitiv der a-Deklination handelt. Träfe jedoch diese Vermutung zu, dann wäre uns mit dem Jahr 301 n. Chr. der terminus ad quem für diesen Genuswechsel gegeben. Andernfalls muß er sich im Laufe der folgenden Jahrhunderte vollzogen haben.

Nach Szemerényi 251 ist dagegen nicht *secale*, sondern **secala* die ursprüngliche Form des Lateinischen gewesen. Szemerényi zweifelt nämlich daran, daß das bei Plinius belegte *secale* wirklich authentisch ist. Sollte es dennoch der Fall sein, so ist lat. *secale* als Neutrum für ihn unter dem Einfluß semantisch verwandter Wörter wie *frumentum*, *triticum*, *granum* entstanden. Diese Annahme kann nicht unwidersprochen bleiben. Zunächst einmal muß festgestellt werden, daß keine kritische Ausgabe der Naturalis historia eine Variante zu der verwendeten Form *secale* angibt. Wir müssen also annehmen, daß alle vorhandenen Handschriften die gleiche Form *secale* aufweisen, womit diese Form als durchaus gesichert angesehen werden darf. Wenig wahrscheinlich ist im übrigen auch, daß ein ursprüngliches **secala* unter dem Einfluß der obengenannten Substantive ausgerechnet zu den seltenen Neutra auf *-e* der i-Deklination übergetreten ist. Vielmehr hätte man doch erwarten sollen, daß sich unser Wort unter dem angenommenen Einfluß der fraglichen Wörter ebenfalls den Neutra der o-Deklination angeschlossen hätte. Da es also offensichtlich an überzeugenden Argumenten für ein primäres **secala* fehlt, glauben wir nach wie vor, daß das bei Plinius belegte *secale* die ursprüngliche Form des Lateinischen gewesen ist.

Auf der Suche nach den Gründen, die zum Genuswechsel von *secale* und dem dadurch verursachten Übertreten des Wortes zu den Substantiven der ersten Deklination geführt haben können, bietet sich nun folgende Erklärung an: Sollte *secale* nicht etwa frühzeitig – zunächst irrtümlicherweise – als zu der Klasse der mehrheitlich femininen Parisyllaba auf *-is*, *-is* der konsonantischen Deklination gehörig aufgefaßt worden sein? Eine solche Annahme scheint nicht abwegig zu sein, wenn man bedenkt, daß von vornherein eine Übereinstimmung im Genitiv und Dativ Sing. vorlag, die sehr gut zum Ausgangspunkt einer weitergehenden Angleichung des lat. *secale* an die femininen Substantive auf *-is*, *-is* werden konnte. Mit der Annahme eines zur konsonantischen Deklination gehörenden femininen (Nom.) **secalis* als Zwischenstufe ließe sich jedenfalls der spätere, geographisch begrenzte Übergang unseres Wortes zur a-Deklination befriedigend erklären. Unsere Vermutung, die bei aller Wahrscheinlichkeit aus Mangel an Belegen für das Lateinische nicht zu beweisen ist, findet eine nachträgliche Bestätigung durch mittellateinische Texte. So ist etwa von einem Genitiv *bone segalis* („modia bone segalis quattuor")[14] ohne weiteres auf einen Nom. *segalis* f. zu schließen. Ansonsten ist natürlich der bloße Genitiv auf *-is* in diesem Zusammenhang nicht beweiskräftig, da er ebensogut zu einem Nom. Neutr. *secale* gehören kann. Aber auch der Nominativ selbst ist im Mittellateinischen belegt, so etwa im folgenden Beispiel: „frumentum, sichalis, milium, panichum, . . ., et quaecumque legumina mensurentur ad mensuram rasam" (für Novara 1460, Bosshard 181).

Neben den Gründen für den Genuswechsel von lat. *secale* sowie seinem ungefähren Zeitpunkt wird vor allem die geographische Ausdehnung dieser Erscheinung innerhalb des Lateinischen, wie es in den verschiedenen Reichsteilen gesprochen wurde, von Interesse sein. Daß nämlich lat. *secale* nicht schlechthin zu den Feminina übergetreten ist, läßt sich noch heute an Hand romanischer Bezeichnungen (vgl. u. a. fr. *seigle*, occit. *seguel*, kat. *segol*) feststellen; vielmehr muß es sich um eine regional beschränkte Erscheinung gehandelt haben. Erfaßt wurde davon sicher das Balkanlateinische, wie aus dem rum. *secară* f. „Roggen" hervorgeht, das nur auf ein **secala*, nicht auf ein *secale* zurückgehen kann. Hierher gehört auch das alban. *thékër(ë)* [= ϑ-] f. „Roggen", das aus dem Lateinischen entlehnt ist. Der Genuswechsel von lat. *secale* scheint sich jedoch nicht allein im Balkanlateinischen vollzogen zu haben. Wenn nämlich noch heute in den nordost- und mittelitalienischen Dialekten verbreitet ein Typus *segala* vorkommt, so läßt sich daraus entnehmen, daß diese Gebiete auch schon in spätlateinischer Zeit die Variante **secala* statt *secale* zur Bezeichnung des Roggens verwendet haben. Auch dem Gallo-Lateinischen dürfte der Typus **secala* nicht fremd gewesen sein; die Verhältnisse in den galloromanischen Mundarten berechtigen jedenfalls zu dieser Annahme. So gehen die frankoprovenzalischen sowie einzelne occitanische Roggenbezeichnungen auf diese spätlateinische Variante

---

[14] CartNovara a. 1119 (2, 195).

zurück. Das Gleiche könnte auch für die westfranzösischen Mundarten zutreffen, wenn nicht hier erst in romanischer Zeit Genuswechsel stattgefunden hat.

Schließlich soll noch ein Wort zur Betonung des lat. *secale* gesagt werden. Allgemein stimmt man heute darin überein, dieses als ein Proparoxytonon anzusehen. Gerechterweise muß jedoch hinzugefügt werden, daß dies ein Schluß ist, zu dem man nicht direkt, sondern auf dem Umweg über die Akzentuierung einiger romanischer Roggenbezeichnungen vom Typus *secale* (it. *segale*, fr. *seigle*, occit. *seguel*, kat. *segol* usw.) gelangt ist. Das ist nicht weiter verwunderlich, wenn man bedenkt, daß die wenigen Zeugnisse für lat. *secale*, die auf uns gekommen sind, sämtlich Prosatexten entstammen, andererseits aber nur ein Vorkommen unseres Wortes in der Prosodie die Frage des lateinischen Wortakzentes eindeutig entscheiden könnte. Wenn einige romanische Entwicklungen (rum. *secară*, ven. *segála*) doch ein lat. *secāle* als Paroxytonon voraussetzen, so muß diese Tatsache nicht unbedingt gegen das eben Gesagte sprechen. Bereits Meyer-Lübke (MeyerLNeutr 115; MeyerLVok 319) nahm an, daß räumlich begrenzt und sekundär die Wörter auf *-ālis*, *-āle* im Vulgärlateinischen eine Akzentverlagerung bei *sécale* bewirkt haben, das mit seiner proparoxytonalen Betonung eine Ausnahme unter den Substantiven und Adjektiven auf *-alis*, *-ale* darstellt.

Andererseits hat es nicht an Versuchen gefehlt, ein primäres *secāle* zu rechtfertigen. Schon F. Diez wollte lat. *secale* ein ursprünglich langes *ā* zuerkennen (Diez 289f.). Erst später soll dann die Verlagerung des Akzents auf die erste Silbe stattgefunden haben, ein Vorgang, der nach F. Diez noch fast gemeinromanisch gewesen ist. Leider bleibt aber die entscheidende Frage offen, welchem Umstande nämlich *secale* sein Überwechseln von den Paroxytona zu den Proparoxytona zu verdanken hat. Auch E. Koschwitz[15], der ebenfalls eine Entwicklung von klat. *sĕcāle* > vlat. *sécale* annimmt, bleibt uns eine überzeugende Erklärung dieser für ihn vulgärlateinischen Akzentverschiebung schuldig. Denn seine Annahme[16], die Zurückziehung des Akzents bei *secale* sei volkstümlich, setzt vulgärlateinische Akzentuierungsgewohnheiten voraus, die durch nichts bewiesen sind. Eine andere, wenn auch kaum bessere Erklärung für den angeblichen Akzentwechsel von *secále* > *sécale* findet M. Bartoli: „La fase secālis è anteriore alla fase secălis, ... L'accento di secălis è probabilmente un'eco di quello di siligo" (Bartoli 118n.). Bartolis Vorschlag ist jedoch wenig geeignet, die von ihm vertretene Richtung der Akzentverschiebung zu stützen, wenn man berücksichtigt, daß lat. *sĭlīgo*

---

15 Koschwitz 24; vgl. dazu die Besprechung von Meyer-Lübke in Lbl 12, 405/407, spez. 406.

16 Koschwitz, E.: „Erwiderung" in Lbl 13, 69; vgl. dazu die Antwort von Meyer-Lübke ib. 71/72.

ein Paroxytonon ist, also kaum ein *secále* > *sécale* beeinflussen konnte. Ein ursprüngliches *secále* wird schließlich noch von Claussen 855 angesetzt. Zur Erklärung der für ihn sekundären proparoxytonalen Betonung greift Claussen auf gr. σῖτος „Weizen; Getreide, Korn überhaupt" zurück, das als **sẹtus* ins Vulgärlateinische übergegangen sein soll. Von vlat. **sẹtus* soll dann ein **sẹtulus* abgeleitet worden sein, das später **sẹculus* ergeben hat. Unter dem Einfluß dieser Form soll sich schließlich die Wandlung von *secāle* > *sĕcăle* vollzogen haben. Da sich Claussens Erklärung allzusehr im Hypothetischen bewegt, kann sie der Annahme eines primären *secāle* kaum mehr Gewicht verschaffen.

Bei der Besprechung der romanischen Roggenbezeichnungen vom Typus *secale* werden wir noch einmal auf das Problem der Betonung des lat. *secale* zurückkommen.

β. Die Etymologie

Nachdem wir uns im vorangegangenen eingehender mit den einzelnen Belegen sowie der Wortstruktur des lat. *secale* befaßt haben, soll nunmehr die Frage seiner Etymologie erörtert werden. Dies erscheint um so notwendiger, als hierzu eine recht umfangreiche, aber zugleich auch widerspruchsvolle Literatur vorliegt. Gehen wir daher zunächst auf die einzelnen Beiträge zur etymologischen Erklärung des lat. *secale* ein und prüfen wir, inwieweit sie gerechtfertigt sind.

Schon relativ früh hat man versucht, lat. *secale* in größere, den Rahmen des Indogermanischen sprengende Zusammenhänge zu stellen. Als am Ende des vorigen Jahrhunderts zum ersten Mal eine umfassende Darstellung des Wortschatzes der kaukasischen Sprachen erfolgte[17], glaubte man eine Beziehung zwischen den dort genannten Roggenbezeichnungen in einigen lesghischen Sprachen (rutul. *sukul*, caxur. *sekil*) und dem lat. *secale* herstellen zu dürfen (Hehn 564; Schrader 2, 266; HoopsReal 3, 511).

Inwieweit diese Annahme begründet ist, läßt sich schwer entscheiden. Zweifellos hat die Annahme, lat. *secale* sei ein Lehnwort, vieles für sich, wie wir weiter unten noch sehen werden. Andererseits ist aber fraglich, ob der unmittelbare Anknüpfungspunkt dafür in den kaukasischen Sprachen zu suchen ist. Allenfalls wäre an eine Urverwandtschaft zu denken. In diesem Zusammenhang müßte jedoch erst abgeklärt werden, ob rutul. *sukul*, caxur. *sekil*[18] mit *-k-* auch wirklich den primären Typus verkörpern. Berücksichtigen wir nämlich die Formen in anderen kaukasischen Sprachen (kaitach. *sülsül*, kürin. tabassaran. *sursul* und daraus

[17] Erckert, R. von: Die Sprachen des kaukasischen Stammes (Wien 1895), vgl. spez. S. 286.

[18] Schrader 2, 266 schreibt übrigens zu Unrecht die Form *sekil* dem Agulischen zu, das vielmehr *sul* als Roggenbezeichnung hat. HoopsReal 3, 511 folgt ihm dabei.

sekundär varkun. kaitach. akuscha. xürkilin. *susul*), so wäre zumindest für rutul. *sukul* ausgehend von der weitverbreiteten Form *susul* an eine Dissimilation zu denken. In diesem Falle hätten wir es bei den beiden fraglichen Formen mit einer einzelsprachlichen Sonderentwicklung zu tun, die nur ein Zufall formal in die Nähe des lat. *secale* gerückt hat.

Einen anderen Weg zur etymologischen Erklärung des lat. *secale* beschritt W. Meyer-Lübke. Er äußerte die Vermutung, daß lat. *secale* auf lat. *sicula* (zu *siculus*) „sizilisch" zurückgehe (MeyerLNeutr 115). Vom sachlichen Standpunkt aus betrachtet hält Meyer-Lübke die Verknüpfung des Begriffes Roggen mit der Insel Sizilien für durchaus zulässig, da ja Sizilien die Kornkammer Roms gewesen sei. Die weibliche Form *sicula* – herausgelöst aus einem ursprünglichen Gattungsbegriff *sicula ablata, sicula farina* – nimmt Meyer-Lübke in Anspruch, um besser das Genus erklären zu können. Das kann sich aber doch nur auf die Formen vom Typus **secala* beziehen; unerklärt bliebe dann *secale* als Neutrum bei Plinius sowie seine maskulinen Weiterentwicklungen im Romanischen.

Abgesehen von diesem geringfügigen Einwand stellen sich jedoch auch Bedenken grundsätzlicher Art gegen eine solche Herleitung des lat. *secale* ein. Es ist nämlich nicht ohne weiteres einzusehen, wie „sizilisch" mit dem Begriff Roggen hat identisch werden können. Daß Sizilien die Kornkammer Roms war, steht dabei außer Zweifel; nicht dagegen, daß Rom jemals Roggen von Sizilien bezogen hat. Soweit wir unterrichtet sind, wurden nur Weizen und Gerste von Sizilien ins Mutterland geliefert, was wiederum den Schluß zuläßt, daß es vor allem diese Getreidesorten waren, die auf der Insel angebaut wurden. Auch wird man sich fragen müssen, ob der Roggen überhaupt schon in der Antike auf Sizilien bekannt war; halten wir uns an die antiken Zeugnisse, so spricht jedenfalls nichts dafür.

Verschiedentlich ist auch der Versuch unternommen worden, lat. *secale* als eine rein lateinische Wortbildung zu erklären. Hierbei ging man vom Stamm des Verbums *secare* „schneiden" aus, der dann mit dem Suffix *-ale* kombiniert worden sein soll[19]. Das würde also heißen, daß lat. *secale (< frumentum secale)* eigentlich „Schnittkorn, Sichelkorn" bedeutet.

Gegen eine solche Herleitung des lat. *secale* „Roggen" erheben sich jedoch schwerwiegende Bedenken. Bestände nämlich die eben ausgeführte Annahme zu recht, dann hätte *secale* im Lateinischen ein Paroxytonon sein müssen. Die Mehrzahl der romanischen Roggenbezeichnungen vom

[19] Vgl. Vaniček 291, Claussen 855 und andere. Auch Dauzat bzw. DauzatDM schreiben noch: fr. *seigle* < lat. SECALE „ce qu'on coupe". Hier müssen im Grunde auch all jene lateinischen Wörterbücher genannt werden, die das *a* in *secale* mit einem Längezeichen versehen, auch wenn sie sonst nicht ausdrücklich zur Etymologie dieses Wortes Stellung nehmen, also etwa Georges.

Typus *secale* widerspricht dem aber; sie fordern vielmehr ein lat. *sēcale* als Proparoxytonon: it. *segale*, fr. *seigle*, occit. *seguel*, kat. *segol* usw. Gegen eine Herleitung des lat. *secale* aus *sec(are)* + *-ale* lassen sich jedoch noch weitere Gründe anführen. Bekanntlich ist im Lateinischen die Suffigierung mit *-alis*, *-ale* denominal; bei *secale* < *sec(are)* + *-ale* handelt es sich aber offensichtlich um eine deverbale Ableitung, womit sich also diese Wortkonstruktion auch von der lateinischen Wortbildungslehre her nicht rechtfertigen läßt[20]. Weiterhin spricht gegen eine Verbindung von *secale* mit *secare* die unterschiedliche Quantität der Antepänultimavokale beider Wörter. Lat. *secale* als Ableitung von *secare* hätte begreiflicherweise nur ein kurzes *ĕ (ę)* haben können. Die romanischen Entwicklungen des lat. *secale* setzen jedoch eindeutig ein lateinisch langes *ē (ẹ)* voraus.

Obwohl sich, wie wir soeben sahen, ein lat. *secale* als Ableitung von *secare* aus mehr als einem Grunde verbietet, macht sie A. Schulz im Anschluß an die beiden *secale*-Nennungen bei Plinius (NH 18, 140, 141) zum Ausgangspunkt einer recht gewagten Annahme (SchulzRogg 158f.). Danach soll es im Lateinischen neben der Roggenbezeichnung *sécale* (nach Schulz richtiger *sícale*) ein *secále* gegeben haben, das gleichbedeutend mit lat. *farrago* ein Mischkorn für das Vieh bezeichnet hat. Dieses letztere *secále* muß seiner Meinung nach ohne Zweifel vom Verb *secare* stammen, da – immer nach A. Schulz – durch eine solche Ableitung zum Ausdruck gebracht werden sollte, daß dieses als *secále* oder *farrago* bezeichnete Futtergetreide bereits grün und nicht erst im reifen Zustand geschnitten wurde[21]. Das bei Plinius unmittelbar auf *secále* „Grünfutter, Futtergetreide" (NH 18, 140) folgende *sécale* „Roggen" (NH 18, 141) statt eines richtigen *sícale* erkläre sich dadurch, daß Plinius das ihm nur aus schriftlichen Aufzeichnungen bekannte *sícale* „Roggen" für identisch mit dem zuvor erwähnten *secále* „Grünfutter, Futtergetreide" hielt und es ihm deshalb auch in der Schreibung anpaßte. Damit will also A. Schulz sagen, daß es sich bei den beiden *secale*-Belegen in der Naturgeschichte des Plinius im Grunde um zwei Wörter handelt, die morphologisch und semantisch nichts miteinander zu tun haben und nur durch die mangelnde Sachkenntnis des Autors zusammengestellt und aneinander angeglichen worden sind.

---

[20] Als erster machte Ovidio 98 auf die Unhaltbarkeit einer solchen Herleitung aufmerksam. MeyerLVok 319 hält seinerseits ein *secale* < *sec(are)* + *-ale* für eine ebenso absurde Wortbildung wie etwa ein d. *schneidlich*.

[21] Auf den Mangel an zwingender Beweiskraft, den diese Begründung offenbart, soll schon hier aufmerksam gemacht werden. Bekanntlich vollzieht sich ja die Handlung des Schneidens in jedem Falle am Getreide, ob es nun im reifen oder unreifen, grünen Zustand eingebracht wird. Ein Charakteristikum läßt sich daraus also logischerweise nicht speziell für eine als Grünfutter verwendete Getreideart ableiten.

Diese willkürliche Trennung in *secále* „Grünfutter, Futtergetreide" und *sécale* „Roggen" ist natürlich sprachlich wie sachlich unhaltbar. Ihr liegt vor allem eine falsche Interpretation des ersten *secale*-Belegs bei Plinius zugrunde: „id autem, quod s e c a l e ac farrago appellatur, occari tantum desiderat" (PlinNH 18, 140). Bei genügender Berücksichtigung der Geschichte des lat. *secale* und *farrago* ist aus dieser Stelle kaum, wie A. Schulz will, der Schluß zu ziehen, beide Wörter seien hier für Plinius gleichbedeutende Bezeichnungen ein und derselben Getreideart gewesen, auch wenn die Formulierung dazu einlädt. Zweifellos wollte Plinius hier lediglich zum Ausdruck bringen, daß die beiden Getreidearten *secale* und *farrago* nach ihrer Aussaat in gleicher Weise ausgiebig geeggt werden müssen.

Auf die Herleitung des lat. *secale* < *sec(are)* + *-ale* braucht an dieser Stelle nicht noch einmal eingegangen zu werden; sie wurde bereits weiter oben ad absurdum geführt.

Schließlich noch ein Wort zur sachlichen Berechtigung der von A. Schulz vorgenommenen Scheidung in *secále* „Grünfutter, Futtergetreide" und *sécale* „Roggen". Wenn wir einerseits mit gutem Recht annehmen können, daß niemals ein *secale* mit der Bedeutung „Grünfutter, Futtergetreide" existiert hat, so ist andererseits durchaus möglich, daß der Roggen auch schon im römischen Altertum seines langen Strohes wegen als Grünfutter für das Vieh verwendet wurde. Darauf deutet vielleicht schon der größere Zusammenhang hin, in dem sich die fragliche *secale*-Nennung bei Plinius findet. Es werden nämlich in diesem Teil des 18. Buches der Naturgeschichte auffallend viele Futtergetreidearten genannt. Da im übrigen auch heute noch in der italienischen Landwirtschaft der Roggen als Grünfutter angebaut wird (vgl. AIS 1462 Legende), dürfen wir Gleiches wohl auch schon für die spätrömische Landwirtschaft annehmen.

Es ergibt sich also, daß auch in sachlicher Hinsicht eine Trennung in *secale* „Grünfutter, Futtergetreide" und *secale* „Roggen" unzulässig ist[22]. Sie erweist sich darüber hinaus als überflüssig, da der Roggen sowohl als Brotgetreide als auch als Grünfutter für das Vieh angebaut werden konnte. Es kann sich daher auch bei Plinius (NH 18, 140, 141) nur um ein und dasselbe *secale* in der Bedeutung „Roggen" unabhängig von dessen möglicher Verwendung handeln.

Der neueste Beitrag zur Etymologie des lat. *secale* stammt von O. Szemerényi, der wiederum versucht, unser Wort als eine lateinische Wortschöpfung zu erklären (Szemerényi 245ff.). Dabei geht Szemerényi von der indogermanischen Wurzel **sē-* „säen" aus, die sich in lat. *sero*,

---

[22] Wie wenig wahrscheinlich die Annahme eines *secale* „Grünfutter, Futtergetreide" ist, ergibt sich schon aus dem Umstand, daß selbst nach Schulz Getr 78 *secale* in dieser Bedeutung nur bei Plinius vorkommt.

sēvi, *satum* bzw. *sēmen*, ahd. *samo*, e. *seed* wiederfindet. Diese Wurzel *sē-* soll mit dem in italischen Dialekten weitverbreiteten Suffix *-klo- (-kla-)* verbunden worden sein, was ein ursprüngliches **sēklā* ergeben hätte. Aus diesem **sēklā* ist dann nach Szemerényi mit Vokalanaptyxe lat. **secala (> secale)* entstanden. Da im Lateinischen als anaptyktische Vokale nur *-u-* und gelegentlich *-i-* auftreten, wendet sich der Autor auf der Suche nach einer befriedigenden Erklärung des *-a-* in **secala* zunächst den oskisch-umbrischen Dialekten zu. Hier ist der anaptyktische Vokal bzw. seine Klangfarbe abhängig von seiner Umgebung, und zwar richtet er sich nach dem Vokal derjenigen Silbe, welcher der Liquid (oder Nasal) in der ursprünglichen Konsonantenverbindung vor der Anaptyxe angehört hat, was einem **sēcalā* < **sēklā* nur gerecht würde. Nun erfolgt aber eine Heranziehung des Oskisch-Umbrischen zur Erklärung des **sēcalā* < **sēklā* nicht ohne Bedenken, da im Oskischen und den ihm verwandten Dialekten nach langem Vokal gewöhnlich keine Vokalanaptyxe eintritt. Das Umbrische schließlich kennt diese Erscheinung überhaupt nicht; hier bleibt das Suffix *-klo-* in seiner ursprünglichen Form erhalten. Da sich also das Oskisch-Umbrische als wenig geeignet für eine befriedigende Erklärung des anstehenden Problems erweist, hält es Szemerényi auch für wahrscheinlicher, daß **secala* ursprünglich ein Dialektwort der Umgebung Roms war, das später in die lateinische Schriftsprache eingedrungen ist. Für das in diesem Falle auffällige *-a-* als anaptyktischen Vokal verweist er auf die dem Etruskischen eigene Vokalharmonie.

Mag nun die Annahme, lat. *secale* sei ursprünglich ein bäuerliches Dialektwort Latiums mit etruskischem Einschlag gewesen, durchaus originell sein, so muß doch mit Nachdruck festgestellt werden, daß eine solche Erklärung nicht mit der Rolle, die der Roggen tatsächlich in der römischen Getreidewirtschaft gespielt hat, in Einklang zu bringen ist. Eine autochthone Wortschöpfung, wie sie Szemerényi zur Erklärung des lat. *secale* in Anspruch nimmt, wäre doch nur dann gerechtfertigt, wenn der Roggen zumindest in der Getreidewirtschaft Latiums einen erstrangigen Platz innegehabt hätte. Und gerade diese wichtige Vorbedingung für Szemerényis Erklärung wird durch die in der römischen Landwirtschaft tatsächlich vorliegenden Verhältnisse nicht erfüllt. Nichts spricht nämlich dafür, daß der Roggen bereits um die Zeitenwende oder gar davor in Latium angebaut wurde. Lediglich für Norditalien ist uns sein Anbau schon früh bezeugt, und zwar für die La Tène-Zeit. Eine weitere Ausbreitung nach Süden erfuhr der Roggenanbau auf der Apennin-Halbinsel wohl erst in den nachchristlichen Jahrhunderten. Auf Grund dieser Gegebenheiten kommen wir zu dem Schluß, daß die Annahme, lat. *secale* sei eine autochthone Wortschöpfung, für die etymologische Erklärung des Wortes kaum ernsthaft in Erwägung gezogen werden kann.

Nachdem wir nunmehr alle nennenswerten Beiträge zur etymologischen Deutung des lat. *secale* kritisch untersucht haben, müssen wir zusammenfassend feststellen, daß eine befriedigende Lösung dieses schwierigen Problems noch aussteht. Eine Erklärung des Wortes aus dem Lateinischen selbst dürfte dabei aus den oben angeführten Gründen ohnehin ausscheiden. Sehr viel Wahrscheinlichkeit hat daher auch jene Auffassung für sich, die in lat. *secale* ein Lehnwort sieht (WaldeH; ErnoutM), wobei ungeklärt ist und wohl auch bleiben wird, welcher Sprache das Lateinische dieses Wort entlehnt hat. Schon G. Buschan[23] nahm in diesem Zusammenhang an, daß die Heimat des lat. *secale* im Gebiet der nördlichen Balkanländer, das ein sekundäres Zentrum für die Verbreitung der Roggenkultur gewesen ist, zu suchen sei. Wenn es auch fraglos ratsamer wäre, das in Frage kommende Gebiet noch weiter zu fassen, so ist doch an dieser Annahme bedeutsam, daß sie die Herkunft des lat. *secale* unter Berücksichtigung der Verbreitungsgeschichte des Roggens nördlich der Apennin-Halbinsel sucht, und nicht irgendwo im mediterranen Raum.

b. Die romanischen Formen

α. Lat. SECALE *im Rumänischen sowie in Nordostitalien*

Wie die Bezeichnungen der meisten landwirtschaftlichen Grundbegriffe im Rumänischen ist auch rum. *secară* „Roggen" lateinischen Ursprungs. Nicht deshalb verdient es jedoch unsere besondere Beachtung, sondern weil es mit seiner Pänultimabetonung eine Sonderstellung im gesamtromanischen Rahmen einnimmt. Die gleiche Akzentuierung des Wortes zeigen auch die heute vom dakorumänischen Sprachgebiet getrennten Dialektgruppen: mazedorum. *sicáră* (Pușc 135), meglenorum. *sicáră* (ib.)[24], istrorum. *secǫ́rę* (ib.)[25], *secárę* (Tiktin 229). Der Vollständigkeit halber sei hier auch der älteste rumänische Beleg für unser Wort erwähnt, auch wenn uns seine Akzentstelle nicht ausdrücklich bezeugt ist. Er findet sich im sogenannten Lexicon Marsilianum (s. v. *siligo*), einem lateinisch-rumänisch-ungarischen Glossar, das zwischen 1687 und 1700 von einem Deutschen angefertigt wurde; die Form lautet hier *sekara*[26].

Weiter oben war bereits die Rede davon, wie sich die paroxytonale Be-

---

[23] Buschan 52 und 56. Dieselbe Ansicht findet sich wieder bei Hoops 450/451, HoopsReal 3, 511.

[24] Vgl. noch Capidan 109.

[25] Vgl. PușcIstr 324, wo die Form *secárę* lautet.

[26] Il „Lexicon Marsilianum". Dizionario latino-rumeno-ungherese del sec. XVII a cura di C. Tagliavini (= Academia Română. Etudes et recherches Bd 5) București 1930, S. 246. Dieser und die im folgenden mit R. gekennzeichneten Belege wurden mir freundlicherweise von Prof. Dr. T. Reinhard zur Verfügung gestellt.

tonung der rumänischen Bezeichnungen erklären läßt[27]. Danach erfolgte schon in lateinischer Zeit in Anlehnung an die Substantive bzw. Adjektive auf -ALIS, -ALE eine Akzentverlagerung von der Antepänultima auf die Pänultima: SÉCALE > SECÁLE. Daß diese Akzentverschiebung bereits im Lateinischen stattgefunden haben muß, ergibt sich aus verschiedenen Umständen: 1. Das Rumänische hat durchweg die ursprüngliche Akzentstelle in den lateinischen Proparoxytona bewahrt, und zwar unabhängig davon, ob nun diese Wörter im Rumänischen als Proparoxytona erhalten blieben oder aber durch Synkope bzw. Apokope zu Paroxytona, in seltenen Fällen sogar zu einsilbigen Wörtern (vgl. *cot* < CUBITUM) reduziert wurden. 2. Das Rumänische hat selbst nur sehr wenige Substantive auf -ALIS, -ALE bewahrt[28], so daß kaum an einen Einfluß von dieser Seite innerhalb des Rumänischen zu denken ist. 3. Alle auf dem Balkan verstreuten rumänischen Sprachgruppen haben trotz der frühzeitig eingetretenen Trennung vom Dakorumänischen mit diesem die paroxytonale Betonung gemeinsam, was bei einem späten Eintreten der Akzentverlagerung im Dakorumänischen nicht der Fall gewesen wäre.

Dafür, daß diese Akzentverschiebung schon in lateinischer Zeit stattgefunden hat, spricht jedoch noch ein anderer Umstand. Wenn wir nämlich unsere Blicke nach Oberitalien lenken und die dort vorkommenden Roggenbezeichnungen vom Typus SECALE auf ihre Betonung hin untersuchen, kommen wir zu der überraschenden Feststellung, daß auch hier die paroxytonale Akzentuierung in beachtlicher Verbreitung anzutreffen ist. Im einzelnen umfaßt sie folgende Sprach- bzw. Dialektgruppen[29]: das Friaulische *(syála, sydle)*[30], das Zentralladinische *(syála, syára, sy̨ęla)*[31], das Venezianische *(segála)*, von wo sie noch streckenweise ins Lombardische und Emilianische hineinreicht. So finden sich paroxytonale Formen noch im Südwesten der Lombardei im Raum um Mantua: *sẹgắla* (AIS 1462 p 288 = Mantua)[32], *źgắla* (p 289, 299). Auch südlich des Po in der Emilia bzw. Romagna lassen sich derartige Formen feststellen: *śegắlə* (AIS 1462 p 424), *źgắlə* (p 415), Mirandola *sgàlla* (Meschieri 717 R.), Ferrara *sgàla* (Azzi 272, Ferri 373, R.), *žgála* (p 427), *zgắlə* (p 439). Räumlich davon getrennt kommt auch sonst noch der paroxytonale Typus vereinzelt in der Romagna vor, was wohl auf ehemals

[27] Vgl. S. 30.

[28] Zu diesen wenigen gehören *brățară* f. „Armband" < BRACHIALE, *degetar* n. „Fingerhut" < DĬGĬTALE, *frigare* f. „Bratspieß" < *FRĪGALIS (von FRĪGO), *grătar* n. „Rost" < *GRATALIS (für *CRATALIS von CRATIS), *spinare* f. „Rücken" < SPĪNALIS, *stîlpare* f. „grüner Zweig" < *STĬRPALIS (von STĬRPS), *umărar* m. „Schulterbedeckung" < HŬMĔRALE.

[29] Vgl. hierzu AIS 1462.

[30] Vgl. zu den einzelnen Belegen S. 53.

[31] Vgl. zu den einzelnen Belegen S. 53.

[32] Vgl. auch *sgala* bei Cherubini 136 R.

größere Verbreitung hindeutet: Pesaro *sghela* (Pizzagalli 112 R.), Imola *sghêla* neben *sëgal* (Mattioli 613 u. 596 R.). Möglicherweise gehört auch ein *segala* (neben *segal*) für Faenza (Morri 695 R.) hierher; da uns jedoch seine Betonung nicht überliefert ist, könnte es sich auch um ein aus der Toskana importiertes Proparoxytonon handeln.

Beachtlich ist vor allem die Ausschließlichkeit, mit der die paroxytonale Betonung selbst noch in den modernen Mundarten des östlichen Oberitaliens vorkommt. Sie hat nichts von einer neueren, sporadischen Akzentverschiebung an sich, so daß auch hier die Vermutung naheliegt, es handle sich um Akzentverhältnisse, die in ihren Ursachen noch in lateinische Zeit hinaufreichen.

Zu diesem Schluß berechtigen uns auch einzelne ältere Belege mit erkennbarer paroxytonaler Betonung aus Nordostitalien. Für ca. 1390 ist uns ein *segalla* in einem Inventarverzeichnis von Curé in der Val Giudicaria belegt: „P°. XVIII galede de froment, precii XXV gross. p. galeta. It. VIII galet de segalla, precii XX gross. p. galeta“ (Testi Trec 74). Die gleiche Form kommt auch im Zinsbuch des Klosters S. Chiara zu Trient verschiedentlich für 1476 vor, so etwa in: „It. dé dare Rigo Ferraro per livelo stara diese de biave vz.: formento St. II, segalla St. VI, mego St. II (TestiQuattroc 108). Aus der gleichen Gegend stammt eine mittellateinische Urkunde von Brentonico 1331, in der unser Wort als Eigenname verwendet wird: „item unam petiam aratoriam in so Villa; coherent: ab una parte heredes qd. Segalle de Vigo, a secunda parte Pelegrinus de Vigo, ab uno cap. Flordemillia qd. Bonini de Vigo; ...“ (RegTrient 283)[33]. In diesem Zusammenhang sind ferner einige Belege in mittellateinischen Urkunden des 13. Jahrhunderts aus dem Urkundenbuch der Kathedrale von Ravenna zu nennen. Neben häufig vorkommendem *sicale* oder *sigale* finden sich hier auch die für uns bedeutsamen Graphien *scicalle*[34], *sicalle*[35], *sigalle*[36]. Deuten diese Graphien auf Längung des Nachtonkonsonanten, also auf paroxytonale Betonung hin, die heute in Ravenna selbst nicht mehr existiert (AIS 1462 p 459 = Ravenna *šẹ́gǫl*), so ist doch auch zu bedenken, daß einige wenige Belege aus der gleichen Quelle die proparoxytonale Betonung voraussetzende Graphie *siccale*[37] haben. Es scheint also, als sei im Raum um Ravenna bereits im 12. bzw. 13. Jahrhundert neben dem wohl üblicheren paroxytonalen Typus unseres Wortes auch der proparoxytonale bekannt gewesen.

---

[33] Vgl. auch ib. für 1325 (S. 247), wo *Segala* ebenfalls als Eigenname vorkommt.

[34] RegRavenna a. 1213 (1, 115 var. lect.), a. 1220 (1, 147), a. 1220 (1, 148), a. 1220 (1, 149), a. 1221 (1, 161), a. 1221 (1, 167), a. 1222 (1, 173), a. 1225 (1, 182).

[35] ib. a. 1220 (1, 143).

[36] ib. a. 1215 (1, 125).

[37] ib. a. 1181 (1, 47), a. 1181 (1, 48), a. 1188 (1, 60).

Schließlich ist noch auf ein *segalle* in einem lateinisch verfaßten Inventarium von 1337 aus dem Klarissenkloster S. Francesco bei Bologna aufmerksam zu machen: „In primis frumentum DCCLI corb.; item fabe CL corb.; item spelte LX corb.; item ordey XX corb.; item s e g a l l i s XXX corb."[38]. Es hält schwer, auf Grund dieser Graphie irgendwelche bündigen Schlüsse hinsichtlich der ehemaligen Verbreitung eines paroxytonalen *segàla* im Raum von Bologna zu ziehen, da zur Zeit weiteres Material fehlt. In neuerer Zeit jedenfalls kennt Bologna nur synkopierte Formen, die auf proparoxytonales SÉCALE bzw. *SÉCALA zurückgehen[39].

Im Zusammenhang mit der auffälligen Gemeinsamkeit des Rumänischen und der nordostitalienischen Dialekte hinsichtlich der paroxytonalen Betonung bei SECALE ist es von Interesse festzustellen, welche Akzentverhältnisse im Neugriechischen für unser Wort vorliegen, wo doch bekannt ist, daß dieses aus dem Lateinischen entlehnt ist. Paroxytonale Betonung zeigen die nicht näher zu lokalisierenden neugriechischen Formen σικάλι, σεκάλι, σεκάλη sowie ein ζγάλj für Ophis im Pontus; daneben findet sich aber auch ngr. σίκαλη als Proparoxytonon, und zwar für die Insel Syme und für Stenimachos (Stanimak) in Ostrumelien (MeyerStud 59). Schließlich geht auch das alban. *thékër(ë)*, *thékën(ë)* (Godin 1, 293; Mann 533)[40] auf ein proparoxytonales *SÉCALA zurück. Es hat also den Anschein, als habe nicht die ganze Balkan-Latinität SECALE als Paroxytonon behandelt. Andererseits besteht aber auch die Möglichkeit, daß die neugriechischen Dialekte mit σίκαλη und vor allem das Albanische auf anderem Wege mit dem lat. SECALE – jetzt als Proparoxytonon – in Berührung gekommen sind. Aus dem Dalmatischen ist uns die Entwicklung des lat. SECALE nicht überliefert.

Kommen wir nun noch einmal auf die Ursache zurück, die zur Vorverlegung des Akzents bei SECALE geführt haben soll. Schon Meyer-Lübke[41] nahm an, lat. SÉCALE sei unter dem Einfluß der Wörter auf -ALE zum Paroxytonon SECÁLE geworden. Nun lassen sich aber jene Bezeichnungen, die den Ton auf der Pänultima tragen (rum. *secară*, friaul. *sydla*, *sydle*, zentralladin. *sydla*, *sydra*, *syęla*, ven. *segála*), nicht direkt auf ein SECALE zurückführen, sondern setzen ein *SECALA voraus, was in jedem Falle noch durch ihr feminines Genus unterstrichen wird. Die Vorverlegung des Akzents hätte also zumindest vor dem geographisch

[38] Inventaria Clarissarum a cura di S. Gaddoni in Archivum Franciscanum historicum 9, 332; vgl. auch Sella 225 s. v. *mochus* (die Form *segalla* auf S. 320 ist ein Druckfehler).

[39] Vgl. S. 47.

[40] Vgl. auch das Dictionarium latino-epiroticum des Frangu i Bardhë von 1635 (ed. M. Roques in Bibliothèque de l'école nationale des langues orientales vivantes Bd 11, Paris 1932), wo s. v. *siligo* (S. 153) *thechena* (= *ϑekena*) verzeichnet ist.

[41] Vgl. S. 30.

begrenzten Übertreten unseres Wortes von den Neutra auf -E zu den Feminina auf -A stattfinden müssen. Andererseits wird man sich fragen, weshalb SECALE in den Teilen der Westromania (occitan., fr. usw.), wo es nicht zum Femininum geworden ist und somit für eine Akzentverschiebung unter Einfluß von -ALE geradezu prädestiniert war, seine ursprüngliche proparoxytonale Betonung bewahrt hat.

Man sieht also, daß die Annahme eines Einflusses von Wörtern auf -ALE allein nicht ausreicht, um die Akzentverschiebung bei SECALE in der östlichen Latinität genügend zu erklären. Dies führt uns dazu, nach Fällen Ausschau zu halten, die wie SECALE eine proparoxytonale und eine paroxytonale Betonung im Lateinischen gekannt haben, um von dieser Seite her zu einer gerechteren Einschätzung der beiden Akzentuierungsmöglichkeiten des lat. SECALE zu gelangen.

Zunächst soll auf den auffälligen Parallelfall des lat. *(iecur) ficatum* aufmerksam gemacht werden, welches eine Lehnübersetzung des gr. ἧπαρ συκωτόν ist. Bei lat. FICATUM scheint nämlich – verlassen wir uns auf seine Folgeformen in den romanischen Sprachen – die gleiche geographische Verbreitung der paroxytonalen bzw. proparoxytonalen Betonung vorgelegen zu haben wie bei SECALE: 1. rum. *ficat*, vegl. *fecuát (figuọ́t)*, serbokroat. *pìkat* < älterem *pikát* (vgl. dazu M. G. Bartoli: Das Dalmatische 1, 263), friaul. *fiát, fyát*, grödn. *fuyá*, engad. *fiọ́*, ven. *figá* sowie ostlomb. *figát* (vgl. AIS 139 p 229, 238, 248, 249, 256, 258, 289, 299), das hier über *segála* hinausgreift[42]; 2. die übrige Romania hat Entwicklungen, die auf FĪCATUM (logud. *figadu*, sp. *hígado*, pg. *fígado*, piem. *fidik* usw.) bzw. FÍCATUM (it. *fegato*, kalabr. siz. *fikatu*, occitan. kat. *fetge*, fr. *foie* usw.) zurückgehen, wobei uns die unterschiedliche Quantität bzw. Qualität des Tonvokals nicht weiter beschäftigen soll.

Ist hier die paroxytonale Betonung, wie sie im Rumänischen, Dalmatischen, Venezianischen und Rätoromanischen vorliegt, die für das Lateinische zu erwartende, so dürfte die proparoxytonale unter dem Einfluß des griechischen Vorbildes gestanden haben, das im Vulgärlatein wohl wegen des Fehlens von Endungsbetonung im Lateinischen als *sékotum* gesprochen wurde (MeyerLEinf 158/9). Trotz dieser auffälligen Übereinstimmung von SECALE und FICATUM hinsichtlich der Akzentverhältnisse ist doch nicht zu übersehen, daß diese Gemeinsamkeit nicht über das rein Formale hinausgeht. So ist es denn auch im Falle FICATUM der Typus FÍCATUM, der einer Erklärung bedarf, während es bei unserm Wort die paroxytonale Form SECÁLE ist, da wir keine Veranlassung haben, auf Grund von *ficatum* die Annahme eines ursprünglichen SÉCALE aufzugeben; dies schon deshalb nicht, weil SECALE und FICATUM ganz verschiedenartiger Herkunft sind. Es wäre also verfehlt, aus einer gewissen Parallelität

---

[42] Davon räumlich getrennt campid. *viγáu, fiγáu*, Samugheo *fiγáðu* (Wagner 1, 518).

im Verhalten des lat. FICATUM weitere Schlüsse im Zusammenhang mit lat. SECALE ziehen zu wollen.

Wenn lat. FICATUM auch der einzige uns bekannte Fall ist, dessen doppelte Akzentuierung sich in ihrer geographischen Verteilung genau mit den entsprechenden Verhältnissen bei lat. SECALE deckt, so fehlt es doch nicht an weiteren Beispielen für dieses eigentümliche Schwanken der Betonung bei dreisilbigen lateinischen Wörtern, das sich auch in den romanischen Sprachen niedergeschlagen hat. Es möge hier nur auf einige dieser Fälle aufmerksam gemacht werden. So kennt das Lateinische SINAPI (< gr. σίνᾱπι) einmal mit Bewahrung des griechischen Akzents (vgl. it. *senape*, emil. *senva*, fr. *sanvre*, *sanve* usw.); daneben ist das gleiche Wort auch den lateinischen Betonungsgesetzen unterworfen worden, d. h. es wurde auf Grund der Länge des Pänultimavokals als Paroxytonon behandelt. Dieser paroxytonale Typus SINĀPI lebt u. a. fort in südit. *sinắpa*, *sənắpə*, *sinắpu*[43], Cuneo *senǿvra*, emil. *senávra*, Firenzuola d'Arda, Piacenza, Parma, Pavia *snavra*, Brescia, Crema *senáer*, Bergamo *sanáer*, aven. *senavro*, *senavra*, Padova *senávero*, aengad. *sinevel*, kat. *sanabre*, sp. *ajenabe*, *ajenabo*.

Auf gleiche Weise erklärt sich das Nebeneinander von proparoxytonaler und paroxytonaler Betonung bei einigen weiteren griechischen Lehnwörtern im Lateinischen. Hier sei noch hingewiesen auf PÁPYRUS (< πάπῡρος), das in rum. *papură* weiterlebt, und seine paroxytonale Variante PAPȲ́RUS, die sich vor allem in den romanischen Sprachen durchgesetzt hat. Weiterhin BÚTYRUM (< βούτυρος), das fr. *beurre*, it. *burro* usw. zugrunde liegt, und dazu das erst lateinische BUTȲ́RUM, das piem. lomb. trient. *bütér*, ven. *butér*, alang. agask. *boder*, bearn. *boudè* usw. voraussetzen. Ähnlich auch gr. ἔγκαυστον, dessen Betonung sich über ein lat. ÉNCAUSTUM in afr. *enque*, nfr. *encre*, siz. *inga* erhalten hat und das daneben zu einem lat. ENCÁUSTUM Anlaß gegeben hat: vegl. *ingiastro*, ait. *incostro*, nit. *inchiostro*, mail. *incoster*, occitan. *encaust*. Diese zweifache Akzentuierung ist jedoch nicht nur bei griechischen Lehnwörtern anzutreffen, sondern hat auch lateinische Wörter erfaßt, so etwa SŌREX, SŌRĬCEM (rum. *şoárece*, it. *sorcio*, bergam. *sórek*, ven. *sǫ́rzẹ*, *súrzẹ*, emil. *sorg* usw.), dem wohl im Vulgärlateinischen ein *SŌRĪX, *SŌRĪCEM (fr. *souris*, apr. *soritz*, friaul. *surī́š*, *sǫrī́š*, zentralladin. *sǫrítša*, *sǫrütša* usw.) zur Seite getreten ist.

Im Zusammenhang mit derartigen Fällen[44] ist auch die zweifache

---

[43] Vgl. für die genaue geographische Verteilung der einzelnen Formen AIS 1385 Legende.

[44] Speziell zu den griechischen Lehnwörtern im Lateinischen vgl. noch M. Lenchantin De Gubernatis: Metanastasi e ditonia degli ellenismi latini in ARom 9, 424/38 und J. André: Accent, timbre et quantité dans les emprunts du latin au grec postérieurs au IIIe s. après J. C. in BSLP 53, 138/58, wo auch die ältere Literatur zu diesem Problem genannt wird.

Akzentuierung des lat. SECALE zu sehen. Es wäre nämlich durchaus möglich, daß die uns nicht näher bekannte Sprache, aus der das lat. SECALE stammt, auf Grund ähnlicher Betonungsgewohnheiten wie im Griechischen ein *SĔCĀLE als Proparoxytonon besessen hat. Bei der Übernahme ins Lateinische ist dann dieses *SĔCĀLE einmal entsprechend den lateinischen Betonungsgesetzen als Paroxytonon behandelt worden, und zwar vor allem in der östlichen Latinität (vgl. rum. *secară*, friaul. *syála*, ven. *segála*); zum andern wurde in einem größeren westlichen Gebiet der ursprüngliche Akzent dieses Lehnwortes beibehalten, was aber zur Folge hatte, daß der lange Vokal der Pänultima gekürzt wurde (vgl. it. *segale*, fr. *seigle*, occitan. *seguel*, *segle* usw.). Diese Erklärung hat den Vorteil, daß sie auf die Inanspruchnahme eines Einflusses von den Wörtern auf -ĀLE verzichten kann. Wie wenig sicher nämlich im Grunde eine solche Annahme ist, zeigen uns neben den bereits weiter oben angedeuteten Bedenken vor allem die genannten griechischen Lehnwörter, deren paroxytonale Betonungsvariante im Lateinischen auch nicht durch irgendwelche endungsverwandten Wörter erklärt wird.

In keinem Zusammenhang mit der paroxytonalen Betonung bei SECALE im oberitalienischen Raum steht eine hier sporadisch auftretende Akzentvorverlegung auf die Pänultima bei anderen lateinischen Proparoxytona. Man vergleiche etwa die folgenden Fälle: Lomb. *mę́da* usw. „Tante“ (AIS 20 p 229, 234, 236, 238, 247, 249, 258), ven. *məda* (p 340), *mę́a* (p 341), *mẹ́da* (p 325), zentralladin. *méda* (p 305), *məda* (p 315), friaul. *mā́da* (p 318) neben verbreiteterem lomb. ven. *ā́mẹda*, ven. *ámia*, *ámya* usw. < AMITA (vgl. RohlfsItGr 1, 503). – Lomb. *nę́dra* usw. „Ente“ (AIS 1150 p 237, 238, 247, 248, 254, 259, 278, 285, 289, 299), emil./romagn. *nā́dra*, *anā́dra*, *nā́ndra*, *anā́ndra* (p 413, 415, 424, 436, 443, 444, 446, 454, 455, 456, 458, 466, 467, 476, 490) neben lomb. *ā́nẹd(r)a*, *ā́nada*, ven. *ā́nẹdra*, *ā́nera*, *ā́nara*, emil./romagn. *ándra*, *ánra*, *ánara* usw. < *ANĬTRA. – Lomb. *šimẹ́ga* „Bettwanze“ (AIS 473 p 238), *śümę́ga* (p 267), *fümę́ga* (p 247, 254), *himę́ga* (p 258), *sümę́k* (p 265, 278), *śimę́s* (p 248, 259), *sümę́s* (p 248) neben lomb. *šímęš* usw. < CĪMĬCE, *-A, *-U. – Lomb. *gumbę́t* „Ellbogen“ (AIS 147 p 236, 249, 254, 259, 267, 278, 286, 288, 289), *gọmbę́t* (p 245, 247, 256, 258), ven. *gọmbẹ́t* (p 331), *gọmbət* (p 340), *gumbət* (p 330) neben üblicherem lomb. ven. *gúmbęt*, *gọ́mbęt*, *gọ́mbẹt* < CŬBĬTU. – Lomb. *kọdẹ́ga* usw. „Speckschwarte“ (AIS 1096 p 238, 249, 256, 258), ven. *kọdətšə* (p 340), *kudətšə* (p 330), *kọę́ga* (p 364, 375), *kuẹ́ga* (p 374) usw. neben lomb. ven. *kọ́dẹga*, *kū́dẹga* usw. < *CŬTĪCA. – Ven. *fǫrfẹ́ś* „Schafschere“ (AIS 1076 p 336) neben sonst üblichem ven. *fǫ́rfęš* < FORFĬCE. – Ven. *arpę́k* „Egge“ (AIS 1430 p 360), emil./romagn. *arpẹ́g* (p 427), *arpẹ́k* (p 464), *ęrpẹ́k* (p 467), *arbę́k* (p 458), *arbík* (p 458) usw. neben ven. *árpẹga*, emil./romagn. *ę́rpek* als deverbale Ableitungen von *erpicare* < HĬRPICARE. – Lomb. *lęndę́nẹ* pl. „Nissen“ (AIS 476 p 245), *ręndẹ́nẹ* (p 259) neben weitverbreitetem *lę́ndęnẹ* usw. < LĔNDĬNE. – Lomb. *manę́k* „Stiel“ (AIS 549 p 258), *menę́k* (p 249) neben lomb. *mắnęk* < MANĬCU. – Lomb. *pülę́k* „Floh“ (AIS 474 p 247, 254, 265, 267, 278), *pülę́s* (p 256), *pülę́* (p 245), *pilę́s* (p 248, 259), *pilẹ́ś* (p 238), ven. *piláš* (p 340), *pilę́ś* (p 341) neben lomb. *pűles*, *pűlęk*, *pűlga* usw., ven. *pọ́lzẹ*, *púlzẹ*, *púlizẹ* usw. < PŪLĬCE, *-A, *-U. – Lomb. *ręsę́gę* „Säge“ (AIS 552 p 249), *risę́ga* (p 259) neben üblicherem lomb. *rắzẹga*, *rắzga* usw. als deverbale Ableitung von RESECARE. – Lomb. *salę́š* „Weide“ (AIS 600 p 218), *šalẹ́š* (p 227), ven. *śalẹ́s* (p 335), *salẹ́ϑ* (p 336, 346), *ϑalę́ś* (p 345) usw. neben lomb. *sắlẹš*, *sắlęs* usw. (auch ven. neben üblicherem *salgắrọ*, *salgắr* usw.) < SALĬCE. – Lomb. *sümęlę́k* „Blitz“ (AIS 392 p 237, 245, 254, 256, 267), *šümẹlék* (p 238), *hümęlę́k* (p 245) *hœ̣męlę́k* (p 247) neben lomb. *sümę́lęk*, *sümę́lk*, *sumẹ́lga* usw. als deverbale Ableitungen von *sümelgá* usw. < *SŬBMĬCŬLARE.

Während die zweifache Akzentuierung bei SECALE noch in lateinische Zeit hinaufreicht, handelt es sich bei den hier zitierten und vielen anderen Fällen um einen bedeutend jüngeren (romanischen) Vorgang. Das ergibt sich schon daraus, daß diese norditalienischen Akzentvorverlegungen durchweg keine Parallelen im Rumänischen und Dalmatischen haben. Vor allem ist aber bei den zuletzt genannten Fällen auf die Sporadität der Umakzentuierung hinzuweisen; sie läßt erkennen, daß dieser Vorgang nichts mit der paroxytonalen Betonung bei SECALE (ven. *segála* usw.) zu tun hat, die im gleichen Raum mit nicht zu übersehender Ausschließlichkeit vorkommt. Die Gründe für die sporadisch auftretende, jüngere Akzentverschiebung auf die Pänultima liegen auf der Hand. In den galloitalienischen Mundarten, die die lateinischen Proparoxytona durchweg beseitigen, stellt dieses Verfahren eine der hierzu vorhandenen Möglichkeiten dar; es findet vor allem im Lombardischen Verwendung, während etwa in den emilianisch-romagnolischen Dialekten die Synkope des Pänultimavokals im Vordergrund steht. Das Vorkommen von paroxytonaler Betonung bei ursprünglichen Proparoxytona im Venezianischen, das an sich den ererbten daktylischen Worttypus bewahrt, erklärt sich zu einem Teil aus der Nachbarschaft der lombardischen Dialekte (vgl. etwa AIS p 330, 331, 340, 341), zum andern wohl aus einer wenig nachdrücklichen, eher schwebenden Akzentuierung im Venezianischen. Die daraus resultierende Akzentunsicherheit manifestiert sich in der paroxytonalen Betonung lateinischer Proparoxytona, dann aber auch in der Betonung der ersten Silbe in Paroxytona, wenn durch den Schwund des trennenden Konsonanten der ursprüngliche Tonvokal mit dem Vortonvokal in Berührung kommt (vgl. RohlfsItGr 1, 502).

Zusammenfassend läßt sich zu lat. SECALE im Rumänischen sowie im nordostitalienischen Raum sagen, daß die gemeinsame paroxytonale Betonung sehr alt ist und Rückschlüsse auf gleiche Verhältnisse im weiteren Rahmen der östlichen Latinität gestattet. Was die doppelte Akzentuierung des lat. SECALE angeht, mit der wir uns hier noch einmal auf Grund der romanischen Formen befaßt haben, so ist anzunehmen, daß das Lateinische ursprünglich ein *SĔCĀLE übernommen hat, das dann entsprechend der Behandlung anderer Lehnwörter gleicher Struktur einmal unter Kürzung des Pänultimavokals als Proparoxytonon erhalten blieb, zum andern räumlich davon getrennt unter Bewahrung der Quantität des Pänultimavokals zum Paroxytonon wurde.

β. Lat. SECALE *im Italienischen und in seinen Mundarten*

Nachdem das ven. *segála* bereits im Zusammenhang mit rum. *secară* berücksichtigt worden ist, soll hier auf die übrigen italienischen Dialektbezeichnungen sowie das schriftsprachliche Wort eingegangen werden, die alle auf ein proparoxytonales SÉCALE oder häufiger noch *SÉCALA zurückgehen.

Befassen wir uns zunächst mit dem Schicksal unseres Wortes in den gallo-italienischen Mundarten. Hier wird – wie nicht anders zu erwarten – sein Verhalten durch den Umstand bestimmt, daß ähnlich wie in der Galloromania die lateinischen Proparoxytona reduziert werden. Von den hierzu zu Gebote stehenden Möglichkeiten, nämlich Synkopierung, Apokopierung und Akzentverlagerung, sind bei SÉCALE die beiden ersten genutzt worden[45], und zwar trat Synkope in den Fällen ein, wo ein *SECALA zugrunde liegt, Apokope dagegen, wo eine SÉCALE anzusetzen ist.

Sehen wir uns nun die Entwicklungen in den einzelnen gallo-italienischen Dialekten etwas genauer an. Wie allen oberitalienischen Formen ist den lombardischen Bezeichnungen die Sonorisierung des intervokalischen k > *g* eigen, die uns bereits in spätlateinischer Zeit aus diesem Raum belegt ist. Im übrigen ist das Lombardische in bezug auf unser Wort in ein größeres östliches Gebiet mit Apokope und ein kleineres westliches mit Synkope gespalten (vgl. AIS 1462 „la segale"). Innerhalb der apokopierenden Zone, die u. a. Bergamo, Brescia und Cremona einschließt und bis in die Mesolcina bzw. Val Calanca (vgl. Dorsch 53) hinaufreicht, trifft man weitverbreitet die Formen *sę̆gę̣l* und *sigę̣l* sowie einige weitere Varianten an, die hier nicht weiter berücksichtigt zu werden brauchen, da sie ihre Erklärung im jeweiligen Lokaldialekt finden. Bemerkenswert ist dagegen, daß der Typus *sę̆gę̣l/sigę̣l* von geringen Ausnahmen abgesehen als Femininum in Gebrauch ist, wofür Belege bereits im Mittelalter anzutreffen sind, so etwa *la segel* (Contini 232) bzw. *la sigel* (Lorck 116) für Bergamo aus dem 15. Jh. Hier liegt zweifellos Einfluß von den benachbarten Dialektgruppen (Venezianisch, Emilianisch, Westlombar-

---

[45] *segắla* bzw. *zgắla* im Mantovanischen sowie im angrenzenden Emilianischen sind nur die westlichen Ausläufer der nordostit. Zone mit paroxytonaler Betonung, weshalb in ihrem Zusammenhang nicht von einer speziell gallo-it. Akzentverschiebung gesprochen werden kann.

disch) vor, wo das feminine Genus auf Grund der Basis *SECALA berechtigt ist.

Das in unserm Falle synkopierende Gebiet umfaßt neben dem Tessin den westlichen Teil der Lombardei. Hier begegnen in der Hauptsache die beiden Formentypen *sẹ́gla* und *sẹgra* mit dem zu erwartenden femininen Genus. Die im letzteren Typus vorliegende Rhotazierung ist möglicherweise schon vor der Synkope des Pänultimavokals eingetreten, auf jeden Fall aber sehr alt. So findet sich bereits bei Bonvesin da Riva (aus Mailand) die Form *segre* (Seifert 66). In den modernen Dialekten lebt die rhotazierte Form vor allem im Raum Mailand-Como (mail. *segra* SalvMil 97) sowie im Tessin (*sẹ́grə, tsẹ́grə, tsẹ́yrə* usw.[46]) fort. Daneben kommt die Form ohne den Wandel von *l* > *r* vor, und zwar vor allem in der südwestlichen Lombardei (*sẹ́glə* AIS 1462 p 270, 273, 282; Pavia *segla* Annovazzi 322) sowie in der Mesolcina (*sẹ́glə* Dorsch 53) und im Tessin (Val Maggia *sẹ́ylə, sẹ́ylə*, ib. 53). In der Val Onsernone sowie in der Val Maggia tritt in den Fällen, wo der Verschlußlaut *g* zum Reibelaut *y* reduziert wird, gelegentlich Metathese von *yl* > *ly* mit nachfolgender Palatalisierung des *l* ein: Crana (V. Ons.) *séḷa*, Loco (V. Ons.), Cevio (V. Maggia) *séya* (SalvLag 221).

Im Piemont wird zur Bezeichnung des Roggens vielfach *byava* (vgl. unter anfrk. *BLĀD) verwendet. Zu den vorliegenden Entwicklungen vom Typus SECALE ist folgendes zu bemerken: Synkopierte Formen finden sich im Südosten (*séglə* AIS 1462 p 158, 159, *sẹ́ygrẹ*[47] p 169), wo sie durch gleiche Entwicklung im Lombardischen gestützt werden. Sie kommen weiterhin in einigen Alpentälern des Nordpiemonts vor, deren Dialekte heute piemontesische und lombardische Elemente mischen, jedoch eine piemontesische Grundlage aufweisen; so in der Valle Anzasca (Ceppomorelli = AIS p 114) *soygla* mit dem für gallo-italienische Verhältnisse seltenen Fortschreiten der Diphthongierung von Ē > *éi* > *ói*, das jedoch in der Valle Anzasca üblich ist (vgl. Gysling 131). Im benachbarten Antrona-Tal steht *sǫ́glə* für Antronapiana neben *sẹ́glə* in den übrigen Ortschaften des gleichen Tales (Nicolet 185). Hier liegt Reduktion aus älterem *ǫ́i* vor, wie sie auch durch andere, ähnlich gelagerte Fälle (*sǫra, stǫla, tǫla*) für Antronapiana bezeugt ist. Synkope weist schließlich auch *sẹgu* f. in der Valsesia auf (Spoerri 396). Zur Erklärung dieser Form wird man von einem rhotazierten *ségra* (< *ségla*) auszugehen haben, dessen Stützvokal – wie es auch sonst im Piemontesischen vorkommt (RohlfsItGr 1, 237 u. 245) – zu *u* geschlossen wurde, um dann sein *r* einzubüßen[48].

[46] Dorsch 53, wo sich auch die genaue Lokalisierung der einzelnen Formen sowie weitere Varianten finden.

[47] Mit *r* unter ligurischem Einfluß.

[48] Das aus *l* entstandene *r* zeigt in der Valsesia starke Neigung zum Schwund; vgl. RohlfsItGr 1, 365.

Häufiger als Synkope ist jedoch Apokope im Piemontesischen anzutreffen, und zwar speziell in den Dialekten der zentral- und südpiemontesischen Zone. Hier hat sich auch die für das Gros der piemontesischen Mundarten typische Lösung des Verschlusses *g* zum Reibelaut *y* auf die Entwicklung unseres Wortes ausgewirkt, so daß nach Assimilation des Nachtonvokals ein Typus *séil* entstand, dessen sekundärer Diphthong in jüngerer Zeit gelegentlich monophthongiert wird. Das in den Auslaut getretene *-l* tendiert seinerseits zum völligen Schwund. Vermerkt sei ferner, daß der Typus *seil* trotz seiner Herkunft von SECALE durchweg feminines Genus trägt, was sich aber durch Einfluß von den angrenzenden ligurischen, lombardischen und galloromanischen Mundarten erklären wird.

Ein apokopiertes Simplex dürfte auch *śẹyráda* (und *śayráda* für p 157, ferner Priocca *sayrada* AGl 16, 540) in der Bedeutung „Roggen" mit auffälliger Suffigierung zugrunde liegen, wobei wohl eine Bedeutung im Sinne des kollektiven -ETA (etwa „Roggenfeld"), wie sie in Oberitalien des öfteren für -ATA begegnet (vgl. RohlfsItGr 3, 338), der Ausgangspunkt gewesen ist.

Das Ligurische kennt heute allgemein einen Typus *sẹ́ga* (AIS 1462 p 182, 190, 193, ALF 1211 p 990) bzw. *séyga* (AIS 1462 p 177, 185 sowie für Genua[49]). Ihm zugrunde liegt die Variante *SECALA, deren L durch die für das Ligurische typische Rhotazierung zu *r* wurde. So läßt sich etwa schon im 11. Jh. für Genua eine Form *segera* belegen (ParodiLig 75). In jüngerer Zeit schließlich ist dieses *r* fast überall im Ligurischen geschwunden, eine Entwicklung, die in ihren Anfängen bis ins 17. Jh. hinaufreicht. Auch unser Wort wurde durchweg von dieser Tendenz erfaßt, wobei zugleich der bereits stark abgeschwächte Pänultimavokal ausfiel bzw. im nebentonigen Auslautvokal aufging. Bei den ligurischen Bezeichnungen vom Typus *sẹ́ga* handelt es sich also in letzter Konsequenz um synkopierte Formen.

In Randgebieten ist in der Entwicklung *l* > *r* > 0 die Schwundstufe nicht überall erreicht worden, so daß wir hier noch auf *r*-haltige Formen stoßen; vgl. etwa La Spezia *sẹ́gro*[50] m. (< SECALE oder besser tosk. *segale*) mit auffälligem *o* als Stützvokal (vgl. RohlfsItGr 1, 237) und *srẹ́ygẹ* (AIS 1462 p 179) mit Metathese des *r* (vgl. RohlfsItGr 1, 518). Die Form *sẹygau* m. (AIS 1462 p 189) ist aus dem Toskanischen übernommen; sie zeigt auch nicht mehr die ligurische Entwicklung von *l* > *r*, sondern Vokalisierung.

Das Emilianisch-Romagnolische kennt in der Behandlung unseres Wortes sowohl Synkopierung als auch Apokopierung, ohne daß sich aber

[49] Frisoni 250. Die vom AIS 1462 p 178 (= Genua) verzeichnete Form *sẹ́ya* ist zweifelhaft.

[50] Merlo 212 u. 215. Der AIS 1462 p 199 (= La Spezia) verzeichnet *sẹ́gərọ* m.

eine geographische Scheidung beider Typen feststellen ließe. Vereinzelte Proparoxytona (*ségala* usw. AIS 1462 p 436, 466, 499) gehen auf schriftsprachlichen oder mittelitalienischen (tosk. march.) Einfluß zurück.

Dem synkopierten Formentypus liegt auch hier in der Hauptsache *SECALA zugrunde. Dies bezeugen uns Piacenza *segla* f. (Foresti 317), *śegla* (AIS 1462 p 412), Parma *sègla* (Peschieri 506), *śẹ́gla* (p 455), bologn. *sèigla* (CoronediB 2, 320)[51], *šåyglẹ* (p 446) mit Reduzierung von *-a* > *-ẹ* usw.; dafür steht weiterhin die Form *śẹ́ygəra* (p 432) ein, in der wir ein **śẹ́ygra* mit Svarabhakti-Vokal zu sehen haben. Andere synkopierte Formen setzen dagegen ein SECALE voraus, so u. a. *šẹ́glẹ* m. (p 476), *šẹ́gle* (p 490), *səglẹ* (p 453).

Die emilianisch-romagnolischen Formen mit Apokope, die auf SECALE zurückgehen und maskulines Genus haben, zeigen gelegentlich Abschwächung des Nachtonvokals, etwa *šẹ́gẹr* (p 443 mit Rhotazierung unter ligurischem Einfluß), *śẹ́gəl* (p 444), *šẹ́gəl* (p 490)[52]; häufiger ist jedoch eine Tendenz zur Velarisierung festzustellen: *šẹ́gwəl* (AIS 1462 p 458, 479), *šẹ́gọl* (p 459), *śẹ́gul* (p 413), *sẹ́gul* (p 464), *šẹ́gul* (p 478), Sillano *sẹ́yul* (Pieri 332). Dieser Lautwandel muß sich unter dem Einfluß von folgendem velarem *l* vollzogen haben.

Um die Roggenbezeichnungen der mittelitalienischen Dialekte sowie der italienischen Schriftsprache besser würdigen zu können, ist es angebracht, noch einmal kurz an die Tatsache zu erinnern, daß der Roggen von jeher in erster Linie in Oberitalien – in der Po-Ebene sowie im Alpenvorland – angebaut wurde. In Mittel- und Süditalien dagegen ist der Roggen nie recht heimisch gewesen; lediglich im Gebirge stoßen wir hier gelegentlich auf ihn, weil er bekanntlich unter ungünstigen Boden- und Klimabedingungen besser gedeiht als der Weizen.

Die Tatsache also, daß der Roggen im gesamtitalienischen Maßstab praktisch eine oberitalienische Getreideart ist, erklärt nun auch, weshalb die schriftitalienische Form *segale* mit der Sonorisierung der intervokalischen Tenuis *k* > *g* norditalienisches Gepräge aufweist. Nicht viel anders steht es mit den mittelitalienischen Mundarten; so sind selbst in der Toskana, in den Marken, in Umbrien und Latium durchweg Bezeichnungen mit sonorisiertem Verschlußlaut in Gebrauch. Daneben erscheint mit lenisiertem *k* ein röm. *sé̜kala* (AIS 1462 p 662). Dank der entscheidenden Rolle, die Oberitalien im italienischen Roggenanbau spielt, ist also bei unserm Wort die norditalienische, sonorisierte Form in den meisten mittelitalienischen Dialekten durchgedrungen.

---

51 Vgl. auch *sàigla* bei Ungarelli 235.

52 Emil. *ẹra śẹ́ygər* (AIS 1462 p 420) wird in diesem Zusammenhang kaum zu nennen sein, da man auf Grund des Genus annehmen kann, daß hier der Ultimavokal zugunsten des Svarabhakti-Vokals gefallen ist und somit diese Form über die Zwischenstufen *segra* < *segla* auf ein *SECALA zurückgeht.

Noch ein anderer interessanter Umstand verdient unsere Aufmerksamkeit: in den mittelitalienischen Mundarten begegnen nebeneinander die Formentypen *segale* und *segala*, deren gegenwärtige Verbreitung jedoch sehr unterschiedlich ist. In der Toskana herrscht der Typus *segale* vor, auch wenn die Variante *segala* gut vertreten ist. Ganz anders liegen die Verhältnisse in Umbrien, Latium und den Marken; hier kommt mit wenigen Ausnahmen (vgl. *sệgwəlẹ* AIS 1462 p 564) nur die Variante auf *-a* vor. Aus der Verbreitung von *segala* in den zuletzt genannten Gebieten, die dem Zugriff der Schriftsprache weniger stark ausgesetzt sind, läßt sich folgern, daß dieser Typus ursprünglich auch in der Toskana vorgeherrscht haben muß. Demnach hätte also den Roggenbezeichnungen Mittelitaliens ebenfalls die spätlateinische Variante *SECALA zugrunde gelegen.

Es stellt sich aber nun die Frage, wie das schriftsprachliche *segale* zu erklären ist. Wenn nicht alles trügt, haben wir es hier mit einer Formenvariante zu tun, die ihre heutige Verbreitung zu einem guten Teil der Renaissance verdankt. In Anlehnung an das klat. SECALE, wie es bei Plinius vorkommt, wird man neben dem tosk. *segala* im Schrifttum wieder vermehrt die Form *segale* verwendet haben. Interessant ist jedoch dabei, daß man dem it. (tosk.) *segale* das feminine Genus des volkstümlichen tosk. *segala* belassen hat.

Einer der frühesten Belege für die „gelehrte" Variante *segale* findet sich in der italienischen Übersetzung des Liber ruralium commodorum des Petrus de Crescentiis (TommaseoB), die aus dem 14. Jh. stammt und von einem Toskaner (wahrscheinlich aus Florenz) angefertigt worden ist. Auch der Florentiner Christophoro Landino verwendet *segale* in seiner Übersetzung der Naturgeschichte des Plinius[53].

Daneben wird aber weiterhin das tosk. *segala* als Roggenbezeichnung gebraucht, und zwar nicht nur in Mittelitalien, sondern auch überall dort, wo man sich bemühte, ein gutes Italienisch zu schreiben. So begegnet es etwa in den 1550 zum ersten Mal erscheinenden Vinti giornate dell'agricoltura et de' piaceri della villa des aus Brescia stammenden Agostino Gallo: „Poi chi vuol seminar frumento marzuolo o s e g a l a marzuola, . . ., bisogna romper quei terreni avanti il verno, . . ."[54]. Auch Lodovico Domenichi, der gebürtiger Emilianer (aus Piacenza) war, verwendet *segala* in seiner 1561 veröffentlichten Übersetzung der Naturgeschichte des Plinius[55].

---

[53] Historia naturale di C. Plinio Secondo tradocta di lingua latina in fiorentina per Christophoro Landino fiorentino (1489) lib. XVIII cap. XVI.

[54] Gallo, A.: Le vinti giornate dell'agricoltura et de' piaceri della villa (Venezia 1572) S. 51.

[55] Historia naturale di G. Plinio Secondo tradotta per M. Lodovico Domenichi (Venezia 1580) lib. XVIII cap. XVI.

Seit der Renaissance kommt also im Italienischen neben dem volkstümlichen tosk. *segala* vermehrt die durch lateinkundige Kreise aufgewertete Variante *segale* vor, die beide dann lange Zeit hindurch als gleichwertige Synonyma in der Schriftsprache Verwendung fanden. Erst in jüngerer Zeit (etwa seit der Jahrhundertwende) hat sich *segale* als alleinige Roggenbezeichnung der italienischen Schriftsprache durchgesetzt, während *segala* wieder auf die Stufe eines mittelitalienischen Dialektwortes herabgesunken ist.

Neben der Form *segala* mit *a* in der Mittelsilbe kommen in den mittelitalienischen Mundarten vor allem solche mit velarisiertem Pänultimavokal vor, so etwa *sẹ́gọla, sẹ́gula, sẹ́gwəla*. Hier wie im Emilianisch-Romagnolischen, wo wir bereits die gleiche Erscheinung festgestellt haben, wird wahrscheinlich Einfluß vom folgenden *l* vorliegen, das wohl ursprünglich in Mittelitalien und in angrenzenden Landschaften häufig zu velarer Artikulation neigte. Andererseits besteht aber auch die Möglichkeit, daß in den fraglichen Gebieten der Zwischentonvokal gleich welcher Art in Proparoxytonis gelegentlich spontan nach *o* hintendierte, weil dieser Vokal dort die Funktion des Indifferenzlautes schlechthin in der Pänultima der Proparoxytona erfüllte. Wie dem auch sei, unser Wort mit velarisiertem Pänultimavokal läßt sich bereits im 15.–16. Jh. nachweisen. In einem florentinischen Karnevalslied aus jener Zeit heißt es nämlich: „Non ci mandate segola, nè vena; . . .“ (TommaseoB).

Weiterhin sei noch aufmerksam gemacht auf die reziproke Metathese der inlautenden Konsonanten unseres Wortes, welche in den südlichen Marken verschiedentlich vorkommt. So finden sich hier Formen wie *sẹ́llaga* (AIS 1462 p 559), *syẹ́llaga* (p 559), *sẹ́llẹga* (p 577), Servigliano *séllaca* (Camilli 267)[56].

Die Roggenbezeichnungen des Korsischen setzen wie die des mittelitalienischen Festlandes ein *SÉCALA voraus. Im übrigen weisen sie durchweg den im Korsischen weitverbreiteten Fall des intervokalischen *-g-* auf (vgl. RohlfsItGr 1, 355): *sẹ́ala* (ALEIC 839 p 12, 17); häufiger sind jedoch Formen mit Synärese des Ton- und Pänultimavokals, so *sẹ́la* (p 22, 28, 31, 34) und – mit sekundärer Öffnung des Vokals unter Harmonisierungseinfluß des *-a* – *sę́la* (p 9, 10, 14, 16, 21, 23 usw.).

An das mittelitalienische *segala*-Gebiet schließt sich im Süden eine Bezeichnungszone an, die als Roggennamen einen Typus *sècina* kennt. Im einzelnen erstreckt sich der Geltungsbereich dieses Typus von den südlichen Marken über einen Großteil der Abruzzen sowie den Osten von Latium bis hinein nach Kampanien. Das hier vorliegende *sècina*

---

[56] In diesem Zusammenhang muß auch Petritoli *sálleca*, Montefalcone *sällaga* in der Bedeutung „Weizen“ genannt werden, die NeumannSp 76 zu Unrecht von lat. SILIGO herleitet. Auffällig bleibt jedoch die Bedeutungsentwicklung.

wird sich dadurch erklären, daß man in einem ursprünglichen *SĔCALA -ALA durch die Endung *´ina* (*´ine*)[57] ersetzte. Dieser Endungswechsel kann im übrigen nicht weiter überraschen, wenn man die große Verbreitung und Beliebtheit von *´ina* bzw. *´ine* in den süditalienischen Mundarten berücksichtigt. Ausgangspunkt werden hierbei die Proparoxytona gewesen sein, die auf lateinische Imparisyllaba auf -O, -INE und verwandte Fälle zurückgehen. Die Annahme, der Wortausgang des abruzz. usw. *sècina* sei speziell von SĬLĪGINEM her beeinflußt (SalvApp 56; REW 7763), ist zweifelhaft, da lat. SĬLĪGO nur in ganz beschränktem Umfange in den romanischen Sprachen fortlebt.

Über das Alter des Endungswechsels gibt zunächst das Wort selbst Auskunft. Da das stammauslautende *k* noch palatalisiert worden ist, muß dieser Vorgang relativ früh eingetreten sein; vielleicht reicht er sogar bis ins Spätlateinische hinauf. Hohes Alter bescheinigen auch Belege. So läßt sich bereits in einer mittellateinischen Urkunde von 1270, die sich auf Cassino bezieht, unser Wort in folgendem Zusammenhang feststellen: „tenentur praestare decimam ... de grano, ordeo, mileo, granofarro, spelta, s e c e n a et fabis" (DC). Daß in dieser sehr erschöpfenden Aufzählung der Getreidearten *secena* den Roggen bezeichnet, ist so gut wie sicher.

Hingewiesen sei ferner darauf, daß unser Wort in den nördlichen Abruzzen sowie den südlichen Marken gelegentlich mit *a* als Tonvokal erscheint (vgl. AIS 1462 *sắtšəna* p 569, *sátšənə* p 608), worin wir eine weitere Öffnung des hier üblichen *ę* < Ē (vgl. *sę́tšərə* p 639) oder aber eine Reduktion aus *ai* < *ei* < Ē zu erblicken haben[58]. Ein abruzz. *sǭtšənə* (p 618) verdankt seinen Tonvokal wohl der Monophthongierung von *ǫi* < *ai* < *ei* < Ē. Der Konsonantismus unseres Wortes gibt zu folgenden Bemerkungen Anlaß: Reziproke Metathese liegt vor in *cę́sena* für Subiaco neben dem dort üblicheren *sę́cena, sę́cina* (Lindsstrom 271 u. 291). In den südlichen Marken begegnen vereinzelt Formen mit stimmhafter Affrikata, so Rotella *sę́gina*, Cupra maritima *sę́gine* (NeumannSp 77).

Innerhalb der Gruppe der süditalienischen Dialekte finden sich weiterhin vereinzelte Roggenbezeichnungen vom Typus SECALE, die jedoch nichts mit den eben besprochenen Formen zu tun haben. Für Mittel- und Südkalabrien sind zu nennen: *segría* für Chiaravalle, Vallelonga, Melicuccà, Polìstena, Scido, Sinopoli, *sagría* für Dàvoli, Sorianello, Laureana di Borello, *sacría* für Mongiana und Marcellinara (RohlfsCal 2, 262; RohlfsGräz 224); sodann *sikáli* für Cardeto (RohlfsGräz 224). Auf Sizilien

[57] Was im einzelnen vorliegt, ist bei den modern-dialektalen Bezeichnungen nicht in jedem Falle eindeutig zu entscheiden, da heute vielfach Abschwächung der nachtonigen Vokale zu *ə* (*sę́tšənə*) eingetreten ist.

[58] Vgl. Montalto *saicena* (NeumannSp 77) und zum Allgemeinen Rohlfs ItGr 1, 133.

ist ein *síγra* (AIS 1462 p 838) belegt. Schließlich ist noch auf ein *θékra* (p 751) in Nordkalabrien aufmerksam zu machen.

Das nordkalabr. *θékra* steht mit den übrigen Formen in keinem direktem Zusammenhang, da in Acquaformosa (= AIS p 751) eine albanische Mundart gesprochen wird. Der stimmlose interdentale Reibelaut *θ* statt *s* im Anlaut erklärt sich denn auch durch das Albanische. Es liegt hier also das alban. *thékër(ë)* bzw. das ältere *thékëra* zugrunde, das seinerseits Lehnwort aus dem Lateinischen (*SĒCALA) ist. Im Gegensatz zum Albanischen, das unser Wort apokopiert, zeigt jedoch Acquaformosa *θékra* Synkope.

Das vereinzelt dastehende *sikáli* für Cardeto ist nichts anderes als das ngr. σικάλι (MeyerStud 59), was bei der unmittelbaren Nähe des noch heute griechisch sprechenden Bova nicht weiter überrascht.

Für die etymologische Erklärung der oben aufgeführten mittel- und südkalabrischen Formen *segría* und *sagría* nimmt G. Rohlfs ein gr. *σεκαλία als Ableitung von gr. σέκαλη in Anspruch (RohlfsGräz 224), ein Ansatz, der übrigens schon von G. Morosi vorgeschlagen wurde (Morosi 86). Wir sind dagegen der Ansicht, daß die genannten Formen nichts mit der unteritalienischen Gräzität zu tun haben, wenn wir zunächst einmal vom Wortausgang absehen. Es wäre auch nicht zu begreifen, daß ausgerechnet die Griechen den Roggen in Süditalien eingeführt hätten, wo er doch in Griechenland selbst zu allen Zeiten nur eine unbedeutende Rolle im Getreideanbau gespielt hat. Hier ergeben sich also erste Zweifel an der Richtigkeit der griechischen Etymologie. Gegen eine solche Annahme sprechen aber vor allem die Formen selbst. Unerklärt bleibt nämlich, weshalb beim Ansatz eines gr. *σεκαλία der Zwischentonvokal *a* gefallen ist und die Tenuis *k* als sonorisiertes *g* erscheint. Es zeigt sich also, daß die griechische Etymologie in sachlicher wie in sprachlicher Hinsicht nicht befriedigt. Da nun schon intervokalisches *g* für *k* nach Norditalien weist, werden wir die genannten kalabrisch-sizilianischen Formen im Zusammenhang mit den gallo-italienischen Siedlungen in den fraglichen Gebieten zu sehen haben. In der Tat haben wir bereits weiter oben bei der Behandlung der gallo-italienischen Mundarten verschiedentlich synkopiertes *segla/segra* festgestellt. Diese Formen sind es, die den vereinzelt vorkommenden südit. *sígra, segría, sagría* usw. zugrunde liegen. Ob nun *segla* oder speziell *segra* in Frage kommt, ist nicht eindeutig zu entscheiden und im Grunde auch unerheblich, da in Süditalien *gl* in nichteinheimischen Wörtern in jedem Fall zu *gr* wird (vgl. RohlfsItGr 1, 416). Im siz. *sígra* hat sich die gallo-italienische Form am besten erhalten. Die Entwicklung des Tonvokals erklärt sich hier durch den für das Sizilianische typischen Wandel von Ē > *i*. In Mittel- und Südkalabrien dagegen ist der Wortausgang *-a* durch das im Kalabrischen häufig auftretende griechische Suffix *-ía* ersetzt worden: *segra* > *segría*. Der Anteil des Griechischen an den Formen *segría/sagría* beschränkt sich also allein auf die Suffigierung. Im oben erwähnten *sacría* für Mongiana ist *g* sekundär stimmlos geworden, wie es auch sonst beim Nexus *gr* im Süditalienischen vorkommt (vgl. RohlfsItGr 1, 434).

Es ergibt sich also, daß wir es bei siz. *sígra* und kalabr. *sęgría/sagría* mit Wanderformen zu tun haben, die ihre Einführung bzw. begrenzte Verbreitung den gallo-italienischen Sprachinseln auf Sizilien und in Kalabrien verdanken.

γ. *Lat.* SECALE *im Rätoromanischen*

Die rätoromanischen Formen zeigen hinsichtlich ihres etymologischen Ansatzes kein einheitliches Bild. Während das Bündnerromanische wie etwas das Französische ein lat. SÉCALE voraussetzt, gehen das Zentralladinische und das Friaulische auf ein lat. *SECÁLA zurück. Diese unterschiedlichen Verhältnisse in der Behandlung des lat. SECALE in den rätoromanischen Dialekten müssen nicht unbedingt einen ursprünglichen Sprachzustand widerspiegeln. Es ist durchaus möglich, daß das Gemeinrätoromanische noch einen einheitlichen Worttypus gekannt hat, dem bei der ursprünglichen Orientierung des Rätoromanischen nach dem galloromanischen Sprachgebiet das proparoxytonale SÉCALE zugrunde gelegen haben dürfte. Besteht diese Annahme zu Recht, dann hätte also das Bündnerromanische den einheitlichen Typus des Gemeinrätoromanischen bewahrt. Das Zentralladinische und das Friaulische hätten dagegen, nachdem die Verbindung mit dem Bündnerromanischen durch die Bajuwareneinbrüche verlorengegangen war, unter dem Einfluß des angrenzenden Venezianischen und wohl auch des Dalmatischen das autochthone SÉCALE zugunsten eines *SECÁLA aufgegeben.

Im Bündnerromanischen ist lat. SÉCALE ausnahmslos apokopiert worden. Im einzelnen zeigen die Formen des Obwaldischen, des Domleschg sowie des unteren Heinzenbergs Bewahrung des sonorisierten Verschlußlautes: Camischolas (AIS 1462 p 10), Sedrun (Dorsch 53) *sẹ́ygəl*, Sumvitg (p 11), Vrin (p 13), Flond (Dorsch 53) *sę́gəl*, Trun *sẹ́gəl* (ib.), Breil (p 1) *sắgəl*, Domat/Ems (p 5) *sę́gəl*, Almen (Dorsch 53), Scharans (p 16) *sę́əgəl*, unterer Heinzenberg *sę́g^{a}l* (Luzi 51). In den übrigen zentralbündnerischen Mundarten sowie im Engadinischen erscheint der ursprüngliche Verschlußlaut mehr oder weniger palatalisiert (Sotsés *sẹ́ğəl* Grisch 34, Baiva *séğəl* Dorsch 53, Sursés *sẹ́yəl* Grisch 34, Pignia/Schams *sáyəl* Dorsch 53, Bergün *séyəl* Lutta 73, ober-/unterengadin. *sẹ́yəl* p 7, 9, 28, 47, usw.) bzw. tendiert zum völligen Schwund (Lenz p 17, Riom p 25 *sẹ́əl*, Riom, Mon, Manas *tsẹ́əl* Dorsch 53, Müstair *sẹ́əl* Schorta 74 usw.).

Was die Entwicklung des Tonvokals angeht, so zeigen die Formen nur noch vereinzelt die Erhaltung des ursprünglichen Diphthongs (u. a. Sedrun *sẹ́ygəl*). Verbreitet ist dagegen Monophthongierung eingetreten, wobei vielfach *ẹ* > *ę* geöffnet wurde, oder aber das zweite Element des

Diphthongs hat sich mit dem folgenden Palatal verbunden. Die Annahme, die Entwicklung des Tonvokals in gewissen bündnerromanischen Mundarten setze ein lat. Ĕ voraus (Pult 197; Walberg 17; Lutta 73), dürfte kaum zu Recht bestehen, da sich die fraglichen Formen (Celerina-Cresta *sę̂yəl*, Sent *sę̂yăl* usw.)[59] ebensogut aus einem lat. Ē erklären lassen.

Im Gegensatz zum Bündnerromanischen führen die Formen des Zentralladinischen wie des Friaulischen auf ein *SECÁLA zurück, womit also diese Mundarten, wie bereits weiter oben angedeutet wurde, gleiche Wege gehen wie das benachbarte Venezianische und das Rumänische. Allgemein läßt sich zu den zentralladinischen und friaulischen Formen sagen, daß der intervokalische Verschlußlaut erwartungsgemäß palatalisiert erscheint. Die Vokalentwicklung des Wortes ist gekennzeichnet durch eine ausgeprägte Tendenz, den Vortonvokal zum Halbvokal *y* zu reduzieren.

Im einzelnen lassen sich u. a. folgende Formen nennen: Zentralladinisch: Sulzberg (Rabbi p 310) *śẹyå̆lə*, (Pejo p 320) *śẹgå̆la* mit Wiederherstellung des Verschlußlautes unter venezianischem Einfluß, Nonsberg (Castelfondo p 311) *śẹyå̆la*, (Tuenno p 322) *śẹdžå̆la*[60]; in den Dolomiten Gader-Tal (badiotto, dazu Colfuschg p 314) *syára*[61], Enneberg (Marebbe p 305, St. Vigil[62]) *syára*, Grödner-Tal *syåla* Gart Lad 81[63], (Selva in Gardena p 312) *síələ* mit sekundärer Verlagerung der Betonung, Fassa-Tal: Oberfassanisch (dazu Canazei p 313) *syę́la* Elwert 28, Unterfassanisch *siálǫ* ib. 34, (Pozza) *siála* Tagliavini 286, Fleims-Tal (Predazzo p 323) *sẹgála* ist venezianisches Importwort; Buchenstein (Pieve di Livinallongo, Arabba p 315, Colle Santa Lucia, Cherz) *syála* (Tagliavini 286; GartLad 171); Ampezzo-Tal (Cortina d'Ampezzo p 316) *sẹára*; Rocca Pietore (Val Pettorina), Laste (Weiler der Gemeinde Rocca Pietore), Selva di Cadore (Val Fiorentina), Pieve di Cadore (p 317) *syála* (Tagliavini 286), Caprile (am Cardevole) *sidžę́la* (ib.); Forno di Zoldo und das Alto Agordino gebrauchen mit *sigála* (ib.) das venezianische Wort; Comelico-Tal *syę́la* (ib.), (Comelico Superiore p 307) *syelä*; schließlich noch Erto, das bereits zum Friaulischen hinüberführt, mit *śidyála* (GartErto 344).

Friaulisch: Bereits 1380 findet sich für Udine ein *sigela* belegt (Pirona 1041). Aus neuerer Zeit stammen die folgenden Formen: *syála* (AIS 1462 p 318, 328, 337, 349, 359), *syále* (p 327, 329, 338, 339, 348, 357), *sẹálę* (p 319), *syę́lẹ* (p 329), *siela* (Pirona 1037).

---

59 Auffällig bleibt der Diphthong in Alvaneu *syę̂ǧəl* (Lutta 73; Dorsch 53), worin man jedoch eine sekundäre Entwicklung zu erblicken hat (Metathese unter Einfluß der folgenden Affrikata ?).

60 Vgl. BattTrent 20, wo *źgyala* für das Nonsberg verzeichnet wird.

61 GartLad 171; vgl. auch *sìàra* bei MartBad 134.

62 GartLad 171.

63 Vgl. GartGred 32 und MartGard 92 *(sièla)*.

8. *Lat.* SECALE *im Französischen und in seinen Mundarten*

Da die Behandlung der lateinischen Proparoxytona im Französischen wie kaum in einer anderen romanischen Sprache Gegenstand ausführlicher und eingehender Untersuchungen gewesen ist[64], soll hier darauf verzichtet werden, einleitend einen Überblick über die diesbezüglichen Entwicklungstendenzen des Französischen zu geben. Dies können wir um so eher, als sich im Zusammenhang mit dem hier zu behandelnden fr. *seigle* noch verschiedentlich die Gelegenheit bieten wird, auch Fragen zu berücksichtigen, die die Entwicklung der Proparoxytona im Französischen ganz allgemein berühren.

Es wird zunächst von Interesse sein festzustellen, was in den Arbeiten, die sich speziell mit dem Schicksal der lateinischen Proparoxytona im Französischen befassen, in den historischen Grammatiken und etymologischen Wörterbüchern über die lautliche Entwicklung des fr. *seigle* gesagt wird. Es geht uns also darum, einen Überblick über die verschiedenen Interpretationen zu geben, wie sie im Laufe der Zeit vorgeschlagen worden sind, und zwar nicht so sehr in der Absicht, alle Äußerungen zu diesem Problem aufzuführen, als vielmehr die einzelnen Interpretationsarten mit ihren Hauptvertretern zu Worte kommen zu lassen.

Auffällig ist, daß unser Wort in den Arbeiten, die sich ausschließlich mit den Proparoxytona befassen, nur sehr ungenügend berücksichtigt wird. Das wenige, das hier zu finden ist, resümiert sich in folgendem: Nach A. Horning existiert kein einziger sicher nachweisbarer Fall, wo A in der Pänultima die Synkope verzögert hat; ausdrücklich fügt er hinzu, daß dieses auch nicht für *seigle* < SECALE erwiesen sei, um dann zum Schluß zu kommen: „*seigle* wird behandelt wie *siècle*, *aveugle*" (Horning Pän 501). Die Zusammenstellung mit *siècle* und *aveugle* zeigt, daß für A. Horning der nichterbwörtliche Charakter des fr. *seigle* feststeht, auch wenn er es nicht besonders erwähnt. Weniger Umstände mit unserm Wort macht E. Gierach, der es kurzerhand mit dem Vermerk „gelehrt" abtut (Gierach 84). Damit erschöpft sich auch die Erwähnung unseres Wortes in den oben genannten Studien über die Proparoxytona im Französischen. In diesem Zusammenhang sei auch gleich auf jene etymo-

[64] Es sei hier u. a. auf folgende Arbeiten hingewiesen: Meyer-Lübke, W.: Beiträge zur romanischen Laut- und Formenlehre, 1. Die Behandlung tonloser Paenultima in Z 8, 205/42 (für das Fr. bes. S. 233ff.); Horning, A.: Zur Behandlung der tonlosen Paenultima im Französischen in Z 15, 493/503; Klausing, G.: Die lautliche Entwicklung der lateinischen Proparoxytona im Französischen; Bauer, A.: Der Fall der Pänultima und seine Beziehung zur Erweichung der intervokalen Tenuis zur Media und zur Vokalveränderung in betonter freier Silbe; Gierach, E.: Synkope und Lautabstufung; Gerhards, J.: Beiträge zur Kenntnis der prähistorischen französischen Synkope des Pänultimavokals; Seifert, E.: Die Proparoxytona im Galloromanischen.

logischen Wörterbücher (DG; BlochWart 1–4; Dauzat) und historischen Grammatiken (Koschwitz 24; SchwanB 100; Bourciez 186) hingewiesen, die fr. *seigle* als gelehrtes bzw. halbgelehrtes Lehnwort betrachten.

Ein neues Element wurde von Meyer-Lübke in die Diskussion über die Erklärung des fr. *seigle* gebracht. In seiner Grammatik der romanischen Sprachen kommt nämlich Meyer-Lübke zu der Feststellung, daß tonloses -A- (in Proparoxytonis) eine andere Behandlung als tonloses -E- zeigt, indem es weniger leicht synkopiert wird. Wörtlich heißt es dann bei ihm: „Interessant ist *seigle* aus SECALE (. . .). Nachdem altes CL schon *ł* geworden war, aber bevor CA sich zu *i* schwächte, war es (über *secole*?) zu *segle* geworden" (MeyerLRoGr 1, 262). Ob Meyer-Lübke damit für erbwörtlichen Charakter des fr. *seigle* plädiert, ist aus dieser Stelle nicht ersichtlich. Da er aber in seiner Besprechung[65] der schon erwähnten Grammatik der neufranzösischen Schriftsprache von E. Koschwitz die Erklärung des fr. *seigle* als Lehnwort unwidersprochen läßt, sich dagegen eingehend mit dem von Koschwitz angenommenen klat. SĔCĀLE auseinandersetzt, müssen wir annehmen, daß auch Meyer-Lübke dem fr. *seigle* einen zumindest bedingt lehnwörtlichen Charakter zubilligte.

Auf den evidenten Unterschied zwischen den Wörtern, die -CL- > *ł* werden ließen, und jenen, die es als *-gl-* erhalten haben (u. a. *avuegle, bogle, bugler, eglise, jaglel, jogler, seigle, siegle* usw.), macht auch G. Paris aufmerksam in seiner ausführlichen Besprechung der Arbeit H. Bergers über die Lehnwörter in der französischen Sprache ältester Zeit und bemerkt: „Le seul traitement ancien de -CL- intervocal, . . ., est la transformation en *l* mouillée" (Paris 350). Für ihn sind die lateinischen Vorlagen der fraglichen Wörter mit *-gl-* erst ins Vulgärlatein eingedrungen, als altes -CL- sich bereits auf dem Wege zur Palatalisierung befand, jedoch noch bevor die Sonorisierung einsetzte. Zusammenfassend stellt G. Paris fest: „Ainsi ces mots (i. e. *seigle, avuegle*, etc.) nous apparaissent comme introduits dans la langue vulgaire à l'époque mérovingienne, et cette constatation a un intérêt à la fois philologique et historique" (Paris 352). Diese Annahme mag für das eine oder andere Wort durchaus zutreffen; berücksichtigen wir jedoch die zum Teil sehr unterschiedliche Herkunft der einzelnen Wörter, so werden wir diese Feststellung kaum für den Gesamtkomplex der genannten Wörter gelten lassen können. Worauf es uns jedoch hier ankommt, ist festzustellen, daß fr. *seigle* für G. Paris allem Anschein nach kein wirkliches Erbwort ist.

In ähnlichem Sinne äußert sich auch L. Clédat: „Un certain nombre de mots contenant C + U + L ont été empruntés après qu'avait cessé d'agir la loi en vertu de laquelle CL aboutit à *l* mouillé. . . .: ABOC(U)LARE > *avougler*; ABOC(U)LAT > *aveugle*, . . . A rapprocher de ces mots: SECALE, où l'atone est A et a retardé la jonction de la palatale et de l'L;

---

[65] In Lbl 12, 406. Vgl. dazu weiterhin hier S. 30.

de là *seigle*“ (Clédat 273/4). Wie schon Meyer-Lübke weist also auch L. Clédat darauf hin, daß das A der Pänultima bzw. dessen relativ späte Synkope bei SECALE eine Entwicklung der sekundären Konsonantengruppe C'L bzw. *gl* > *ł* verhindert hat. Deshalb glaubt er unser Wort zu den lehnwörtlichen Entwicklungen stellen zu müssen.

In neuerer Zeit wurde die Erklärung unseres Wortes als (halb)-gelehrtes Lehnwort mehr und mehr aufgegeben; unter dem Eindruck der immer größere Bedeutung gewinnenden Dialektologie brachte man jetzt für fr. *seigle* mundartlichen Ursprung in Vorschlag. Diesem Sinneswandel verleiht W. Hebeisen Ausdruck, wenn er schreibt: „Kann in Nordfrankreich ein *seigle* autochthon sein, SECALE zu *seigle* werden? Nein. Das velare Element weist nach dem Süden; denn an gelehrten Ursprung ist selbstverständlich nicht zu denken“ (Hebeisen 32).

Fr. *seigle* wird also nicht mehr als gelehrtes, sondern als dialektales Lehnwort erklärt. Diese Interpretation ist es denn auch, die fortan allgemeine Zustimmung findet. So schreibt E. Gamillscheg in seinem Etymologischen Wörterbuch der französischen Sprache, daß fr. *seigle* aus dem Südwesten stamme. Diese Feststellung basiert auf der ALF-Karte 1211 „le seigle“, die in der Tat für den Südwesten Frankreichs (Gaskogne usw.) verbreitet die Form *segle* verzeichnet. Die gleiche Angabe findet sich unverändert in der altfranzösischen Grammatik von H. Rheinfelder wieder (Rheinf 233). Auch in den etymologischen Wörterbüchern von O. Bloch und W. von Wartburg sowie von A. Dauzat[66] wird die Möglichkeit einer Entlehnung des fr. *seigle* aus dem Occitanischen erwogen. Schließlich sei noch auf die in die gleiche Richtung gehenden Äußerungen von P. Fouché in seiner Phonétique historique du français hingewiesen. Zunächst spricht auch P. Fouché im Zusammenhang mit unserm Wort von occitanischer Herkunft („Quant au fr. *seigle*, il est d'origine méridionale“, Fouché 146), um ihm dann aber an anderer Stelle südwestfranzösische Abstammung zuzubilligen („Le fr. mod. *seigle* provient d'une région du Sud-Ouest du domaine d'oïl“, Fouché 718). Der hier zu Tage tretende Widerspruch erklärt sich wohl aus der getrennten Verwendung verschiedener Quellen. Dabei wird die zweite Auffassung wahrscheinlich auf das Etymologische Wörterbuch der französischen Sprache von Gamillscheg oder eine davon abhängige Quelle zurückgehen, nur daß Fouché versehentlich die geographische Kategorie „Südwesten“ für eine linguistische nahm.

Damit haben wir die wesentlichsten Äußerungen zum Problem der lautlichen Erklärung bzw. der Herkunft des fr. *seigle* zusammengetragen. Mit Absicht wurde darauf verzichtet, die einzelnen Meinungen von Fall zu Fall kritisch zu kommentieren. Wiederholungen und eine gewisse Unübersichtlichkeit wären bei einem solchen Verfahren kaum zu ver-

---

[66] So auch noch in DauzatDM.

meiden gewesen. Wir ziehen daher vor, uns in der sich anschließenden Darstellung des anstehenden Problems in eigner Sicht mit den bereits vorliegenden Erklärungen unabhängig von ihren Autoren auseinanderzusetzen.

Während man bisher, wie aus der Zusammenstellung der vorliegenden Deutungsversuche zu entnehmen war, fr. *seigle* als (halb)gelehrtes oder dialektales Lehnwort erklärt hat, soll im folgenden der Versuch unternommen werden nachzuweisen, daß das Wort *seigle* ein Bestandteil der französischen Volkssprache sozusagen von deren Geburtsstunde an war und folglich auch als erbwörtliche Entwicklung anzusehen ist. Um den sprachlichen Überlegungen, die uns zu dieser Annahme führen, von vornherein eine solide Grundlage zu geben, soll das Problem zunächst noch einmal kurz von der sachkundlichen Seite her betrachtet werden.

Wie wir einleitend bei der Besprechung der Getreideart Roggen und ihres Schicksals im Laufe der Jahrhunderte feststellen konnten, gehörten die Kelten zu jenen Völkerschaften, die mit Vorrang Roggen als Brotgetreide anbauten. Diese besondere Stellung, die der Roggen bei den Kelten inne hatte, wird zweifellos noch auf ihre mitteleuropäische Zeit zurückgehen. Daraus geht auch hervor, daß die Gallier den Roggen nicht erst von den Römern kennengelernt haben. Wenn man sich hier trotzdem für die lateinische Bezeichnung entschieden hat, so erklärt sich dieses aus dem Umstand, daß die Brotgetreideart Roggen zu jenen Landesprodukten gehörte, die im Handel zwischen Land und Stadt, zwischen einheimischer Bevölkerung und Besatzungsmacht eine wichtige Rolle spielten, was zur Folge hatte, daß die Gallier von Anfang an mit der lateinischen Roggenbezeichnung in Berührung kamen, die sie dann aus praktischen Gründen selbst annahmen[67].

Es zeigt sich also, daß von agrarhistorischer Seite her gesehen alles für eine erbwörtliche Entwicklung spricht, nichts dagegen für eine gelehrtlehnwörtliche Entwicklung.

Sachkundliche Bedenken müssen andererseits auch gegen die Erklärung des fr. *seigle* als dialektales Lehnwort geltend gemacht werden. Besonders fragwürdig mutet es dabei an, daß ausgerechnet Südfrankreich in diesem Falle der gebende Teil gewesen sein soll. Von jeher hat nämlich der Schwerpunkt des Roggenanbaus innerhalb Frankreichs im nördlichen Landesteil gelegen[68]. Wohl gab und gibt es in Südfrankreich

[67] Zu den Bedingungen, unter denen sich eine gallolateinische Agrarterminologie herausgebildet hat, vgl. WartburgEinf 108.

[68] In diesem Zusammenhang mag auch noch einmal auf die auffällige Parallele aufmerksam gemacht werden, die die bereits besprochenen italienischen Verhältnisse bieten: Auch hier ist es der nördliche Landesteil, der im Roggenanbau führend ist und für dessen weitere Verbreitung gesorgt hat, was durch das Vorkommen der sonorisierten Form *segale/segala* in Mittelitalien nachdrücklich unterstrichen wird.

einzelne Gebiete mit vorwiegender Roggenkultur. Sie sind aber in erster Linie im Gebirge gelegen (Massif Central, Pyrenäen), das die Kultur empfindlicherer Getreidearten nicht zuläßt. Roggenanbau in Südfrankreich war also zu jeder Zeit – das wagen wir zu behaupten – eine Notlösung, die sich unter dem Zwang der Umstände aufdrängte. Daß aber ausgerechnet dieser Landesteil, der Roggen nur für den Eigenbedarf anbaut, zum Exporteur der Ware wie auch ihrer dialektalen Bezeichnung im innerfranzösischen Rahmen geworden ist, erscheint schlechterdings unmöglich. Daraus ergibt sich, daß auch die Annahme, fr. *seigle* sei dialektalen (occitanischen) Ursprungs, sachkundlich unhaltbar ist.

Fr. *seigle* erweist sich also – das sei hier am Rande vermerkt – nicht als Parallelfall zu fr. *avoine*. Und selbst im Falle des fr. *avoine* hüten wir uns wohl, von einer Übernahme oder gar Entlehnung der ostfranzösischen Form durch das Französische zu sprechen. Denn hier mußte erst einmal der ostfranzösische Wandel von Ē[> *ei* > *oi* die ursprünglich zur westfranzösischen Zone mit Ē[> *ei* gehörende Ile-de-France erfassen, bevor in seinem Gefolge das *ei* der autochthonen Form *aveine* sich zu *oi* weiterentwickelte. Es war also einzig und allein das Vordringen der ostfranzösischen Entwicklung von Ē > *ei* > *oi*, das dazu führte, daß *aveine* im Franzischen durch *avoine* ersetzt wurde. Damit zeigt sich aber auch zugleich, daß es im Grunde verfehlt ist, im Zusammenhang mit fr. *avoine* von Entlehnung aus ostfranzösischen Dialekten zu sprechen, oder aber man müßte alle schriftfranzösischen Formen mit *oi* < Ē statt *ei* als ostfranzösisch bezeichnen.

Nachdem von sachkundlicher Seite her wahrscheinlich gemacht werden konnte, daß das Wort *seigle* sozusagen zum Grundstock des Französischen gehört haben muß, wollen wir nunmehr untersuchen, ob sich auch von sprachlicher Seite her die Annahme einer erbwörtlichen Entwicklung für fr. *seigle* vertreten läßt.

Die verbreitete Meinung, die Entwicklung von SECALE > *seigle* sei nicht lautgesetzlich, beruht bekanntlich auf einem Vergleich mit Fällen wie OCULU > *œil*, *SOLICULU > *soleil*, AURICULA > *oreille* usw., in denen nach der Synkope des Pänultimavokals die sekundäre Konsonantengruppe C'L palatalisiert worden ist, was bei SECALE > *seigle* trotz gleicher Akzentverhältnisse und gleicher inlautender Konsonanz also nicht der Fall gewesen ist. Damit scheint der lehnwörtliche Charakter des fr. *seigle* ein für allemal festzustehen; aber wie gesagt, nur scheinbar. Es stellt sich nämlich die Frage, ob die Fälle mit ´CUL˘ > *ł* wirklich geeignet sind, als Gradmesser für die Erbwörtlichkeit der Entwicklung von SECALE > *seigle* zu fungieren.

Wenn wir die Gleichwertigkeit des Worttypus ´CUL˘ im Zusammenhang mit SECALE anzufechten wagen, so ziehen wir die Berechtigung dazu nicht etwa aus der verschiedenen Qualität des Pänultimavokals. Von vornherein verzichten wir darauf, die Entwicklung von SECALE > *seigle* ausschließlich aus einem angenommenen längeren Beharren des A in der Pänultima der Proparoxytona im Übergang zum Galloromanischen zu erklären. Hierfür gibt es in der Tat keine Beweise, wie A. Horning richtig festgestellt hat. Sie indirekt aus dem besonderen Verhalten des A – gegenüber den übrigen Vokalen – in den Zwischentonsilben sowie der Ultima gewinnen zu wollen, erscheint mehr als zweifelhaft, da die Druckverhältnisse in den Zwischentonsilben und der Ultima einerseits und in der Pänultima andererseits doch recht unterschiedlich sind. Die Qualität des Pänultimavokals in SECALE dürfte also allein kaum genügen, eine von OCULU > *œil* usw. getrennte Entwicklung für SECALE > *seigle* zu rechtfertigen.

Was ist es also, das uns an der Zulässigkeit eines Vergleiches zwischen OCULU > *œil* usw. und SECALE > *seigle* zweifeln läßt? Um auf diese Frage antworten zu können, müssen wir uns etwas näher mit den Wörtern auf ´C$^{Vok.}$L` befassen. Dabei ergibt sich zunächst einmal, daß diese fast durchweg U in der tonlosen Pänultima haben, also Fälle wie PERICULUM, OCULUS, FENUCULUM, PEDUCULUS, GENUCULUM, AURICULA usw.; einige wenige Beispiele zeigen I statt U, etwa TRICHILA. Zur Herkunft dieses U bzw. I ist zu sagen, daß es sich in den genannten Fällen und vielen anderen erst in altlateinischer Zeit durch Vokalanaptyxe herausgebildet hat (StolzSchm 97/8). Andererseits kann aber als sicher gelten, daß dieser anaptyktische Vokal zumindest in der lateinischen Volkssprache nicht fest war, was im übrigen durch Graphien wie PERICLUM, PIACLUM, TRICLA bestätigt wird. Das gleiche Wort, das uns im Schriftlatein als Proparoxytonon begegnet, lebte also als Paroxytonon im Vulgärlatein weiter. Das A, welches dem Lateinischen zunächst als Pänultimavokal in Proparoxytonis unbekannt war und später in Lehnwörtern vor allem griechischer Herkunft begegnete, war dagegen in lat. SECALE fest, und zwar auch in der Umgangssprache, da es seiner Herkunft nach kein anaptyktischer Vokal war. Es standen sich demnach bereits in lateinischer Zeit in der dem Romanischen zugrunde liegenden Vulgärsprache Paroxytona von der Art eines PERICLUM, OCLUS, *SOLICLUS und das Proparoxytonon SECALE gegenüber, woraus zur Genüge hervorgeht, daß eine Beurteilung der Entwicklung von SECALE > *seigle* nach Fällen wie OCLU > *œil* unstatthaft ist. Daß lat. SECALE hinsichtlich der Wortstruktur bzw. der Akzentverhältnisse nichts mit den vielzitierten „Parallelfällen" gemeinsam hat und deshalb auch nicht deren Entwicklung einschlagen konnte, läßt sich übrigens an den Wörtern selbst ablesen: erscheinen nämlich PERIC(U)LUM, OC(U)LUS, *SOLIC(U)LUS usw. im Französischen wie ursprüngliche Paroxytona behandelt, d. h. ohne daß ihr Ultimavokal eine Spur hinterlassen hätte (*péril*, *œil*, *soleil* usw.), so bewahrt SECALE im Französischen seinen Auslautvokal *(seigle)* wie jene erst im Übergang zum Galloromanischen synkopierten lateinischen Proparoxytona (HO-

SPITE > *hôte*, COMITE > *comte*, COMPUTU > *conte*, *compte*)[69]. Dieser strukturelle Unterschied wirkte sich vor allem in der Phase der Herausbildung des Galloromanischen aus. Während nämlich die Palatalisierung des -CL- in OCLU usw. unverzüglich einsetzte, vollzog sich etwa gleichzeitig in *segale* erst die Synkope des lateinisch noch festen Pänultimavokals. Als diese abgeschlossen war und in unserm Wort den sekundären Nexus *-gl-* geschaffen hatte, war die Palatalisierung des lat. -CL- (bzw. -GL-) bereits so weit fortgeschritten, daß für urfr. **segle* keine Möglichkeit mehr bestand, diese Entwicklung mitzumachen.

Das folgende Schema soll noch einmal das zeitliche Nebeneinander der einzelnen Entwicklungsetappen bei SECALE einerseits und den Wörtern auf ´CL´ andererseits veranschaulichen:

vlat. SECALE > *segale* > *segele* > *segəle* > *segle* > . . .
vlat. OCLU > *uoclə* > *uog'l* > *uoχł* > *uoł* > . . .

Dabei mag dahingestellt sein, ob sich die Mittelglieder beider Reihen im einzelnen wirklich so zueinander verhalten haben; entscheidend ist aber, daß an der Gleichzeitigkeit der Anfangs- und Endglieder kein Zweifel zu hegen ist.

Um der Entwicklung des lat. SECALE im Französischen gerecht zu werden, muß es also unabhängig von den Wörtern auf ´C(U)L´, ´C(I)L´ betrachtet werden, da diese im Vulgärlateinischen Paroxytona waren, während SECALE mit festem A nur als Proparoxytonon vorkam. Statt dessen ist unser Wort entwicklungsgeschichtlich im Zusammenhang mit jenen erst spät synkopierten lateinischen Proparoxytona zu sehen, da es seinen tonlosen Mittelvokal etwa gleichzeitig mit diesen einbüßte. Da nun den Entwicklungen COMPUTU > *conte*, COMITE > *comte* usw. ohne Zögern erbwörtlicher Charakter zugebilligt wird, kann man nicht umhin, Gleiches auch für SECALE > *seigle* in Anspruch zu nehmen.

Eine eingehende Erörterung erfordern auch die französischen Dialektalformen vom Typus SECALE, da immer wieder versucht wird, in der Frage der Erbwörtlichkeit gewisse Mundartformen gegen das fr. *seigle* auszuspielen. So spricht E. Gamillscheg davon, daß im Gegensatz zu *seigle* die altfranzösischen Formen *seile*[70], *soile* die eigentlichen nordfranzösischen Entwicklungen seien. Auch in anderen etymologischen Wörterbüchern (DG; BlochWart 1–4; Dauzat; DauzatDM) wird unter Hinweis auf die Dialektalformen *soile*, *seille* die Erbwörtlichkeit des fr. *seigle* angezweifelt. Im gleichen Sinne ist P. Fouché zu verstehen, wenn er *seile*[70], *soile* über eine Zwischenstufe **seyele* direkt auf lat. SECALE zurückführt (Fouché 146)[71] und für *seille* einen Suffixwechsel (-ULA für

[69] Vgl. Straka 293, wo SECALE > *seigle* anzuschließen wäre.

[70] Diese Graphie ist in afr. Texten nicht zu finden; sie wird daher wohl aus MeyerLRoGr 1, 450 stammen, wo sie Druckfehler für *soile* ist.

[71] S. 718 nimmt Fouché ein **seyyele* an.

-ALA)[72] annimmt. Um auch in dieser Frage Klarheit zu schaffen, werden wir uns im folgenden mit den einzelnen Entwicklungen des lat. SECALE im französischen Sprachgebiet sowie mit deren Abhängigkeit voneinander befassen.

Auszugehen ist bei der Erklärung aller französischen Dialektformen vom Typus SECALE von einem urfr. **segle*, dem Endglied der oben angeführten Entwicklungsreihe. Dieser gemeinfranzösische Prototypus unterlag im gesamten Sprachgebiet der in ihren Anfängen noch in die vorliterarische Zeit hinaufreichenden Diphthongierung von Ē > *ei*. Innerhalb der Gruppe der westfranzösischen Dialekte, zu der ursprünglich bekanntlich auch die Ile-de-France gehörte, wurde dieser Diphthong nicht mehr weiter differenziert wie im Ostfranzösischen. Die Form *seigle* stellt also eine typisch westfranzösische und damit zugleich auch franzische Entwicklung dar.

Unter den altwestfranzösischen Belegen, die weiter unten zusammengestellt sind, findet sich jedoch auch schon früh die Graphie *segle*, die gegen die Diphthongierung spricht. Dazu ist zu sagen, daß es sich hierbei, sofern die Belege aus der zweiten Hälfte des 13. Jahrhunderts oder aus jüngerer Zeit stammen, bereits um eine graphische Anpassung an die im Westfranzösischen eingetretene Monophthongierung von *ei* > *e* handeln kann. Die Form *segle* statt *seigle* läßt sich aber auch noch auf eine andere Weise erklären, die vor allem im Hinblick auf die Belege vor der Mitte des 13. Jahrhunderts ihre Bedeutung hat. Wenn nämlich der betonte Vokal vor Muta + Liquida im Prinzip auch im Altfranzösischen als in offener Silbe stehend behandelt wurde, so scheint andererseits wie etwa im Italienischen und Katalanischen gelegentlich auch in altfranzösischen Mundarten Gemination des Verschlußlautes vor *l* bzw. *r* eingetreten zu sein[73], wodurch natürlich der vorangehende Vokal gedeckt und in unserm speziellen Fall die Diphthongierung von Ē > *ei* verhindert wurde. Eine solche Gemination als Erklärung für die Form *segle*, die im Altwestfranzösischen neben *seigle* auftritt, ist durchaus annehmbar, auch wenn zur Zeit noch keine altfranzösischen Belege für ein **seggle* vorliegen. Daß die fragliche Entwicklung nämlich auch bei unserm Wort eintreten konnte, ist Parallelfällen zu entnehmen, in denen die Verdoppelung des Verschlußlautes bzw. Reibelautes vereinzelt notiert worden ist; vgl. u. a.: *trebble* im Besant de Dieu des Guillaume le Clerc (norm. nach 1226, Gdf) sowie *trepple* für Rouen 1489 (Gdf) neben *treble, treible* < TRĬPLU; *coupple* für 1386 (Gdf) und hain. Ende 14. Jh. (Gdf) neben *couple* <

[72] Die Annahme eines *SECALA bzw. dessen Ersetzung durch *SECULA für das Französische überrascht, da nichts darauf hindeutet, daß die Form *SECALA im nördlichen Gallolatein existiert hat. Auszugehen ist vielmehr für die fr. Formen in jedem Falle von lat. SECALE. Das feminine Genus in westfr. Dialekten erklärt sich durch fr. Genuswechsel.

[73] Vgl. Fouché 233, wo awestfr. *segle* nachzutragen wäre.

CŌPULA; *estapple* für Boulogne 1415/16 (Gdf) und Arras 1423 (FEW 17, 221) neben *estaple* < mndl. STAPEL, dazu auch *estappliel* für Lille 1373 (Gdf); *triffle* aus der zweiten Hälfte des 14. Jhs. (Gdf) und *treuffle* für 1464 (Gdf) neben *trèfle* < TRĬFOLIU usw.

Über den Geltungsbereich des westfr. *seigle* in altfranzösischer Zeit verschaffen uns die im folgenden zusammengestellten Belege Aufschluß:

Ile-de-France: *segle* in der Complainte de Jérusalem von ca. 1225 (Gdf)[74]; *seigle* im Livre des mestiers des Estienne Boileau von ca. 1260 (Li; Lac)[75]; *seygle* in einem lat.-fr. Glossar von ca. 1330 (RecLex 1, 215 s. v. *siligo*); *seigle* im Journal d'un bourgeois de Paris sous Charles VI et Charles VII für 1433 (Lac) sowie *segle* für Paris 1483 (Gdf 4, 324 s. v. *gouyaulx*).

Orléanais: aus dem Dép. Loiret *segle* für 1297 (Gdf), 1352 (Gdf 5, 309 s. v. *mestivet*) und 1409 (DC 7, 406 s. v. *sementa*), *seigle* für 1404 (Gdf) und 1420 (Gdf 6, 485 s. v. *quarteranche*); aus dem Dép. Loir-et-Cher *segle* für 1269 (SchwanB 286), *seigle* für Blois 1336 (CartTours 1, 313) und 1408 (CartBlois 137).

Berry: aus dem Dép. Indre *segle* für 1287 (SchwanB 280) und 1288 (ib. 281).

Touraine: *segle* in einer lateinischen Urkunde von ca. 1075 für die Abtei Noyers (CartNoyers 82)[76]. Weiterhin *seygle* für 1286 (Gdf) und *seigle* vielfach seit 1314[77].

Poitou: *seigle* für Lusignan 1281 (ChartPoitou 1, 93), für Châtellerault 1283 (ib. 1, 72), 1285 (ib. 1, 221) und 1289 (ib. 1, 225) und für La Haye-Descartes (?) 1298 (ib. 1, 79); *segle* für Châtellerault 1291 (ib. 1, 73), für La Roche-Posay 1296 (ib. 1, 77) und für Poitiers Ende 13. Jh. (ib. 1, 26); *ceigle* für Poitiers Ende 13. Jh. (ib. 1, 29). Weitere Belege für *seigle* liegen aus dem 14. und 15. Jh. vor[78].

Saintonge und Aunis: *segle* für La Rochelle 1280 (ChartPoitou 1, 91).

Anjou: Auf die Abtei Fontevrault beziehen sich die folgenden drei Belege: *segle* für 1291 (Gdf 7, 569 s. v. *sovelet*) und *seigle* für 1315 (Gdf 6, 447 s. v. *provendier* 3) und 1365 (Gdf 5, 380 s. v. *molturage*); *seigle* ist weiterhin belegt für Saumur (?) 1296 (ChartPoit 1, 74).

---

[74] Die Autorschaft des Huon de Saint-Quentin ist zweifelhaft, weshalb der Beleg auch hier genannt wird.

[75] Nach Gdf 4, 766 s. v. *leun* und DG *saigle*.

[76] *seigle* in fr. Kontext ib. a. 1435 (S. 691).

[77] CartTours 2, 149 u. 182; ferner a. 1342 (1, 207), a. 1351 (1, 227) usw.; a. 1370 (2, 27), a. 1365 (2, 37), a. 1358 (2, 44), a. 1336 (2, 71), a. 1356 (2, 72) usw.

[78] 1365, Gdf 5, 380 s. v. *molturage*; 1408, Gdf 3, 589 s. v. *estage*; 1491, Gdf 5, 306 s. v. *mesteillon*; 1494, Gdf 4, 89 s. v. *forneture*; Ende 15. Jh., Gdf 4, 89 s. v. *forneture*.

Maine: *seigle* für 1265 (CartLeMansB 292), 1284 (CartLeMans 195) und 1294 (CartLeMansB 314).

(Haute-)Bretagne: *segle* für 1278 (CartFougères 197). Die gleiche Form begegnet im Urkundenbuch der Abtei Saint-Sulpice-la-Forêt (IlleV.) für 1288 und 1346, wobei sich beide Belege auf die Priorei Notre-Dame de la Fresnaye (IndreL.) beziehen (CartSSulpiceF 274 u. 293). In der gleichen Quelle findet sich weiterhin ein Dokument von 1335 mit Bezug auf Le Mans, das die Graphien *seigle* und *saigle* nebeneinander verwendet (ib. 287/8). Schließlich wird *saigle* noch im Catholicon des Jean Lagadeuc von 1464 (R 41, 72) genannt.

Normandie: *segle* in einer Übersetzung des Antidotarium Nicolai vom Beginn des 14. Jhs. (AntidNic 40). Aus der gleichen Zeit stammen zwei Belege für *segle* in einer Arzneimittelsammlung mit gleichfalls normannischen Zügen (RecMédFr 668/9). Die gleiche Form wird auch in einer „Lettre de rémission pour Thomas Deduyt actuellement prisonnier à Avranches" vom April 1457 verwendet (Lac 9, 287 s. v. *ruche*). Die Graphie *seigle* schließlich findet sich in einem lat.-fr. Glossar (mit stark norm. Einschlag) von ca. 1350 (RecLex 1, 475 s. v. *siligo*) sowie in einem Compte de l'Hôtel-Dieu de Bayeux für 1466 (Delisle 320 n. 13).

Wie aus den Belegen hervorgeht, war das Gebiet der westfranzösischen Mundarten mit Einschluß des Franzischen der ursprüngliche Geltungsbereich der Form *seigle*.

Diese Einheitlichkeit des westfranzösischen Sprachraums in bezug auf die Roggenbezeichnung war jedoch nur eine scheinbare. Bereits in altfranzösischer Zeit setzte hier nämlich eine massive Ausgliederung auf Grund der Mouillierung des *gl* in *seigle* im Rahmen der dialektfranzösischen Palatalisierung des Nexus Konsonant + *l* ein. Nach dem uns vorliegenden Material sind die frühesten Belege, die unser Wort für diese Erscheinung liefert, vom Beginn des 14. Jahrhunderts.

Bretagne: *seille* für Auray (Morbihan) 1309 (Gdf 7, 710 s. v. *tiercelee*); in einer Assiette de 200 livres de rente faite par Gui de Bretagne à Simon de Montboucher von 1319 findet sich neben einmaligem *seille* mehrfaches *soille* (MémBretagne 1, 1287/9); schließlich noch *seille* in einem Inventaire par la cour de Tréourec (Finistère) von 1510 (Gdf).

Anjou: *seille* für 1467 und für das 16. Jh. (VerrierO 2, 241).

Poitou: *seille* für 1405 (Gdf) und 1480 (Gdf 3, 614 s. v. *estivailles*) aus dem Gebiet des Dép. Vienne.

Saintonge: *seille* für 1324 (Musset 5, 40).

Touraine: Hier ist auf einen vereinzelten Beleg hinzuweisen, der sich bei Rabelais findet: „Puis le grand gualot courut après, tant qu'il atrapa les derniers, et les abbastoit comme s e i l l e, frappant à tors et à travers" (Rab 2, 355). Häufiger wird jedoch von Rabelais das schriftfr. *seigle* verwendet (Rab 2, 355 n. 21).

Normandie: Hier kommt *seille* (neben *seigle*) im Journal du Sieur de Gouberville[79] für 1560 und 1561 vor (Poppe 178).

Die Form *seille* statt des schriftfr. *seigle* wird überraschenderweise auch 1515 in einer Ordonnance des Königs François I. für Bayonne verwendet[80]. Da sich aber der Hof zu jener Zeit viel in den Schlössern an der Loire aufhielt, mag der Abfasser der fraglichen Ordonnance auch aus dieser Gegend gestammt haben.

Wenn das Auftauchen der Graphie *seille* zu Beginn des 14. Jahrhunderts die Palatalisierung eindeutig bezeugt, so darf daraus natürlich nicht geschlossen werden, diese habe bei *-gl-* erst um die Wende vom 13. zum 14. Jahrhundert stattgefunden. Vielmehr wird sie um einiges älter sein. Wie bei anderen Lautwandeln blieb aber auch hier die Scripta zunächst bei der überlieferten Graphie. Den Anfängen dieser Palatalisierung wird man wahrscheinlich gar keine Beachtung geschenkt haben; so existiert beispielsweise kein altwestfranzösischer Beleg für die Stufe **seigłe*. Auch bei Wörtern mit gleicher Entwicklung fehlen uns altfranzösische Belege für die beginnende Palatalisierung des *gl*. Eine seltene Ausnahme davon ist ein *muglhe* „poisson de mer, mulet" für Poitiers 1396 (Gdf), das zur Umschreibung des *ł* die occitanische, aber auch gelegentlich im Altfranzösischen vorkommende Graphie *lh* verwendet.

Auf Grund der allgemein bekannten Tatsache, daß das Schriftbild eines Wortes immer hinter dessen tatsächlichen Lautung herhinkt, kamen wir bereits zu der Annahme, daß die Palatalisierung bei westfr. *seigle* älter sein muß, als es die Graphie vermuten läßt. Demnach müßte sich also unter den oben zitierten Beispielen für *seigle/segle* aus altwestfranzösischen Quellen noch so mancher palatalisierter Beleg verbergen. Diese Vermutung ist um so berechtigter, als in altwestfranzösischen Texten der Laut *ł* gleich welcher Herkunft verbreitet mit *gl* transkribiert wurde, so daß zunächst keine Notwendigkeit vorlag, die Graphie *seigle/segle* der veränderten Lautung anzupassen. Für die Wiedergabe von *ł* durch *gl* nun die folgenden Beispiele: *fausigle* (< FALCICULA) und *seiglon* (< SITULA + -ONE) in einem Inventarverzeichnis von 1534 aus der Bretagne (Gdf); in der Titus Livius-Übersetzung von Bersuire, der aus dem Poitou stammte (Ende 13. Jh.–1362), findet sich für *vieilliroit* die Graphie *vegliroit* (Gdf); in einer Liste der konfiszierten Güter des Jacques Cœur, die bald nach seiner Verurteilung (1453) aufgestellt wurde, wird neben *selhe* auch die Graphie *segle* für *seille* (< SITULA) verwendet (Gdf); Rabelais endlich schrieb *s'esveigler* statt *s'esveiller* in der Bedeutung „se réveiller" (Rab 5, 120). Aber auch außerhalb Westfrankreichs be-

---

79 Seine Besitzungen befanden sich im äußersten Nordosten der Halbinsel Cotentin.

80 Archives municipales de Bayonne. Délibérations du corps de ville. Registres gascons 2, 125.

gegnet gelegentlich in altfranzösischen Texten die Graphie *gl* für *ł*, wie die folgenden Beispiele zeigen: *maigl* „maillet" (< MALLEU) bei Chastie Musart (pik. ca. 1270, Gdf); *soiglot* (< SITULA + -ITTU) ostfr. 1389 (Gdf); *viegle* (< VETULA) für Nevers 1467 (Gdf); hierher gehören auch *selge* statt *segle* (< SITULA) im Dialogue de Grégoire le Grand (Lüttich ca. 1190, Gdf) und *tailglable* (= „taillable") für Senlis 13. Jh. (Gdf).

Noch ist auch die Frage abzuklären, in welchem Umfang Palatalisierung bei *seigle* in den heutigen westfranzösischen Mundarten anzutreffen ist und inwieweit sich dieses Bild mit der Verbreitung entsprechender Formen in altfranzösischer Zeit deckt.

Auf Grund von Dialektstudien sowie des ALF 1211 „le seigle" ergibt sich die folgende Verteilung: Die Palatalisierung bei seigle kommt noch heute verbreitet vor in der Haute-Bretagne, im Anjou, Poitou, Aunis, in der Saintonge und im Angoumois. Dabei ist die Ausschließlichkeit, mit der die Formen *sęł* und *sęy* südlich der Loire auftreten, besonders auffällig. Nach Maßgabe unserer Quellen hat hier (um die Jahrhundertwende) das schriftfr. *seigle* noch keine nennenswerten Einbrüche erzielen können. Nördlich der Loire bietet sich dagegen ein bunteres Bild dar. Wenn der Typus *seigle* einerseits in großen Teilen der Haute-Bretagne sowie in angrenzenden Gebieten dem Typus *blé* als Bezeichnung des Roggens das Feld überlassen hat, so ergibt sich andererseits, daß in den *seigle* verbleibenden Gebieten zum Teil sehr unterschiedliche Entwicklungsstufen der Palatalisierung vorliegen. Neben eindeutig schriftsprachlichem *sęgl*/*sęg* stehen sich die palatalisierten Formen *sęy*/*sẹy* und *sęgy* gegenüber. Dabei sind *sęy*/*sẹy* die autochthonen Formen, die sich aus dem schon im 14. Jh. belegten *seille* weiterentwickelt haben. Die Variante *sęgy*, die auf das schriftsprachliche *seigle* zurückgeht, zeigt dagegen, daß die Palatalisierung des Nexus *-gl-* in den westfranzösischen Mundarten in neuerer Zeit noch durchaus lebendig ist.

Die bereits umrissene Palatalisierungszone im äußersten Westen läßt sich jedoch nach Osten hin bedeutend erweitern. Unzweideutig – immer auf Grund der Verhältnisse um die Jahrhundertwende – gehört der Westen der Normandie dazu; Manche: *sęł*, daneben das fr. *seigle* mit beginnender Palatalisierung *sęgł*; *sęgł* bzw. *sęgy* auch auf den Normannischen Inseln; Calvados: *sęł* nur für p 367 sowie Thaon *sęy*. Davon getrennt findet sich *sęy* weiterhin im westlichen Teil des Dép. Seine-Maritime in und um Le Havre, also in einem ausgesprochenen Rückzugsgebiet. Es hat also den Anschein, als habe das Normannische ursprünglich in seiner Gesamtheit palatalisiertes *seigle* gekannt, das dann unter dem Einfluß des Französischen in der mittleren und östlichen Normandie aufgegeben worden ist.

Weiterhin gehört noch heute zur westfranzösischen Palatalisierungszone das Maine, welches im Dép. Mayenne (bmanc.) vereinzelt *sęy* hat und im Dép. Sarthe (hmanc.), das eher dem Zugriff des Französischen ausgesetzt ist, neuerlich palatalisiertes fr. *seigle* > *sęgy* zeigt. Auch die Touraine ist in diesem Zusammenhang zu nennen. Sie hat vor allem im Südwesten in Anlehnung an das noch sehr vitale poitevinische Palatalisierungsgebiet die Form *sęy* erhalten.

Innerhalb der engeren Gruppe der zentralfranzösischen Mundarten zeigt das Orléanais keine Spur einer selbst nur teilweisen Palatalisierung. Der frühe Anschluß an die französische Krone (1198) und die damit verbundene Vereinigung mit der Ile-de-France hat möglicherweise dazu beigetragen, daß das Orléanais – unter dem Einfluß des Franzischen – diese Entwicklung nicht mehr mit den übrigen zentralfranzösischen Mundarten teilte oder sie wieder rückgängig machte. Die Mundarten des Berry bewahren dagegen noch heute in beachtlicher Verbreitung die extreme Palatalisationsstufe *sęy* sowie daneben *sęł*. Das Berry stellt zugleich auch die Verbindung mit dem ostfranzösischen Palatalisierungsgebiet her, von dem weiter unten die Rede sein wird.

Zusammenfassend läßt sich also feststellen, daß westfr. *seigle* seit altfranzösischer Zeit in weiten Gebieten – nur mit Ausnahme der Ile-de-France und des Orléanais – an der dialektfranzösischen Palatalisierung des Nexus Konsonant + *l* teilgenommen hat. Die ursprüngliche Verbreitung der palatalisierten Weiterentwicklung des westfr. *seigle* läßt sich im übrigen noch recht gut an den Verhältnissen in den westfranzösischen Dialekten um die Jahrhundertwende ablesen.

Hebeisen 30ff. sieht die Verbreitung der palatalisierten Form *sęy* in engem Zusammenhang mit dem Schicksal des homonymen *sęy* < SITULA. Für ihn geht das weitgehende Verschwinden von *sęy* „Eimer" bzw. dessen Ersetzung durch fr. *seau* in den westfranzösischen Mundarten zu Lasten von *sęy* „Roggen". Auch im übrigen französischen Sprachgebiet versucht er das Verhalten des einen Wortes durch den direkten Einfluß des anderen zu erklären, indem er beide in ständigem Kampf um die Vorherrschaft sieht. Eine solche Betrachtungsweise mißt den Auswirkungen der Homonymie zweifellos eine zu große Bedeutung bei. Es ist nämlich keineswegs so, daß eine Sprache und in unserm speziellen Falle das Französische bzw. seine Mundarten keine Homonyma duldet. Sie können sogar sehr gut nebeneinander existieren, sofern sie im Satz betrachtet zu keiner Zweideutigkeit Anlaß geben. Man vergleiche etwa fr. *le mousse* und *la mousse* mit dem klassischen Beispiel für unerträgliche Homonymie gask. *gat* (< GALLU) und *gat* (< CATTU); unerträglich nämlich deshalb, weil die Bezeichnung von Hahn und Katze mit ein und demselben Wort bei ihrer engen Berührung als Haustiere in der Tat zu Mißverständnissen führen kann. Diese Bedingung ist jedoch bei *seille* (< SECALE) und *seille* (< SITULA) ganz offensichtlich nicht erfüllt, weshalb es also nicht genügt, allein ihre Homonymie für das verbreitete Verschwinden von *seille* (< SITULA) verantwortlich zu machen. Daß sich die homonymen Entwicklungen von SECALE und SITULA keineswegs in jedem

Falle ausschließen, belegt übrigens Hebeisen selbst mit einigen Beispielen.

Neben der weitverbreiteten Palatalisierung des *gl* findet sich im Westfranzösischen auch gelegentlich die Tendenz zur Lösung bzw. Aufgabe des Verschlusses *g* vor *l*. Hierzu ist als Beispiel aus dem Formenbestand unseres Wortes ein u. a. für das Bessin sowie für Thaon belegtes *sel* zu nennen. Einen frühen Beleg für die Lösung des Verschlusses liefert uns eine im Namen des Herzogs Arthur von der Bretagne ausgestellte Charte von 1310 (Gdf); die dort verwendete Graphie *sayle* läßt keinen Zweifel über ihren Lautwert zu.

Beachtung verdient weiterhin die Vokalentwicklung unseres Wortes in den hochbretonischen Mundarten sowie im angrenzenden nordwestlichen Poitevinischen. Hier hat *e* sporadisch eine Verschiebung nach *a* oder aber nach *o* hin erfahren. Vergleiche dazu etwa *say* (nur noch in *pẽ d say*) für Pléchâtel, wo übrigens lat. SITULA das gleiche Ergebnis zeigt; weiterhin *saƚ* für p 478, 479 sowie das bereits oben zitierte *sayle* von 1310; daneben mit diphthongischer Aussprache *sáẹy* p 446, die auch in neuere Übernahmen aus der Schriftsprache hineingetragen wird, so nant. Blain *saegle* (mindestens für Blain mit *ƚ* zu lesen). Weitverbreitet ist sodann die Form *sǫƚ (soille)* im Marais Vendéen. Diese Form muß jedoch auch im Hochbretonischen existiert haben, da in einer „Assiette de 200 livres de rente faite par Gui de Bretagne à Simon de Montboucher" von 1319, in der verschiedentlich von Roggen die Rede ist, nur ein Mal die Form *seille* verwendet wird, sonst aber durchweg *soille* (MémBretagne 1, 1287/9).

Die ostfranzösischen Formen unseres Wortes, denen ebenfalls ein urfr. **segle* zugrunde liegt, sind – wie zu erwarten – durch die Differenzierung von *ei* > *oi* gekennzeichnet. Hinsichtlich ihrer weiteren Entwicklung kannte auch das Ostfranzösische zwei Möglichkeiten: einmal konnte das durch Spirantisierung des *g* entstandene *y* sich mit dem zweiten Element des vorangehenden Diphthongs verbinden, ohne das folgende *l* palatal zu affizieren; zum andern konnte sich dieses *y* mit dem folgenden *l* verbinden und es palatalisieren, wobei der vorangehende Diphthong *oi* entweder frühzeitig zu *o* monophthongiert wurde oder aber den üblichen Weg von *oi* > *oe* > *we* > *wa* einschlug. Für die weitere Entwicklung unseres Wortes im Altostfranzösischen ergibt sich also das folgende Bild:

(1.) *soiylə* > *soilə* > *soelə* > *swelə* > *swal*
soigle > (2a.) *soiylə* > *soyƚə* > *soƚ* > *soy*
(2b.) *soiylə* > *soiƚə* > *soeƚə* > *sweƚə* > *swaƚ*[81]

[81] Dieser zweite ostfranzösische Palatalisierungstypus läßt sich für die altfranzösische Zeit durch Graphien zur Zeit nicht eindeutig belegen. Daß er existiert hat, steht jedoch außer Zweifel, da neuostfranzösische Formen ihn voraussetzen.

Die hier skizzierten Entwicklungen lassen sich an Hand der altostfranzösischen Belege nur in ihren ersten Phasen verfolgen. Abgesehen von einigen Ausnahmen fixiert nämlich auch die altostfranzösische Scripta mit ihren beiden wichtigsten Graphien *soile* und *soille* einen Entwicklungsstand, der spätestens mit dem 12. Jahrhundert überholt war.

Die folgende Zusammenstellung von Belegen für *soile* und *soille*, die also für nichtpalatale bzw. palatale Entwicklung einstehen, soll uns einen Eindruck von der Verbreitung dieser beiden Graphien im ostfranzösischen Schrifttum der alt- und mittelfranzösischen Zeit verschaffen.

1. Belege für den nichtpalatalisierten Typus

Pikardie mit Artois: *soile* im Roman d'Alexandre von ca. 1180 (Gdf) sowie im Régime du corps des Aldebrandin de Sienne von 1256 (Li). Die gleiche Form wird 1273 und 1277 für die Grafschaft Ponthieu (CartPonthieu 263 u. 278) sowie 1294 für Amiens (CartAmiens 2, 51) genannt. Für das Boulonnais ist *soile* in der Chronik des Jean Molinet für das Jahr 1492 bezeugt (JMolin 2, 290).

Hierher zu stellen sind auch einige Belege aus dem Nordosten der Ile-de-France, der sprachlich stark unter dem Einfluß des Pikardischen stand. So findet sich *soile* in der zweiten Redaktion des Moniage Guillaume von ca. 1185 (MonGuill 354), 1216 für Laon (Gdf 7, 709 s. v. *tierçain*), 1241 (Gdf 10, 184 s. v. *muid*) und 1270 (Vautherin 423) für Soissons sowie in den Coutumes du Beauvaisis des Philippe de Beaumanoir von ca. 1283 (BeaumCout 2, 471).

Flandern: *soile* für Valenciennes 1265[82]; die gleiche Form wird verwendet in einer wahrscheinlich hier angefertigten Abschrift der Vie et martyres mon signeur saint Quentin des Huon le Roi de Cambrai (Huon SQuentin 17); bei Froissart (Gdf), bei dem auch *soille* vorkommt (s. weiter unten), sowie für Lille ca. 1440 (Marquant 115).

Wallonie mit Hennegau: Der früheste nichtliterarische Beleg ist hier in einer lateinischen Urkunde von 1236 aus der Abtei von Saint-Hubert enthalten, wo *soile* in einem Eigennamen auftaucht: „Noverint universi quod Hugo clericus, . . ., vendidit Johanni Pain de S o i l e de Castro Portuensi, . . ., quoddam molendinum cum aquis et piscatura eidem molendino appendentibus in Castro Portuensi, . . ." (ChartSHubert 1, 274). Volkssprachliche Urkunden aus dem 14. Jh., die sich gleichfalls auf die Abtei von Saint-Hubert beziehen, gebrauchen auch *soile*[83]. Dieselbe Form *soile* ist es, die ab 1244 unzählige Male für das 13. und 14. Jh.

---

[82] Notices et extraits des manuscrits de la Bibliothèque nationale 28, 78. Diese Form wird bei MeyerLRoGr 1, 450 irrtümlicherweise als *seile* zitiert.

[83] ChartSHubert a. 1304 (1, 451), a. 1305 (1, 454), a. 1354 (1, 584), a. 1373/74 (1, 593).

im Urkundenbuch der Abtei Orval genannt wird[84]. Eine weitere ergiebige Quelle für Belege aus der Provinz Luxembourg ist das altluxemburgische Urkundenbuch; auch hier wird durchweg *soile* als Roggenbezeichnung verwendet, belegt in Urkunden seit dem 13. Jh.[85]. Für das Ostwallonische sei auf Jehan des Preis verwiesen, der *soile* in seiner Geste de Liège gebraucht (JPreis 2, 748 u. 766), sowie auf einen Beleg von 1422 für Modave (Huy)[86]. Auch weiter westlich für Namur (15. Jh., RLR 38, 202) und Tournai (1278, Gdf; 1321, Gdf 4, 125 s. v. *franchart*) läßt sich die Verwendung der Form *soile* belegen. Nicht näher zu lokalisieren innerhalb des Wallonischen ist ein *soile*, das im nach 1422 verfaßten „Pastoralet" genannt wird[87]; es handelt sich hierbei um ein allegorisches Gedicht, in dem der anonyme Verfasser zugunsten der Burgunder gegen das Haus Orléans Stellung nimmt.

Champagne: Die uns vorliegenden Belege stammen vor allem aus dem Nordosten dieser Landschaft; aus den Ardennen *soile* für 1249 mit Erwähnung von Ambly-Fleury (ct./arr. Rethel)[88], für Mézières 1274 (Bruneau 2, 291), für Neufmanil 1290 (UBLuxemburg 5, 366) sowie für Rethel 1296 und 1299 (Bruneau 2, 291); aus dem Gebiet des heutigen Dép. Marne ein Beleg für 1237 (SchwanB 272) sowie ein weiterer speziell für Reims 1375 (Goffart 419).

Lothringen: Hier kommt *soile* 1255 in einer Charte aus der Abtei von Châtillon (= Châtillon-l'Abbaye, comm. Pillon, ct. Spincourt, arr. Montmédy, Meuse) vor (Gdf); gleichfalls für das Dép. Meuse ein *soile* für 1269[89]. Für das Gebiet des Dép. Moselle finden sich *soile*-Belege vereinzelt aus dem 13. Jh. bei Gdf (3, 717 s. v. *famle* 2; 6, 605 s. v. *ras* 2) sowie im altluxemburgischen Urkundenbuch seit mindestens 1300[90]. Auch aus Südlothringen ist *soile* zu belegen, so u. a. mit einer Urkunde von 1317, die sich auf Chaumousey (bei Mirecourt, Vosges) bezieht (CartChoumousey 2, 347); hier kommt übrigens auch die Variante *soille* (s. weiter unten) vor.

Für die Freigrafschaft sowie für das Burgund, aus denen uns zur Zeit keine Belege vorliegen, sei auf die entsprechenden modernen Dialekte verwiesen, die *swęl* bzw. *swal* kennen.

---

84 CartOrval a. 1244 (S. 282), a. 1245 (S. 288), a. 1247 (S. 297) usw.

85 UBLuxemburg u.a. a. 1255 (3, 206), a. 1262 (3, 400), a. 1270 (4, 267), a. 1278 (4, 570), a. 1281 (4, 668), a. 1288 (5, 255), a. 1291 (5, 435), a. 1295 (6, 41), a. 1297 (6, 125).

86 Bulletin de la société d'art et d'histoire du diocèse de Liège 8, 56.

87 Notices et extraits des manuscrits de la Bibliothèque nationale 7, 440.

88 Gdf 7, 180 s. v. *reye*. Es könnte auch Ambly-sur-Meuse (ct./arr. Verdun, Meuse) gemeint sein.

89 Notices et extraits des manuscrits de la Bibliothèque nationale 28, 98. MeyerLRoGr 1, 450 zitiert diese Form irrtümlicherweise als *seile*.

90 UBLuxemburg ca. 1300 (6, 279/81), a. 1305 (7, 87) usw.

Hinter der altostfranzösischen Graphie *soile* verbergen sich zumindest drei verschiedene Aussprachen: in den frühesten Belegen wohl noch *sǫylə*, in der Hauptsache aber *swęl(ə)* und gelegentlich auch schon *swal*.

Früh wurden auch Versuche unternommen, die Graphie des Wortes der inzwischen veränderten Aussprache anzupassen. Die Assimilation des zweiten Elements des Diphthongs an das erste in *oi* > *oe* etwa spiegelt sich in der Graphie *soele* wider, die im Myreur des histors des Jean des Preis begegnet (JPreis 4, 19); weiterhin in der Form *soeile*, in der *ei* für *e* steht, für Saint-Hubert 1304 (ChartSHubert 1, 452). Die gleiche Aussprache soll auch mit der Graphie *soiele* wiedergegeben werden, die sich 1322 und 1368 für Rethel findet (Runk 3). Das *i* besitzt hier keinen Lautwert mehr und ist lediglich ein Überbleibsel der alten Graphie *soile*. Daß *oe* inzwischen zu einem steigenden Diphthong *(wę̄)* geworden ist, zeigt uns die Graphie *suele* in einem Arzneimittelverzeichnis vom 15. Jahrhundert aus Namur (MédLN 193).

Die interessanteste Graphievariante ist jedoch zweifellos ein *soale*, das in einem Tauschvertrag von 1258 zwischen dem Grafen Arnoul III. von Chiny und dem Abt Heinrich von Orval gebraucht wird (CartOrval 348). Allgemein wird nämlich angenommen, daß die Entwicklung *we* > *wa* ihren Ursprung in der Volkssprache in und um Paris gehabt hat; in der Tat erscheint hier die Graphie *-oa-* seit der zweiten Hälfte des 13. Jahrhunderts[91]. Wenn nun aber bereits 1258 im äußersten Nordosten des französischen Sprachgebietes ebenfalls die Aussprache *wa* statt *wę* bezeugt ist, wird die Annahme einer Abhängigkeit des Ostfranzösischen von der Pariser Volkssprache bei der weiteren Velarisierung des Diphthongs *wę* fragwürdig. Wahrscheinlicher wird sein, daß sich die Entwicklung *wę* > *wa* spontan und unabhängig von Paris auch innerhalb des Ostfranzösischen vollzogen hat[92]. Es wäre also festzustellen, ob sich nicht weitere Belege für die Graphie *oa (ua, wa)* im ostfranzösischen *oi*-Gebiet bereits in der zweiten Hälfte des 13. Jahrhunderts oder gar noch früher finden ließen, die geeignet wären, die Annahme einer unabhängigen Entwicklung von *wę* > *wa* im Ostfranzösischen zu untermauern.

2. Belege für den palatalisierten Typus

Eine Unterscheidung der oben angedeuteten Entwicklungen (2a und 2b)[93] ist für die altfranzösische Zeit nicht möglich, da die altostfranzösi-

---

[91] Fouché 272; vgl. auch Rheinf 20, der den Wandel *wę* > *wa* aber zu spät ansetzt.

[92] Diese Schlußfolgerungen werden insofern relativiert, als die besagte Urkunde von 1258 nur durch ein Kartular aus der 1. Hälfte des 18. Jhs. überliefert ist. Dennoch ist durchaus möglich, daß *soale* bereits im Original stand; im Anschluß an die Kopie heißt es nämlich ausdrücklich im Kartular: „Collationné à l'original et y trouvé conforme . . .".

[93] Vgl. S. 67.

sche Scripta nur eine Graphie *(soille)* für die Wiedergabe der beiden Palatalentwicklungen kannte.

Pikardie mit Artois: *soille* für 1415 (DC 7, 384 s. v. *seatium*) und 1421 (DC 7, 471 s. v. *sigalum*) aus der Abtei Corbie, für das Jahr 1492 in der Chronik des Jean Molinet (JMolin 2, 291), wo bekanntlich auch *soile* vorkommt. Die gleiche Form wird 1512 im sogenannten ,,Contre-blason de faulses amours" gebraucht (Alexis 1, 297); es handelt sich hierbei um eine Art Fortsetzung zum ,,Blason de faulses amours" des Guillaume Alexis, deren Verfasser ein gewisser d'Estrées – wohl aus der Familie der schönen Gabrielle d'Estrées – war. Auch in den Sammlungen des Gewohnheitsrechts, wie sie seit dem 16. Jahrhundert angelegt wurden, fehlen natürlich die dialektalen Roggenbezeichnungen nicht; so sei an dieser Stelle auf die Coutumes du pays de l'Angle (Pas-de-Calais) verwiesen, wo *soille* verwendet wird (CoutGén 1, 309). Hier ist endlich auch ein Beleg von 1377 für *soille* anzuschließen, der sich auf Puisieux bei Laon bezieht (Gdf 1, 201 s. v. *aissin*).

Flandern: *soille* aus dem Raum von Douai für 1360 (Gdf 4, 297 s. v. *gluioter*), in den Chroniques des Jean Froissart (Lac), in deren Handschriften wie erinnerlich auch *soile* anzutreffen ist, in einem lateinisch-französischen Glossar aus dem 15. Jh. für Lille (CathLille 127 s. v. *siligo*); weiterhin kommt *soille* vor 1431 für Flines (Gdf), im 16. Jh. in einem Rechnungsbuch aus Saint-Amand-les-Eaux (Gdf 7, 710 s. v. *tiercel*) sowie 1605 für die Gegend von Valenciennes (Hécart 434).

Wallonie mit Hennegau: Hier läßt sich *soille* u. a. für Bastogne 1293 (UBLuxemburg 5, 514) und Bellefontaine 1299 (ib. 6, 244) in der Provinz Luxembourg belegen. In einer Schenkungsurkunde von 1304 für die Abtei Saint-Hubert steht neben dem bereits erwähnten *soeile* ein *soilhe* (ChartSHubert 1, 452). Dieses Nebeneinander von palatalisierten und nichtpalatalisierten Formen in ein und derselben Quelle zeigt einmal mehr, daß beide Typen als gleichwertig empfunden wurden. Noch 1641 wird *soille* in einem Vertrag zwischen dem Abt von Saint-Hubert und dem Pfarrer von Ortho einerseits und dem Vikar von Laroche andererseits genannt, daneben im gleichen Schriftstück aber auch schon schriftsprachliches *seigle*[94]. Aus dem ostwallonischen Raum ist eine Urkunde von 1341 zu nennen, die sich auf Stavelot bezieht (ChartStavelotM 2, 227). Für Tournai liegen uns u. a. *soille*-Belege von 1463 (Gdf 6, 259 s. v. *poissoncel*) und 1580 (Gdf 4, 213 s. v. *galonee*) vor. Schließlich sind hier noch einige im Namen Kaiser Karls V. in Brüssel erlassene Ordonnanzen über den Kornhandel in den Niederlanden zu erwähnen, die ebenfalls *soille* als Roggenbezeichnung verwenden[95].

---

[94] Analectes pour servir à l'histoire ecclésiastique de la Belgique (2e série) 7, 257.

[95] OrdPaysBas 3, 232 für 1531, 5, 582 für 1549, 6, 185 für 1551.

Champagne: *soille* für die Grafschaft Rethel 1257 (Runk 3), für Orchimont 1290 (Bruneau 2, 291) und 1322 (Goffart 419) sowie für Bouillon 1330 (Bruneau 2, 291). Weiterhin sind hier zu nennen Belege bei Guillaume de Machaut (Delmotte 2, 635) und Eustache Deschamps (Desch 7, 112). Schließlich ist wohl auch der *soille*-Beleg im Roman de Renart le Contrefait (RenartC 2, 95) für die Champagne in Anspruch zu nehmen.

Lothringen: Hier ist auf einen Beleg für *soille* von 1317 im Urkundenbuch der Abtei von Chaumousey (Vosges) aufmerksam zu machen (Cart Chaumousey 2, 346); an gleicher Stelle ist im übrigen auch *soile* bezeugt. Ferner kommt *soille* für 1465 und 1476 im Metzer Tagebuch des Jean Aubrion vor (Gdf 5, 366 s. v. *moitange*).

Daß auch im Burgund sowie in der Freigrafschaft in altfranzösischer Zeit der palatalisierte Formentypus bekannt war, läßt sich trotz fehlender Belege aus den modernen Dialekten entnehmen, die Bezeichnungen wie *swęy*, *sway* kennen.

Hinsichtlich der Interpretation der Form *soille* ist der einleitenden Bemerkung zu dieser Materialsammlung nichts hinzuzufügen.

Neben aostfr. *soille* findet sich ganz vereinzelt eine Graphie *soil*, welche ebenfalls den palatalisierten Formentypus vertritt. In *soil* haben wir gegenüber dem üblicheren *soille* eine teilweise Anpassung der Graphie an die veränderte Aussprache des Wortes zu erblicken. So trägt die Graphie *soil* ganz offensichtlich dem Verstummen des auslautenden *-e* Rechnung und vielleicht auch schon der sich anbahnenden Entwicklung *ł* > *y*. Belege für *soil*: 1280 für die Abtei von Orval (CartOrval 510), in einem Lütticher Arzneimittelbuch aus dem 13. Jh. (MédLN 100); außerhalb der Wallonie ca. 1300 für Hombourg/Moselle (UBLuxemburg 6, 279) und nach 1520 für Saint-Amand-les-Eaux[96] im französischen Flandern. Die gleiche Graphie *soil* wird, wie wir weiter unten sehen werden, auch noch von wallonischen Dialektwörterbüchern des 19. Jahrhunderts verwendet.

Nachdem wir die gleichzeitige Existenz von *soile* und *soille* in den ostfranzösischen Provinzen nachweisen konnten, steht fest, daß beide Formentypen nicht geographisch voneinander getrennt, sondern überall nebeneinander vorkamen. Ihr Vorkommen in ein und derselben Quelle und bei ein und demselben Autor zeigt zugleich, daß sie im Bereich des Altostfranzösischen als völlig gleichwertig angesehen und verwendet wurden. Schließlich ergibt sich aus dem engen geographischen Nebeneinander von *soile* und *soille* auch, daß überall in den genannten Gebieten bei der Behandlung von *gl* im Inlaut sowohl bloße Verschlußlösung zu *yl* als auch Palatalisierung zu *ł* eintreten konnte.

---

[96] Mededeelingen der Koninklijke Akademie van Wetenschappen. Afdeeling Letterkunde Jg. 1930 S. 298.

Waren die beiden Graphien *soile* und *soille* bzw. die sich dahinter verbergenden Lautungen zweifellos im Altostfranzösischen die am weitesten verbreiteten, so darf doch nicht übersehen werden, daß es auch Gebiete gab, die weder Spirantisierung noch Palatalisierung gekannt haben, d. h. also, wo *-gl-* als solches erhalten blieb. Dieses ist vor allem in der westlichen Champagne sowie im nördlichen Burgund der Fall gewesen, die damit also gleiche Behandlungsweise des Nexus *gl* zeigen wie die westlichen Nachbarprovinzen Ile-de-France und Orléanais.

Über die räumliche wie zeitliche Verbreitung der Form *soigle* geben die folgenden Belege Aufschluß:

Champagne: *soigle* im Yvain des Chrestien de Troyes, und zwar nur in einer Handschrift aus dem 13. Jh. (ChrestienYv 119), während in den übrigen der fragliche Vers einen abweichenden Wortlaut hat; weiterhin 1247/48 für die Grafschaft Rethel (Runk 3) und 1340/41 für den Südwesten (Dép. Aube, Bevans 27). Eine Anzahl von Belegen für *soigle* läßt sich in den Urkundenbüchern der Diözese Troyes nachweisen, so u. a. für die Abtei von Le Paraclet (Aube) aus dem Jahre 1288 (CartTroyes 2, XX) und aus dem 14. Jh.[97], für die Stiftskirche Saint-Urbain zu Troyes verschiedentlich aus dem 16. Jh.[98].

Bourgogne: Hier wird *soigle* 1253 in einem lateinisch abgefaßten Testament aus der Nähe von Beaune (Côte-d'Or) genannt (CartAutunC 1, 183) und 1386 in einem Schriftstück, mit dem die Abtretung gewisser Abgaben an die Kirche in Autun bestätigt wird (ib. 2, 368). Ein weiterer Beleg stammt schließlich aus der Jahresabrechnung für 1399 der Abtei Saint-Etienne zu Dijon (ChartDijonT 49).

Darüber hinaus lassen sich einzelne Belege auch außerhalb des umschriebenen Gebietes feststellen. So wird *soigle* im Metzer Tagebuch des Jean Aubrion für das Jahr 1498 genannt (Gdf 5, 112 s. v. *maldre*); möglicherweise handelt es sich hier aber um eine palatalisierte Form, in der *gl* als *ł* zu verstehen wäre. Um einiges früher ist jedoch *soigle* im Gebiet der westfranzösischen Mundarten anzutreffen. Bereits 1285 läßt es sich im westlichen Berry nachweisen (Gdf); hier taucht unsere Form auch in der Aussprache angepaßten Graphien auf, und zwar als *suegle* 1278 (Gdf 5, 186 s. v. *marsesche* 2) und als *sueigle* 1296 (Gdf). Ebenfalls noch aus dem 13. Jh. sind zwei Belege aus der Touraine bzw. dem Anjou, und zwar für Loches 1292 (ChartPoitou 1, 161) und Coudray-Macouart (?) 1291/92 (ib. 1, 174 u. 176). Aus dem Orléanais liegt uns *soigle* dagegen erst für das Jahr 1352 vor (Gdf 8, 5 s. v. *trait*). Beachtung verdient weiterhin, daß *soigle* auch in einer Ordonnance des Königs Philippe VI. von 1342 zugunsten der Abtei von Saint-Sulpice-la-Forêt (Ille-et-Vilaine) ver-

---

[97] CartTroyes 2 in den Überschriften zu den lat. Urkunden Nr. 166 und Nr. 191, die vom Verfasser des im 14. Jh. zusammengestellten Kartulars stammen.

[98] CartTroyes a. 1595 (5, 358), a. 1547 (5, 369), a. 1597 (5, 371).

wendet wird (CartSSulpiceF 291). Schließlich muß noch auf ein lateinisch-französisches Vokabular von ca. 1380, das sogenannte Aalma, hingewiesen werden, das mlat. *sigalum* mit *soigle* glossiert (RexLex 2, 379). Genaues über die Herkunft des Glossars ist nicht bekannt. Da jedoch nur sehr sporadisch ostfranzösische Elemente auftauchen, besteht die Möglichkeit, daß dem Glossar die franzische Mundart zugrunde gelegen hat[99].

Wie uns die Belege zeigen, hat *soigle* vorübergehend auch im Gebiet der westfranzösischen Mundarten als Roggenbezeichnung Verwendung gefunden. Von einem eigentlichen Eindringen der ostfranzösischen Form kann aber auch hier nicht die Rede sein. Vielmehr wird es so sein, daß der Lautwandel *ei* > *oi* im Franzischen zeitweilig auch *seigle* erfaßt hat. Die Verwendung von *soigle* in den westfranzösischen Mundarten geschah dann unter dem Einfluß des Franzischen. Offen bleibt aber die Frage, weshalb sich *soigle* im Gegensatz zu *avoine* im Franzischen nicht hat durchsetzen können.

An dieser Stelle soll schließlich noch kurz auf das Vorkommen des fr. *seigle* in altostfranzösischen Texten aufmerksam gemacht werden. In der Tat ist nämlich schon seit dem 13. Jahrhundert ein Vordringen der (west-) französischen Form in den ostfranzösischen Sprachraum zu beobachten. Nachdem zunächst der wirtschaftlich und kulturell führende Osten bzw. Nordosten *oi* < *ei* bis nach Paris getragen hatte, setzte jetzt mit der wachsenden Bedeutung der Kapitale in politischer Hinsicht eine Gegenbewegung ein, die franzisches Wortgut in den Osten eindringen ließ.

Die Erkenntnis, daß der Dialekt der Ile-de-France mehr und mehr zur verbindlichen Norm im ganzen Königreich wird, spiegelt sich auch in einer Beschwerdeschrift wider, die der Graf Theobald II. von Bar 1268 an König Ludwig IX. richtet. Hier wird nicht mehr wie in anderen Schriftstücken aus der gleichen Zeit und der gleichen Gegend *soile* bzw. *soille* verwendet, sondern das fr. *seigle* (UBLuxemburg 4, 92). Das veränderte Kräfteverhältnis erfordert, daß auf den Sprachgebrauch des Hofes und damit letztlich der Ile-de-France Rücksicht genommen wird. Größere Ausmaße nimmt der Gebrauch der französischen Form in ostfranzösischen Texten mit dem 14. Jahrhundert an. Dafür etwa die folgenden Beispiele: *segle* für 1321 bzw. 1322 in einer Akte bzw. deren beglaubigten Abschrift mit Bezug auf Fresnoy-en-Bassigny/Haute-Marne (Gdf 6, 74 s. v. *penal*); *seigle* für 1330 in der Bestätigung der neuen Statuten der Abtei von Saint-Hubert durch den Bischof von Lüttich (Chart SHubert 1, 522); dieselbe Form findet sich für 1361 im Urkundenbuch der Abtei von Orval (CartOrval 692), wo im übrigen sonst ausschließlich *soile*/*soille* vorkommt; weiterhin etwa aus der Bourgogne *seigle* 1388/89

---

[99] Zur Herkunft der gelegentlich auftauchenden ostfranzösischen Elemente vgl. RecLex 2, XIIff.

für die Abtei Saint-Etienne zu Dijon (ChartDijonB 48) und *saigle* 1389 für Autun (CartAutunC 2, 386); für beide Orte ist übrigens gleichzeitig *soigle* bezeugt, wie wir weiter oben sahen.

Nachdem wir uns an Hand der am häufigsten gebrauchten Graphien einen Überblick über die altostfranzösischen Formen verschafft haben, bleibt uns nur noch übrig, einen Blick auf den Entwicklungsstand der modernen ostfranzösischen Mundarten zu werfen. Dabei werden wir nacheinander auf die Formen des Nordostfranzösischen (Wallonie, Französisch-Flandern, Pikardie), des Mittelostfranzösischen (Lothringen, Champagne) und des Südostfranzösischen (Franche-Comté, Bourgogne) eingehen. Diese Einteilung, die zunächst geographischer Natur ist, läßt sich, wie sich weiter unten zeigen wird, auch durchaus vom linguistischen Standpunkt her rechtfertigen.

1. Nordostfranzösisch: Stellen wir zunächst ganz allgemein fest, daß die nordostfranzösischen Dialekte auch heute noch sowohl den palatalisierten wie den nichtpalatalisierten Typus kennen. Beim palatalisierten Typus finden wir einmal in Fortsetzung des oben bereits für das Altostfranzösische unserer Gegend belegten *soille/soil* Formen wie lütt. *sôie*, nam. *soil*, Mons *soille*, *soil*, flandr. *soille*, Lille *soil*, art. *soil*, die alle als *sǫy* zu lesen sind. Daneben stoßen wir aber auch auf palatalisierte Formen, die die oben S. 67 unter 2b verzeichnete Entwicklung widerspiegeln: Verviers *souèie (= swęy)*, Neufch. *sway* (ALF 1211 p 186), Awenne *swaye*, Bouillon *sway*, Gedinne *swęy*, *sway* (p 187), Fumay ebenfalls *swęy*, *sway*.

Trotz dieser stattlichen Anzahl von Belegen ist nicht zu übersehen, daß der palatalisierte Typus im Nordostfranzösischen stark im Rückgang begriffen ist. So findet er sich selbst an den obengenannten Orten fast nie allein belegt, sondern meist neben dem nichtpalatalisierten Typus. Auffällig ist auch das fortschreitende Abnehmen der palatalisierten Formen nach Westen hin. Ganz fehlen sie heute sogar in großen Teilen des Pikardischen, obwohl auch hier ihre Existenz auf Grund der oben zitierten altfranzösischen Belege für das Mittelalter bezeugt ist. Vorherrschend sind dagegen in den heutigen nordostfranzösischen Mundarten die nichtpalatalisierten Formen *swęl* und *swal*, und zwar die erstere vor allem im Pikardischen, die letztere vor allem im Wallonischen.

2. Mittelostfranzösisch: Noch stärkere Einbußen als im Nordostfranzösischen hat der palatalisierte Typus in den mittelostfranzösischen Mundarten erfahren. Lediglich in der Nachbarschaft des Wallonischen halten sich hier noch einzelne Relikte: *soille* für Romény und Rethel, im Dép. Meuse *swał* (p 165).

Andererseits verdient der mittlere Abschnitt des Ostfranzösischen unsere Aufmerksamkeit auf Grund der dort vorliegenden Vokalentwicklung. Im Gegensatz zum Nordostfranzösischen etwa zeigen nämlich Lothringen und die östliche Champagne mehrheitlich Formen mit monophthongischem Tonvokal. Diese Monophthongierung des aus lat. Ē[bzw. Ē + Palatal hervorgegangenen Diphthongs ist – das zeigt uns u. a. auch ein Vergleich mit ähnlich gelagerten Fällen – besonders im Gebiet der Départements Vosges, Meurthe-et-Moselle, Moselle und Haute-Marne ausgeprägt.

Bevor wir uns jedoch im einzelnen mit den monophthongierten Formen befassen, soll abgeklärt werden, wo sich noch im Mittelostfranzösischen der altfranzösische Diphthong erhalten hat. Hier sind vor allem die Ardennen zu nennen, wo die Form *swal* durch das angrenzende Wallonische gestützt wird. Weiterhin lebt *swal* kräftig in den Argonnen, während es südlich davon bis hinab zum Plateau de Langres nur noch sporadisch vorkommt. Offensichtlich hat sich hier in einer schmalen, nord-südwärts gerichteten Zone noch der ursprüngliche Diphthong zwischen dem von Westen vordringenden fr. *seigle* und den monophthongierten Formen im östlichen Grenzgebiet halten können.

Bei den monophthongierten Formen treten nun folgende Varianten häufiger auf: *sel, sal, sol, sul, sœl,* die es im einzelnen zu erklären gilt. Nicht alle sind nämlich Produkte einer Monophthongierung, sondern zum Teil auch Weiterentwicklungen bereits monophthongierter Formen.

Die Form *sel (sẹl, séle; sęl, seile, sèle, sêle, saile)* ist vor allem in den Argonnen sowie in den Vogesen anzutreffen. Sie erklärt sich durch Monophthongierung von *swęl > sęl,* wobei gelegentlich eine Schließung des Vokals mit gleichzeitiger Quantitätslängung eintreten konnte (vor allem in den Argonnen). Aufschluß über das Alter dieser Monophthongierung verschaffen uns einige altostfranzösische Belege aus den fraglichen Gebieten. So läßt sich schon 1257 und dann 1320 die Form *seil* für die Grafschaft Rethel belegen (Runk 3). Weitere Belege aus dem 14. Jahrhundert beziehen sich auf die Priorei Saint-Etienne zu Vignory (Haute-Marne): in einer Urkunde von 1331 lautet hier die Form ebenfalls *seil* (CartVignory 113); in einer weiteren von 1337, die den Inhalt der Urkunde von 1331 bestätigt, wird dagegen die Graphie *sel* verwendet (ib. 116). Die Wiederaufnahme von *seil* durch *sel* legt die Vermutung nahe, daß hier mit *seil* der nichtpalatalisierte Typus gemeint ist. Die palatalisierte Variante findet sich dagegen eindeutig wiedergegeben mit *seille* (< *swęł*) im Metzer Tagebuch des Jean Aubrion für das Jahr 1478 (Gdf).

In diesem Zusammenhang sei auch auf eine Form *saele* aufmerksam gemacht, die sich in einer im Namen des Herzogs Friedrich III. von Lothringen abgefaßten Urkunde von 1274 findet (UBLuxemburg 4, 429). Zweifellos soll hier mit *ae* eine Etappe des sich anbahnenden Ausgleichs zwischen den beiden Elementen des Diphthongs auf dem Wege zur Monophthongierung von *wę* > *ę* auf unorthodoxe Weise wiedergegeben werden.

Es zeigt sich also, daß die ostfranzösische Monophthongierung *wę* > *ę* auch bei unserm Wort bereits früh in altfranzösischer Zeit eingetreten ist[100].

Aus einer Monophthongierung auf der Stufe *swal* ist andererseits die Form *sal (sâle, saale)* zu erklären, die neben vereinzeltem Vorkommen in den Argonnen (Souilly) vor allem in den Vogesen begegnet. Seltener findet sich die palatale Variante, so *sāy* für p 86.

Vielfach scheint jedoch noch vor der Monophthongierung das labiale Element des Diphthongs den Gipfelvokal beeinflußt zu haben, indem es ihm seine Rundung mitteilte. Darauf deutet jedenfalls die Lautung *swǫl* hin: Romont *souole*, Rambervillers *souol*. Auf dem Wege über diese Zwischenstufe erfolgte dann die Monophthongierung zu *sǫl*. Diese Entwicklung ist wiederum vor allem in den Vogesen, in den nördlich anschließenden Gebieten sowie in der Haute-Marne anzutreffen, wobei durchweg Vokalschließung (*sọ̄l, sôle, sôlle, saule, saul)* eingetreten ist[101].

Schließlich ist noch auf die beiden Formen *sœl* und *sul* hinzuweisen, die lediglich Weiterentwicklungen bereits monophthongierter Formen darstellen. Die Form *sœ̣̄l* – seltener *sœ̨̄l* – *(seule, seûle, söl)* kommt vor allem im Dép. Moselle und gelegentlich in den angrenzenden Teilen des Dép. Meurthe-et-Moselle vor; sie erklärt sich aus *sel* mit Labialisierung des Vokals (möglicherweise unter Einfluß des folgenden *-l*). Die Form *sul* (vgl. Dép. Meurthe-et-Moselle p 163) dagegen geht auf *sǫl* mit weiterer Verringerung des Öffnungsgrades des Vokals zurück.

Eine andere Erklärung der Vokalentwicklung gibt O. Bloch (BlochParl 93/4). Dieser nimmt nämlich unter Berufung auf A. Horning (Horning Gr 35) an, daß lat. Ē[vor *l*, *r* sich in den lothringischen Mundarten anders entwickelt hat als Ē[vor jedem anderen Konsonanten, und zwar soll vor *l*, *r* bereits auf der Stufe *oi* Monophthongierung stattgefunden haben: *oi* > *o* > *a* > *e*. Die Annahme einer solchen Sonderentwicklung für lat. Ē[vor *l*, *r* im Ostfranzösischen, wie sie Horning und Bloch vorschlagen, ist aber kaum zu rechtfertigen. Es läßt sich nämlich nachweisen, daß in den lothringischen Mundarten selbst vor *l*, *r* die Entwicklung *oi* > *wę* > *wa* eingetreten ist, so daß auch für diese Fälle eine Monophthongierung erst auf den Stufen *wę* bzw. *wa* – und nicht schon auf der Stufe *oi* – wahrscheinlicher ist. So verzeichnet ALF 1044 „poil" für die Départements Meuse, Meurthe-et-Moselle und Vosges vorwiegend die diphthongischen Formen *pwęl, pwẹl, pwę, pwal* usw. Ein ähnliches Bild wird uns vom ALF 1047 „poire" vermittelt; auch hier stehen in den gleichen Départements Formen wie *pwęr, pwẹr, pwår, pwǫr, pwọr* im Vordergrund, wenngleich sich auch bereits die Tendenz zur Monophthongierung

[100] Rheinf 21 setzt mit Beginn des 14. Jhs. die Monophthongierung von *wę* > *ę* wohl zu spät an. Vgl. dagegen Fouché 274/5.

[101] Vereinzelt findet sich diese Entwicklung auch sonst im Ostfr., so u. a. im Dép. Aisne für p 261 *(sọ̄l)* sowie in den Mundarten nördlich von Amiens (Combles, Curlu, Maurepas), hier jedoch mit offenem Vokal *(sǫl)*.

abzeichnet: *pur* (p 76, 77, 78, 85). Weitere Belege für das Vorkommen der Diphthonge *wę* und *wa* vor *l*, *r* in den lothringischen Mundarten werden sich zweifellos finden lassen. Es ist also nicht nötig, eine Sonderentwicklung für E[vor *l*, *r* anzunehmen; dies um so weniger, als sich, wie oben an unserm Wort gezeigt wurde, die heutigen vorwiegend monophthongischen Formen ohne Schwierigkeiten aus den Diphthongen *wę* und *wa* erklären lassen.

Weiterhin bedürfen noch Formen wie *sǫyl*, *sǫyl (soïle)*, die sich in den Mundarten des südlichen Teils des Dép. Meuse (Tannois, Brillon, Vignot sowie ALF 1211 p 143, 153) sowie in angrenzenden Gebieten des Dép. Marne (Alliancelles) finden, einer Erklärung. Mit Absicht wurden sie nicht im Zusammenhang mit den anderen diphthongischen Formen des Mittelostfranzösischen genannt. Alles deutet nämlich darauf hin, daß es sich hierbei um eine relativ junge Diphthongierung von *o* > *oy* handelt und nicht etwa, wie auch angenommen wurde (BrunotB 78), um eine Bewahrung des altfranzösischen Diphthongs *oi* < *ei*. Diese neuerliche Vokalzerdehnung ist übrigens nicht auf *o* beschränkt, sondern erfaßt auch andere Vokale, wie Courtisols *saïle* bzw. Les Vouthons *seuil-le (= sœyl)* bestätigen. Sie ist im Zusammenhang mit der weitverbreiteten Diphthongierung der betonten Auslautvokale im neueren Ostfranzösischen zu sehen.

3. Südostfranzösisch: Abschließend soll endlich noch ein Blick auf die Verhältnisse in den französischen Mundarten der Franche-Comté, der welschen Schweiz, der Bourgogne sowie des Bourbonnais geworfen werden, die wir hier aus praktischen Gründen unter dem Begriff „Südostfranzösisch" zusammengefaßt haben. Unter dieser Bezeichnung verstehen wir also nicht das Frankoprovenzalische.

Besondere Aufmerksamkeit verdient, daß hier im Gegensatz zum übrigen ostfranzösischen Sprachgebiet die palatalisierten Formen in beachtlicher Verbreitung vorkommen und speziell im Bourbonnais und in der Bourgogne geradezu ausschließlich verwendet werden. Dieses Bild bietet an sich nichts Überraschendes, wenn man berücksichtigt, daß in den genannten Gebieten die Palatalisierung auch bei anderen Fällen für den Nexus Konsonant + *l* stark ausgeprägt ist. Daß hier die Palatalisierungstendenz zudem noch in neuerer Zeit durchaus lebendig ist, geht daraus hervor, daß neu eindringendes schriftsprachliches *seigle* durchweg von dieser Entwicklung erfaßt wird[102].

Bezüglich der Vokalentwicklung in den südostfranzösischen Dialekten ist ganz allgemein zu sagen, daß hier die Hinneigung zur Monophthongierung nicht in dem Maße anzutreffen ist wie etwa in den lothringischen Mundarten. Hinzukommt, daß sich diphthongische wie monophthongi-

---

[102] Vgl. Côte-d'Or *sę̄gy* p 13, 110, Vitteaux *seigie (= sęgy)*, *saghye*, Yonne *sę̄gi* p 106, *sę̄gy* p 111, Vassy-sous-Pisy *seiguie*, Aube *sę̄gy* p 113.

sche Formen geographisch nebeneinander finden, ohne daß sich eine genauere Abgrenzung der beiden Typen feststellen ließe.

Befassen wir uns im einzelnen mit den Formen, soweit sie eines Kommentars bedürfen.

Ein *soylhe* von 1322 aus dem Bourbonnais[103] fällt auf wegen seines Vokals. Daß es sich hier wirklich noch um den Diphthong *ói* handeln soll, wie die Graphie nahelegt, ist bei Berücksichtigung der Datierung des Beleges unwahrscheinlich. Da uns andererseits die heutigen Mundarten des Bourbonnais die Existenz eines *soie* (= *soy*) bezeugen, ist mit *soylhe* möglicherweise die ältere Stufe *soł̣ə* gemeint.

Verbreiteter sind aber auch in den südostfranzösischen Mundarten die Formen mit Bewahrung bzw. Weiterentwicklung des Diphthongs, und zwar in der Bourgogne vor allem mit palataler Entwicklung *swęy*, *sway*, in der Franche-Comté sowie im Berner Jura dagegen vorwiegend mit nichtpalataler Entwicklung *swęl*, *swal*.

Reduzierungen des Diphthongs sind sowohl im Bourbonnais und in der Bourgogne als auch in der Franche-Comté und im Berner Jura anzutreffen, nirgendwo jedoch mit der Ausschließlichkeit, wie wir sie in den Vogesen-Dialekten kennengelernt haben. Am häufigsten sind noch die Formen *sęy*, *say* (neben älterem und seltenerem *səł*, *sał*), und zwar vor allem in den burgundischen Dialekten. Daß diese Monophthongierung auch hier weit hinaufreicht, zeigen uns einzelne altfranzösische Belege, so ein *saile* für 1292 (CartBourgogne 399) sowie ein *saille* für 1308 (Gdf) aus dem Gebiet des heutigen Dép. Côte-d'Or. Nicht völlig auszuschließen ist, daß in *saile*, *saille* statt einer Reduktion von *wa* > *a*, die möglicherweise auf chronologische Bedenken stoßen könnte, eine Entwicklung von *wę* > *ę* mit nachfolgender Öffnung des Vokals zu *a* vorliegt[104].

Weiterhin verdienen noch einige vereinzelt vorkommende Formen einen Hinweis. Im Berner Jura tendieren die monophthongischen Formen *sęl*, *sal* neuerlich zur Diphthongierung, so *sęyl*, *sẹyl*, *saəl*. Extreme Schließung des Tonvokals *ẹ* führt gelegentlich zu *i*, so in Diesse *sīl* bzw. Chantelle *sīy* p 802. Rundung des Tonvokals zeigen Tournus, Hurigny *sœ̜y* und Allier *sœ̣y* p 803. Ein *sǫl* in Bourberain, Pierrecourt und Sancey geht zumindest in den beiden ersten Fällen auf lothringischen Einfluß zurück. Frankoprovenzalische Relikte finden sich dagegen in größerem Umfang in der Gegend um Tournus bzw. Louhans (Tournus *ś œ̣̄la*, louh. *seilla*, *seillou*) sowie im Gebiet des Dép. Jura

---

[103] Lavergne, G.: Le parler bourbonnais aux XIIIe et XIVe s. (Paris/Moulins 1909) S. 72.

[104] Oder aber die Monophthongierung von *wa* > *a* müßte mancherorts bereits unmittelbar nach der Phase *wę* > *wa* noch in der zweiten Hälfte des 13. Jahrhunderts eingetreten sein, wofür uns jedoch zur Zeit jeder weitere Anhaltspunkt fehlt.

(GrCombe *sę̌yu*, fourg. *sèillou*, Val de Morteau *sâlou*, Salins *seilou*, Nozeroy, Mignovillard *sẹlu*, Vaudioux *sëlou*).

Nachdem wir auch die ostfranzösischen Bezeichnungen kennengelernt haben, können wir nunmehr die Zahl der palatalisierenden Dialekte vervollständigen. Erinnern wir uns, daß im Rahmen des Westfranzösischen folgende Dialekte mehr oder weniger stark ausgeprägte Palatalisierung des Nexus *gl* in unserm Wort zeigten: das Normannische, die Mundarten der Haute-Bretagne, des Maine, des Anjou, des Poitou, des Aunis, der Saintonge, des französischen Angoumois, der Touraine sowie des Berry. Keine palatalisierten Belege ließen sich dagegen in der Ile-de-France und dem Orléanais feststellen. Südlich davon setzen nun das Nivernais und das Bourbonnais, die Bindeglieder zwischen dem West- und Ostfranzösischen darstellen, die Palatalisierungszone fort. Ihr gehören im Ostfranzösischen an die Bourgogne, die Franche-Comté, Lothringen, die Wallonie, Französisch-Flandern sowie die Pikardie mit dem Artois. Von der Champagne hat nur der östliche Teil die Palatalisierung gekannt, während der westliche Teil, der früh unter den Einfluß des Franzischen geraten ist, *gl* bewahrt oder wiederhergestellt hat.

Demnach ist also in allen französischen Dialekten, die sich in einem weiten Kreis um das nichtpalatalisierende Kerngebiet der Ile-de-France, des Orléanais sowie der westlichen Champagne legen, die sekundäre Palatalisierung des *gl* in den dialektalen Entsprechungen des fr. *seigle* eingetreten. Dies ist jedenfalls das ursprüngliche Verbreitungsgebiet gewesen, wie wir es auf Grund von altfranzösischen Belegen rekonstruieren konnten.

Die diesbezüglichen Verhältnisse in den neufranzösischen Dialekten haben sich demgegenüber um einiges verschoben. Dabei sind in den westfranzösischen Mundarten die Umrisse des ursprünglichen Palatalisierungsbereiches noch relativ gut zu erkennen. Lediglich im Normannischen hat, wie wir sahen, das nichtpalatalisierende Französische nennenswerte Einbrüche erzielen können. Anders liegen dagegen die Dinge in den ostfranzösischen Mundarten. Hier fehlen im Lothringischen und Champagnischen Palatalbelege für die neuere Zeit fast ganz. Nur noch vereinzelt kommen sie sodann im Wallonischen und Pikardischen vor. Die Frage ist nun, wie sich dieser augenfällige Rückgang der palatalisierten Formen in den genannten ostfranzösischen Dialekten erklärt. Wie wir bereits weiter oben feststellten, kannten (bzw. kennen) die nichtfranzischen Dialekte Nordfrankreichs neben der Palatalisierung des *gl* auch noch eine andere Behandlungsweise dieses Nexus, die darin bestand, den Verschlußlaut vor *l* in einen Reibelaut zu verwandeln, der dann in der Folge in dem vorangehenden Diphthong aufging. Diese zweite Entwicklungstendenz hat sich nun im Laufe der Zeit in den nordöstlichen und mittelöstlichen Dialekten auf Kosten der Palatalisierung durchgesetzt, so daß hier die palatalisierten Formen heute stark abgenommen haben bzw.

ganz verschwunden sind. Daß diese Dialekte jedoch ursprünglich ebenfalls die Palatalisierung des *gl* gekannt haben, ist auf Grund der oben aufgeführten altostfranzösischen Belege unzweifelhaft.

Aus der vorangegangenen Darstellung der Entwicklung und Verbreitung der französischen bzw. dialektfranzösischen Roggenbezeichnungen vom Typus SECALE lassen sich die folgenden Schlußfolgerungen ziehen:

1. Fr. *seigle* stellt die erbwörtliche Entwicklung des lat. SECALE im Franzischen dar. Im weiteren Sinne ist die Form *seigle* auf Grund ihrer Vokalentwicklung als spezifisch westfranzösisch zu bezeichnen, wenn wir berücksichtigen, daß die Mundart der Ile-de-France ursprünglich der Gruppe der westfranzösischen Dialekte angehört hat. Aus unerklärten Gründen gelang es also der ostfranzösischen Vokalentwicklung *ei* > *oi* nicht, sich in der schriftsprachlichen Form unseres Wortes durchzusetzen, wie es etwa beim semantisch nahestehenden *avoine* der Fall gewesen ist.

2. Die palatalisierten bzw. nichtpalatalisierten Formen *seille*, *soille*, *soile* usw. sind sekundäre, dialektale Entwicklungen, die sich erst in altfranzösischer Zeit herausgebildet haben. Sie erklären sich aus gewissen nur den nichtfranzischen Dialekten Nordfrankreichs eigenen Entwicklungstendenzen. Es geschieht also zu Unrecht, wenn dem durchweg als (halbgelehrtes oder dialektales) Lehnwort bezeichneten fr. *seigle* die angeblich allein erbwörtlich entwickelten Formen *seille*, *soille*, *soile* usw. gegenübergestellt werden, weil – wie oben gezeigt wurde – die genannten dialektfranzösischen Formen auf die gleiche urfranzösische Basis **segle* zurückgehen wie fr. *seigle* und folglich nicht „erbwörtlicher" sein können als dieses.

ε. *Lat.* SECALE *im Frankoprovenzalischen*

Das Frankoprovenzalische kennt in der Behandlung der lateinischen Proparoxytona – abgesehen von einigen Ausnahmen (vgl. Hafner 192/3) – nur die Synkopierung. So lassen sich auch bei den frankoprovenzalischen Folgeformen des lat. SECALE von Anfang an nur solche mit Synkope des Mittelvokals feststellen. Weiterhin muß darauf aufmerksam gemacht werden, daß die frankoprovenzalischen Formen nicht auf SECALE, sondern auf *SECALA zurückgehen, eine Erscheinung, die die übrige Galloromania nicht mit dem Frankoprovenzalischen teilt. Dieser Umstand ist dahingehend zu interpretieren, daß in diesem speziellen Teil des Gallolateins ursprünglich ein SECALE oder besser ein *SECALIS als Femininum im Gebrauch war, das dann im Zuge der spätlateinischen Flexionsvereinfachung auf Grund seines Genus zu *SECALA wurde. Diese Art von Metaplasmus ist auch bei anderen Proparoxytona auf -EM im Übergang zum Frankoprovenzalischen wirksam geworden (vgl. Hafner 134).

Bezüglich des Fehlens der Palatalisierung in afrpr. *segla* gilt die gleiche Erklärung wie für fr. *seigle*. Auch hier hat also der erst im Übergang zum Romanischen erfolgte Ausfall des Mittelvokals A in SECALE dafür gesorgt, daß der dadurch entstandene Nexus *gl* nicht mehr das Schicksal des primären lat. -CL- bzw. -C'L- teilte. Erst in romanischer Zeit – das zeigen uns die Graphien der altfrankoprovenzalischen Belege eindeutig – wurde auch das afrpr. *segla* ähnlich wie unser Wort in den nichtfranzischen Dialekten Nordfrankreichs von einer erneuten, nunmehr einzelsprachlichen Palatalisierung erfaßt.

Auf noch fehlende Palatalisierung deuten die Graphien der frühesten Belege hin: *segla* zwischen 1138 und 1227 für das frankoprovenzalische Dauphiné (Lv), 1225 für Givors (arr. Lyon, dép. Rhône) auf Grund einer Abschrift von 1375 (Hafner 123); *segla* sowie *seigla* 1276 für Vienne (Devaux 75; Hafner 123); *segla* zwischen 1275 und 1300 für Mionnay (arr. Trévoux, dép. Ain; Hafner 123), 1290 für Chazelles-sur-Lyon im Forez (Philipon 23; Hafner 123), ca. 1290 für den zur Gemeinde Saint-Galmier gehörigen Weiler Le Vernay (arr. Montbrison, dép. Loire; Hafner 123), zwischen 1300 und 1325 für Miribel (ct. Montluel, arr. Trévoux, dép. Ain; ib. 123), ca. 1326 für Belleville (arr. Villefranche, dép. Rhône; CarcBelleville 25) und 1365 schließlich für den zu der Gemeinde Savigneux gehörigen Weiler Juis (ct. Saint-Trivier-sur-Moignans, arr. Trévoux, dép. Ain; Hafner 123).

Seit dem 14. Jahrhundert finden sich daneben aber auch schon Graphien, die eine fortschreitende Palatalisierung des Nexus *-gl-* eindeutig bezeugen, so etwa *segli* für 1341 aus dem Gebiet des Dép. Rhône (Gdf 1, 644 s. v. *bichete*), *seglia* zwischen 1385 und 1387 für Châtillon-en-Dombes (arr. Trévoux, dép. Ain; Hafner 123); *seilla* schon in einem Text von 1305, der in einer Kopie aus der ersten Hälfte des 14. Jahrhunderts vorliegt, für Pouilly-le-Monial (ct. Anse, arr. Villefranche, dép. Rhône; ib. 123) sowie *seillia* zwischen 1399 und 1401 für Châtillon-en-Dombes (ib. 123).

Demnach ist also die Palatalisierung von *-gl-* auf Grund unserer Belege seit dem 14. Jahrhundert bezeugt; tatsächlich dürfte sie jedoch um einiges älter sein.

Bereits weiter oben wurde darauf hingewiesen, daß die Palatalisierung des Nexus *-gl-* in unserm Wort nichts mit der gemeinromanischen des lat. -CL- bzw. -GL- zu tun hat, sondern sich erst viel später in einem zweiten, einzelsprachlichen Palatalisierungsschub vollzogen hat. Darauf soll noch einmal aufmerksam gemacht werden, weil L. Haeberli annimmt, daß von der frankoprovenzalischen Palatalisierung nur noch *kl* und *gl* im Anlaut und nach Konsonant neben den übrigen Verbindungen für Konsonant + *l (bl, pl, fl)* erfaßt wurde (Haeberli 41).

Unter den altfrankoprovenzalischen Belegen ist weiterhin ein *seila (seyla)* bemerkenswert, das im 15. Jahrhundert verschiedentlich für Fribourg (Schweiz) bezeugt ist (Girardin 222; Hafner 124). Hier liegt offenbar bloße Lösung des Verschlusses vor, wie sie uns als Alternativentwicklung zur Palatalisierung des *-gl-* von französischen Dialekten her bereits bekannt ist.

Schließlich müssen wir uns noch mit dem Schicksal unseres Wortes in den neufrankoprovenzalischen Mundarten befassen. Hier gilt es vor allem die weiteren Etappen des Palatalisierungsprozesses von *gl* zu verfolgen. Die Stufe *ł*, die auf Grund unserer Belege zumindest in einigen Teilen des frankoprovenzalischen Sprachgebietes spätestens im 14. Jahrhundert erreicht worden war, hat sich mancherorts in den heutigen Mundarten gehalten, so vereinzelt in der Westschweiz (*sęła* ALF 1211 p 937, 976, *sáẹła* p 50) und im Dép. Haute-Savoie (*sęła* ALF 1211 p 956, Bonne *seilla*, Saint-Paul *sáilia*); verbreiteter ist diese Entwicklungsstufe im Dép. Ain (*sẹła* ALF 1211 p 915, 924 sowie für Versailleux, *sęła* ALF 1211 p 913, ALLy 44 p 9 sowie für Reyssouze, *šāło* für Sermoyer, *šǫłǫ* ALF 1211 p 917, für den gleichen Ort verzeichnet ALLy 44 p 8 *šała*) sowie im anschließenden Teil des Dép. Jura (*sœ̣łə* ALF 1211 p 918, *sẹłu* p 927). Palatalisiertes *ł* ist in einiger Verbreitung auch in den Dép. Rhône und Loire anzutreffen (Létra *selya*, *sẹła* ALF 1211 p 914, *səła* ALLy 44 p 38, Saint-Genis-les-Ollières *silya*; Poncins *səła*). Von der Stufe *ł* sind einige Dialekte unter Aufgabe des liquiden Elementes bis *y* vorgestoßen, so gelegentlich in der Westschweiz *šeiya*[105] bzw. *sẹya* für das Val de Bagnes sowie *šęya* für Nendaz (ALF 1211 p 978; vgl. Schüle 1, 258), im Dép. Ain *sęya* für Reyssouze, weiter verbreitet jedoch in den Dép. Rhône und Loire (*sẹya* ALF 1211 p 911, *sẹyi* p 808; vgl. dazu weiterhin die Formen im ALLy 44), von wo dieser Typus in die benachbarten occitanischen Mundarten eingedrungen ist.

Neben dieser Entwicklung findet sich eine andere Palatalisierung, die zunächst nur das liquide Element erfaßt hat, dann aber auch den Verschlußlaut *g* beeinflußte: *gl* > *gł* > *gy* > *dy*. Diese Entwicklung begegnet für unser Wort ausschließlich im Mittelabschnitt des Frankoprovenzalischen, also in den Dép. Ain und Isère, soweit dieses letztere zum frankoprovenzalischen Sprachraum gehört. Hier sind zu nennen *sęgła* für Jujurieux, Ruffieu sowie p 926 im Dép. Ain und im Dép. Isère *sœ̨gła* für p 829 sowie *səgła* laut ALLy 44 für p 52 und bereits jenseits der Rhône für p 53. Die Stufe *gy* ist dagegen nur auf das Dép. Isère (vgl. *sęgya*, *səgya*, *sigya*[106], *šigya* im DTFr, ALTFr 349 und ALLy 44) sowie den nördlichen frankoprovenzalischen Zipfel des Dép. Drôme

[105] Diese Form wird von Cornu 408 nicht zutreffend interpretiert, wenn er sie unter direkter Herleitung von SECALE mit SPICA > *epyá*, URTICA > *urtyá* zusammengestellt und schreibt: „entre deux voyelles elle (la gutturale) devient *y*, qui peut disparaître dans certains cas en se combinant avec la consonne antérieure(!)“. Vielmehr ist bei der Erklärung dieser Form wie aller anderen von einem afrpr. *segla* (mit anschließender Palatisierung des Nexus *-gl-*) auszugehen.

[106] Der Tonvokal *i* erklärt sich natürlich nicht, wie Devaux 172 will, aus dem *i* des lat. *sicala*, sondern – hier wie da – aus dem Übergang des extrem geschlossenen *ẹ* zu *i*.

(*sẹgya* ALF 1211 p 920) beschränkt. Schließlich ist noch auf die Entwicklung *gy* > *dy* hinzuweisen, bei der das medio-palatale *g* unter dem Einfluß des präpalatalen Reibelautes *y* zum homorganen Verschlußlaut *d* wird. Hier sind im einzelnen zu nennen: Vaux-en-Bugey *sĕdya* und in den Terres Froides, wo diese Entwicklung weiter verbreitet ist, *sədya* sowie nach ALF 1211 *sẹdya* (p 921) und *sīdya* (p 931).

Von *ł* bzw. *y* ist für eine andere Entwicklung auszugehen, die über Vorverlegung der Enge (δ) in einem Verschluß *(d)* endet. Ihre Verbreitung beschränkt sich im allgemeinen auf das Wallis und die Waadtländer Alpen. Von hier stammt auch der folgende Beleg: *šẹdo* m. für Rougemont[107], wo auch sonst *d* für mouilliertes *ł* vorkommt (*medōr* < MELIORE, *fodə* < FOLIA)[108]. Weiterhin muß hier die Form *šẹ̄ta* für Charmey (gruy.) genannt werden, die auffällige Verhärtung des intervokalischen Verschlußlautes *d* > *t* zeigt.

Außer den verschiedenartigen Palatalisierungen begegnet im Frankoprovenzalischen noch eine andere Entwicklungsmöglichkeit für den Nexus *-gl-*, die uns bereits von den französischen Dialekten her vertraut ist, nämlich die Spirantisierung des *g* > *y* vor *l* und dessen Aufgehen in den vorangehenden Diphthong[109]. Diese Entwicklung kommt bei unserm Wort in beträchtlicher Verbreitung in der Westschweiz vor. Die wesentlichsten Formentypen sind hier *sẹyla, sẹ̄la, šīla* (im Wallis)[110], *sáela (sayla), sala*. Vereinzelt steht Dompierre *sǻola* mit Velarisierung bzw. Rundung des Gipfelabglitts da. Weiterhin findet sich der nichtpalatale Typus im Valdostanischen sowie in den übrigen frankoprovenzalischen Alpenmundarten *(seyla)*. Sehr verbreitet sind die Formen *sêila, sêla, sâila, sâla* auch im Savoyischen. Vereinzelt begegnet die Verschlußlösung schließlich noch im Dép. Ain, so *sèla* für Gex. Sie fehlt dagegen ganz im Westabschnitt des Frankoprovenzalischen, also im Lyonnais.

Der Prozeß der Spirantisierung von *g* vor *l* scheint sich zumindest in der Westschweiz schon relativ früh vollzogen zu haben; darauf deuten jedenfalls die schon weiter oben erwähnten altfreiburgischen Belege für *seila* bzw. *seyla* aus dem 15. Jahrhundert hin. Gleichfalls spricht für frühe Verschlußlösung bei unserm Wort ein *šiwa* für Savièse, das dort die Entwicklung des lat. L > *w* mitgemacht hat. Da am gleichen Orte eine Entpalatalisierung des *ł* > *l* (vgl. FOLIA > *folẹ*) eintritt, ergibt sich, daß

[107] Usteri 116 zweifelt zu Unrecht die Authentizität dieser Form an. Ihr maskulines Genus ist durch Einfluß von ebenfalls für Rougemont belegtem schriftsprachlichem *sẹglə* zu erklären.

[108] Vgl. Haeberli 15.

[109] Haeberli 36/7 nimmt stattdessen eine Entpalatalisierung auf der Stufe *ł* > *l* an, was jedoch – wie sich noch zeigen wird – zu Unrecht geschieht.

[110] Gerster 138 spricht bei der Entwicklung von *SECALA > *šīla* von Ausfall des K. Auch hier ist natürlich von afrpr. *segla* auszugehen.

beim Formentypus *séila* tatsächlich Spirantisierung des *g* vorliegt, und nicht Entpalatalisierung von *ł* > *l*, wie L. Haeberli will (Haeberli 36/7).

Da nicht in jedem einzelnen Falle auf die Entwicklung des Tonvokals hingewiesen werden konnte, soll sich hier eine allgemeine Erörterung des Schicksals des lat. Ē im Frankoprovenzalischen, soweit es unser Wort berührt, anschließen. Bekanntlich hat auch im Frankoprovenzalischen, und zwar wohl noch in vorliterarischer Zeit, eine Diphthongierung des Ē > *ei* stattgefunden, die sich zudem in enger Verbindung mit der gleichgearteten Vokalbrechung im Französischen vollzogen haben muß. Wenn nun die frühen Belege für unser Wort vielfach den Tonvokal mit einfachem *e* wiedergeben, so spricht das nicht gegen die Annahme einer schon vorliterarischen Diphthongierung von Ē > *ei*. Nach H. Hafner erklärt sich nämlich die Nichtschreibung des Diphthongs *ei* vor Konsonant durch folgende Gründe: entweder war der zweite Bestandteil des Diphthongs in dieser Stellung weniger ausgeprägt entwickelt, was sich durchaus versteht, da es sich um einen fallenden Diphthong handelt, oder dieser neigte unter den genannten Umständen schon früh wieder zur Monophthongierung (Hafner 32). Wann auch immer diese Monophthongierung eingetreten sein mag, feststeht jedenfalls, daß die Entwicklung *ei* > *ẹ* bzw. *ę* in den neufrankoprovenzalischen Mundarten weitverbreitet ist. Andererseits erfuhr der Diphthong *éi* auch weitere Differenzierungen, und zwar in größerem Umfange (vor allem Westschweiz, Haute-Savoie, Savoie) eine Öffnung des Gipfelvokals *éi* > *ái*. Innerhalb dieses fallenden Diphthongs hat gelegentlich eine teilweise Assimilation des zweiten Elementes an das erste stattgefunden *ái* > *áe* (vgl. u. a. ALF 1211 p 50, 62, 70, 959). Aus dieser Aufwertung des zweiten Bestandteiles des Diphthongs resultierte hier und da eine Akzentverlagerung *áe* > *aé* (vgl. u. a. ALF 1211 p 933, 953, 958). An anderer Stelle wurde dagegen die Assimilation bis zur Monophthongierung fortgeführt *áe* > *a* (vgl. u. a. ALF 1211 p 60, 61, 936, 954), wobei dieses *a* bei stark velar gefärbter Aussprache zu *ǫ* (vgl. u. a. ALF 1211 p 917) werden konnte.

Schließlich soll noch auf Lehnformen aufmerksam gemacht werden, die sich in den frankoprovenzalischen Mundarten in großer Zahl finden. Wie nicht anders zu erwarten, stehen schriftsprachliche Einflüsse an erster Stelle. Beachtlich ist jedoch auch das Vordringen französischer Dialektformen im nördlichen Grenzgebiet.

Eindeutig sind in dieser Hinsicht Fälle wie *sẹgl* m. (ALF 1211 p 939), *sẹglə* (p 969) in der Westschweiz, auch wenn hin und wieder auf die schriftsprachliche Form das Genus der untergegangenen bzw. geistig gegenwärtigen Dialektbezeichnung übertragen wurde[111]. Nicht selten

---

[111] In diesem Zusammenhang ist auch der aus Saint-Rambert-en-Bugey stammende Dichter Claude Mermet (ca. 1550 bis ca. 1605) zu erwähnen,

wurde auch versucht, das fr. *seigle* in den betreffenden frankoprovenzalischen Dialekt einzupassen, was dann *segla* oder ähnliches ergab. Völlig auszuschließen ist aber nicht, daß es sich bei *segla* gelegentlich doch um eine autochthone Form handelt. Ihr läge dann ein *séyla* zugrunde, dessen *y* vor folgendem Konsonant über γ zu *g* verhärtet ist. Diese Erklärung erweist sich als richtig für Evolène *šẹgla* (ALF 1211 p 988), da aus anderer Quelle (Zimmerli 3 Tafel 11) für den gleichen Ort ein *šęyla* bezeugt ist. Sie wird dagegen nicht zutreffen für ähnliche Formen im Forez und Lyonnais, und zwar aus verschiedenen Gründen. Im Forez trägt nämlich der Roggen Bezeichnungen vom Typus *blé* (s. weiter unten), was sich aus der besonderen Bedeutung dieser Getreideart im Gebirge erklärt. Dort auftauchendes *səglá* (ALLy 44 p 48) bzw. (bereits im occitanischen Teil) *sẹglọ* (ALF 1211 p 816) ist demnach ohne jeden Zweifel eingepaßtes schriftsprachliches *seigle*. Die Formen *səgla* (ALF 1211 p 818; ALLy 44 p 49) sowie *sigla* (ALLy 44 p 50) im Dép. Rhône weisen sich dagegen als lehnwörtlich aus, weil hier durchweg Palatalisierung von *gl* mit dem Extremergebnis *y* eingetreten ist.

Dialektfranzösischer Einfluß ist in größerem Umfange im Beaujolais spürbar, wo die Bezeichnungen der benachbarten Bourgogne *(sęl, sęy)* übernommen wurden.

Für occitanisches Lehngut ist dagegen kein Hinweis zu finden. Auch ein *sę̆gẹ* im Nordwesten des Dép. Isère (ALF 1211 p 912) kann kaum als solches angesprochen werden. Schon die Lage des Ortes verrät, daß es sich hier um eine zufällig verschleppte Form handeln muß.

ζ. *Lat.* SECALE *im Occitanischen*

Zur Beseitigung der lateinischen Proparoxytona standen dem Altprovenzalischen wie den gallo-italienischen Mundarten drei Möglichkeiten zu Gebote, nämlich Synkopierung, Apokopierung und Akzentverlagerung. In welchem Maße diese Möglichkeiten bei der Behandlung des lat. SECALE genutzt worden sind, soll im folgenden untersucht werden.

Befassen wir uns zunächst mit der Akzentverlagerung! Daß dieses Verfahren im Zusammenhang mit unserm Wort im Occitanischen Anwendung gefunden hat, erscheint von vornherein unwahrscheinlich, wenn wir den Auslautvokal des lat. SECALE, wie es ausnahmslos von den occitanischen Mundarten vorausgesetzt wird, berücksichtigen. Die Frage nach möglicher Akzentverlagerung kann sich eigentlich nur bei den lateinischen Proparoxytona auf -A stellen, soweit sie in nichtsynkopierenden occitanischen Dialekten vorkommen, da solche mit anderen Ultimavokalen hier zwangsläufig apokopiert wurden.

---

der entsprechend seinem heimatlichen Sprachgebrauch fr. *seigle* als Femininum verwendet: „Amy, que vendez la bichete De ceste seigle? Est elle belle et nette?“ (Gdf 1, 644 s. v. *bichete*).

Auf Grund des eben Gesagten müßte also ein von Levy aufgeführtes apr. *segala*, wenn es kein Proparoxytonon mehr ist, mit Akzentverlagerung auf die Pänultima zu verstehen sein. Ob dem wirklich so ist, wollen wir an Hand des fraglichen Beleges selbst abklären. Dieser findet sich bei Gaucelm Faidit (ca. 1185–1220) in folgendem Zusammenhang:

Qe sei solatz son grans copas d'argen
E·ill sirventes s e g a l a s e formen
E sas cansons es vestir vert ab var.
A lui s'en an qi vol ben sojornar (Lv).

Die Form lautet also *segalas* und müßte nach Levys Interpretation ein Plural sein. Dann wäre aber zu erklären, welche Bedeutungsnuance der Autor mit dem Plural *segalas* neben dem Singular *formen* zum Ausdruck bringen wollte. Verstechnische Gründe können jedenfalls kaum zur Rechtfertigung dieses Plurals angeführt werden. Nun kann apr. *segalas* aber formal auch noch etwas anderes darstellen als den Plural eines *segala*, nämlich eine Ableitung auf -ACEU, die im Occitanischen tatsächlich in einiger Verbreitung vorkommt[112]. Und um diese handelt es sich auch im Beleg bei Gaucelm Faidit. Die ursprüngliche Bedeutung des apr. *segalas* ist zweifellos „aus Roggen, Roggen-" gewesen[113]. Belegt ist uns jedoch *segalas* im Occitanischen vor allem in substantivierter Form in der Bedeutung „Roggenfeld", wobei sich aber auch hier die ursprüngliche Bedeutung des Wortes unschwer erkennen läßt. Diese Bedeutung liegt auch im fraglichen Beleg bei Gaucelm Faidit vor.

In diesem Zusammenhang soll gleich noch auf einen vereinzelt vorkommenden occitanischen Formentypus *segal* aufmerksam gemacht werden, in dem der lateinische Pänultimavokal offenbar erhalten geblieben ist. Da bekanntlich auch A in der tonlosen Pänultima lateinischer Proparoxytona bei Apokope im Occitanischen zu *e* abgeschwächt wurde – so auch im weiter verbreiteten apr. *seguel* –, könnte man versucht sein, *segal* als Beweis für eine Akzentverlagerung auf die lateinische Pänultima zu nehmen. Wie sich jedoch weiter unten zeigen wird, handelt es sich hier um eine relativ junge Entwicklung, der die Form *seguel* zugrunde liegt.

---

[112] Für das Apr. finden sich u. a. Belege im CartAniane: *segualaz* 12. Jh. (S. 326), *segalaz* a. 1178 (S. 333) und a. 1178 (S. 339). Für npr. Belege s. FEW-Artikel SECALE. Vgl. noch die folgenden Ortsnamen: *Ségalas* (Hautes-Pyrénées, arr. Tarbes, ct. Rabastens), *Ségalas* (Lot-et-Garonne, arr. Marmande, ct. Lauzun) und als erneute Ableitung *La Ségalassière* (Cantal, arr. Aurillac, ct. St-Mamet). Auch im südlichen Teil des fr. Sprachgebietes findet sich gelegentlich diese Ablt., so z.B. als Ortsname *Seglas* belegt für 1336 (Gdf 5, 71 s.v. *maignan*); für nfr. Dialektbelege vgl. FEW-Artikel SECALE.

[113] Vgl. dazu *pan seglas* „pain bis" (eigentlich „pain de seigle") für Dax 1734.

Da also die Möglichkeit einer Akzentverlagerung bei SECALE im Übergang zum Altprovenzalischen ausscheidet, kommen nur Synkope und Apokope als Mittel zur Reduzierung unseres Wortes im Occitanischen in Frage.

Bevor wir uns eingehender mit den einzelnen Formentypen und ihren Weiterentwicklungen befassen, soll zur besseren Orientierung zunächst ein allgemeiner Überblick über die Verbreitung der beiden Behandlungsweisen bei den occitanischen Folgeformen des lat. SECALE gegeben werden. Dabei fällt sogleich ins Auge, daß das Gaskognische – im Gegensatz zum apokopierenden Languedokischen – in seiner Gesamtheit synkopierte Formen vom Typus *segle* zeigt. Synkope findet sich gleichfalls im Périgord, wodurch sich dieses vom östlich angrenzenden languedokischen Quercy absetzt. Auf gleiche Weise wird unser Wort im Limousin sowie in der Marche behandelt. In der Auvergne kommen beide Entwicklungen vor; die Basse-Auvergne bevorzugt dabei die Synkope, die Haute-Auvergne zeigt dagegen Apokope. Damit zieht sich also in stetem Kontakt mit dem (synkopierenden) französischen Sprachgebiet ein breiter Gürtel synkopierter Formen von der Gaskogne nördlich um das Massif Central bis an die Grenzen des Frankoprovenzalischen.

Südlich der eben beschriebenen Zone mit Synkope begegnen im weiten Raum, der sich zwischen Garonne und Rhône bis hinab ans Meer erstreckt, fast nur apokopierte Formen. Kein Zweifel kann daran bestehen, daß hier die Reduzierung des lat. SECALE durch Apokope die autochthone Behandlungsweise darstellt. Gelegentlich auftretende synkopierte Formen erklären sich durch Entlehnung aus benachbarten synkopierenden Dialekten oder neuerdings aus dem Schriftfranzösischen.

Auch in den Mundarten der Provence sowie ihres Hinterlandes überwiegt die Apokope. Nur das Rhodanesische zeigt hier durchweg Formen mit Verlust der Pänultimasilbe. Diese Erscheinung verdient unsere Beachtung, findet sich dieses synkopierende Gebiet doch zwischen zwei eindeutig apokopierenden Zonen. Auch sonst fehlt die Synkope nicht bei lat. SECALE im Land zu beiden Seiten der Rhône; so reicht sie über die Rhône ins Languedokische hinein und ist hier vor allem stark im Vivarais ausgeprägt. Im provenzalischen Dauphiné, das sich zwischen Synkope im Frankoprovenzalischen einerseits und Apokope in der Provence andererseits befindet, begegnen – wie nicht anders zu erwarten – beide Behandlungsweisen, wobei unterstützt vom frankoprovenzalischen Dauphiné die Synkope im Vordergrund steht. Daß die occitanischen Mundarten entlang der Rhône in unserm Falle Synkope aufweisen, sich also wie das Frankoprovenzalische und das Französische verhalten, wird nicht weiter überraschen, wenn wir uns vor Augen halten, daß das Rhône-Tal von jeher ein wichtiges Einzugsgebiet nordfranzösischen Einflusses war.

Dies ist in kurzen Zügen das Bild, wie es die occitanischen Mundarten hinsichtlich der Verteilung von Synkope und Apokope bei der Behandlung des lat. SECALE vermitteln. Bewußt wurde darauf verzichtet, die diesbezüglichen Verhältnisse im Altprovenzalischen und Neuprovenzalischen getrennt darzustellen. Ihr Vergleich hätte nämlich ergeben, daß im Laufe der Jahrhunderte keine nennenswerten Verschiebungen zugunsten bzw. zuungunsten der einen oder anderen Behandlungsweise eingetreten sind. Inwieweit hiervon das Rhône-Tal eine Ausnahme macht, wird noch weiter unten an Hand der Belege untersucht werden.

Im folgenden wollen wir uns nun unter Zugrundelegung des alt- und neuprovenzalischen Belegmaterials eingehender mit den einzelnen Formen sowie ihrer Herausbildung befassen.

1. Die synkopierten Formen

Wie wir bereits weiter oben feststellten, kommt der Typus *segle* in der Gaskogne, im Périgord, im Limousin, in der Marche und in der Basse-Auvergne vor. Hierzu nun die folgenden Belege und Einzelbemerkungen:

Gaskogne: bearn. (Abtei Saint-Jean-de-Sorde) *segle* für 1135/36 (Lespy R 265); Lavedan *segle* s. a. (wohl 13. oder 14. Jh., Lv); Bayonne *segle* für 1296 (Kopie von 1336, Lv) sowie verschiedentlich für das 16. Jh.[114]; Bordeaux bzw. das Gebiet des Dép. Gironde: verschiedene Belege für *segle* aus dem 14. und 15. Jh.[115], weiterhin *secgle* für 1477[116] und *setgle* für 1493[117].

An Hand des ALG 278 und des ALF 1211 läßt sich die Feststellung machen, daß in den Dép. Ariège und Haute-Garonne noch heute die Sprachgrenze zwischen dem Gaskognischen und dem Languedokischen zugleich eine Grenze hinsichtlich der Behandlung des lat. SECALE darstellt; während nämlich im gaskognischen Teil beider Départements unser Wort wie im übrigen gaskognischen Sprachgebiet durch Synkope zu einem Paroxytonon reduziert wird, erscheint es im languedokischen Teil durchweg in der Gestalt apokopierter Formen (*seguel* usw.). Dem ist hinzuzufügen, daß auch nördlich von diesem Abschnitt die languedokisch-gaskognische Sprachgrenze ursprünglich ebenfalls eine Scheidelinie zwischen Apokopierung und Synkopierung in der Behandlung des lat. SECALE dargestellt hat, auch wenn heute hier und da Einbrüche der gaskognischen Behandlungsweise in das languedokische Dialektgebiet festzustellen sind.

---

[114] Archives municipales de Bayonne. Délibérations du corps de ville. Registres gascons 1, 385 für 1504; ib. 1, 443 für 1509. Diese und die im folgenden mit B. gekennzeichneten Belege wurden mir freundlicherweise von Herrn Prof. Dr. K. Baldinger, Heidelberg, zur Verfügung gestellt.

[115] Archives historiques de la Gironde 23, 14 für 1313 (B.); ib. 3, 181 für 1406 (B.); ib. 31, 134 für 1438 (B.); ib. 49, 341 15. Jh. (B.); 1421, Lv.

[116] Archives historiques de la Gironde 8, 548 (B.).

[117] Archives historiques de la Gironde 34, 380 (B.).

Auf die Wiedergabe selbst eines Teils der heutigen gaskognischen Dialektformen kann im übrigen verzichtet werden, da sich von geringen lautlichen Varianten abgesehen überall die Form *segle* wieder findet. Das Genus der alt- bzw. neugaskognischen Belege für *segle* ist durchweg maskulin. Feminines Genus erscheint gelegentlich in Randlagen und geht auf den Einfluß benachbarter Dialekte zurück, so u. a. Ariège *sękklę* f. (ALF 1211 p 790), *sęgglę* f. (ALG 278 p 790SE, 791N, 791O), HGar. *sęglę* f. (ALF 1211 p 781) vom Languedokischen und Gir. *sęglę* f. (ALF 1211 p 548), *šęglę* f. (ALF 1211 p 549) von der Mundart der Saintonge her.

Zur französischen Mundart der Saintonge gehören bereits Gir. *sęł* f. (ALF 1211 p 630, 632), *sęł* f. (ALF 1211 p 635).

G. Rohlfs spricht davon, daß Apokope das für das Gaskognische typische Verfahren zur Reduzierung der lateinischen Proparoxytona gewesen sei (RohlfsGasc 108). Daraus den Schluß ziehen zu wollen, gask. *segle* sei nicht autochthon, würde aber zweifellos zu weit gehen, da es auch sonst nicht an synkopierten Entwicklungen im Gaskognischen fehlt.

Périgord: *segle* von ca. 1185 für die Gegend von Nontron (Brunel 217/8); *setgle* für Sarlat zwischen 1321 und 1335 (DocSarlat 424) sowie für Le Bugue s. a. (Rn); *seggle* für Sarlat zwischen 1369 und 1376 (DocSarlat 430; Lv). Als Wanderform aus dem Quercy ist wohl vereinzeltes *seguel* in einem Censier aus Sarlat (1342–1357; DocSarlat 428, Lv) zu werten.

In den heutigen Mundarten unterliegt der Nexus *-gl-* wie in den benachbarten französischen Dialekten einer fortschreitenden Palatalisierung, so Dord. *šęgłę* (ALF 1211 p 614, 615, 616, 624, 634), *sęłę* (p 611) und *sęłę* (p 612). Im Gegensatz zum Gaskognischen sind die Formen des Périgord durchweg von femininem Genus (unsicher bei den alten Belegen).

Limousin und Marche: Für das Bas-Limousin kommt apr. *segle* u. a. zwischen 1097 und 1107 in einer mittellateinischen Urkunde („et exeunt de supradicto prato sex sextariis de segle et duo de avena", Cart Beaulieu 172) sowie zwischen 1097 und 1108 gleichfalls in lateinischem Kontext („octo denarios et duos sexters de avena, unum sestarium de segle et duas gallinas", ib. 176)[118] im Urkundenbuch der Abtei von Beaulieu vor. Gelegentlich begegnet dieselbe Form auch im Kartular der Abtei von Vigeois, und zwar für das 12. Jh.[119]. Weitaus häufiger sind jedoch in diesem Urkundenbuch neben lateinischen Formen (*segile*[120], *sigile*[121]) Abkürzungen wie *sigl.*, *segl.*[122], die zweifellos unter Anlehnung an die volkssprachliche Bezeichnung verwendet werden.

---

[118] Vgl. auch „unum modium de seglo" (11. Jh. oder früher, CartBeaulieu 148), wo *seglum* auf apr. *segle* hinweist.

[119] CartVigeois 1106/37 (S. 82), 1124/64 (S. 188).

[120] ib. 1073/86 (S. 7).

[121] ib. 1082/91 (S. 12).

[122] ib. 1082/91 (S. 44 passim).

Für das Haut-Limousin läßt sich eine Anzahl von altprovenzalischen Belegen (in lateinischem Kontext) speziell für Limoges beibringen, so aus dem Premier cartulaire de l'aumônerie de Saint-Martial vom Ende des 11. Jhs. „X sextarios de secle" (DocMarcheL 2, 15) und „dimidium modium de segle" (ib. 2, 15) und aus dem Second cartulaire de l'aumônerie de Saint-Martial (11./12. Jh.) verschiedentlich *segle* (DocMarcheL 2, 21 passim). Aus altprovenzalischen Urkunden, die sich ebenfalls auf Limoges beziehen, stammen folgende Belege: für ca. 1120 „e Arnauz l'almosners dononet (!) l'en II solz de diners e duos sesters de segle" (BrunelS 3), für 1207 „e en tot lo guaanatge que hom faria de la maijo ab I sester de segle que (i) retenc redent en aquesta diesma" (DocMarcheL 1, 157) und für 1256 „e en totas sas apertenensas XLV sestiers de froment et XV sestiers de setgle" (ib. 1, 177). Weitere altprovenzalische Belege aus dem Limousin finden sich bei Levy für 1208 *(segle)* und für 1486 speziell aus dem Cartulaire du consulat de Limoges *(setgle)*.

In den modernen Mundarten zeigt das Bas-Limousin Bewahrung des Nexus *-gl-*, das Haut-Limousin sowie die Marche dagegen unter dialektfranzösischem Einfluß (Poitou, Berry) dessen Palatalisierung, so hlim. *seglie*, *seglio* (Mistral) und *sę̄gʎę* (ALF 1211 p 607), *sę̄ʎę* (p 606), *sęʎə* (p 604, 608), Creuse *süʎə* (p 704). Die Formen Creuse *sęʎ* (ALF 1211 p 702), *sę̄y* (p 504) und HVienne *sęʎ* (p 506) sind nicht occitanisch, sondern aus den benachbarten Mundarten des Berry bzw. Poitou entlehnt. Zum Genus der hier genannten Formen ist zu sagen, daß sie überwiegend feminin im Limousin, dagegen ausschließlich maskulin in der Marche sind. Die von Mistral als limousinisch bezeichneten Formen *sial*, *siau* dürften falsch lokalisiert sein, da das Limousin nur Synkope in der Behandlung unseres Wortes kennt. Im übrigen läßt sich auch in anderen Quellen keine Bestätigung für die genannten Formen finden.

Auvergne: Vereinzelte altprovenzalische Belege zeigen, daß auch hier *segle* gebräuchlich war, und zwar wohl vor allem in der Basse-Auvergne; so ist für Herment an der Grenze zur Marche ein *secgle* für 1399[123] belegt. Bei einem *segle* aus dem 12. Jh. (Lv) für die Priorei Notre-Dame-du-Pont in der Haute-Auvergne ist nicht eindeutig festzustellen, ob es sich um eine autochthone Form handelt. An gleicher Stelle kommt nämlich auch *seguel* vor (Lv), eine Form, die auch sonst im Altprovenzalischen für die Haute-Auvergne gesichert ist[124].

Die heutigen Mundarten der Auvergne zeigen im Vergleich dazu folgendes Bild: Die apokopierten Formen sind auch hier auf die Haute-Auvergne beschränkt und finden sich zudem nur noch in Grenzlagen zu umliegenden apokopierenden Dialektgruppen, so Ytrac *sigo* und Maurs

---

[123] Annales du Midi 14, 75.

[124] So etwa für Sainte-Eulalie nach 1219; daneben noch weiterhin *segel*, *segil*, *sigil* (vgl. Lv).

śẹǫl (ALMC 963 p 44) im Südwesten der Haute-Auvergne unter Anlehnung an das Rouergue sowie Landeyrat *sẹdza* (ALMC 1125 p 13 nur noch in *po de sẹdza*) im Nordosten der Haute-Auvergne unter Anlehnung an das Gévaudan[125].

Beachtung verdient jedoch vor allem die Gruppe der synkopierenden Mundarten, die mit Ausnahme einiger westlicher Gebietsteile in der Basse-Auvergne (u. a. Lastic *sił*) nicht ein altauv. *segle*, sondern ein *segla* fortsetzen und dementsprechend auch feminines Genus haben. Im einzelnen sind hier zu nennen: in der Basse-Auvergne *sẹ̄łǫ* (ALF 1211 p 705), *sẹ̄łə* (p 703), *sœ̄łǫ* (p 809), Vinz. *səłyȧ*, Picherande *sẽłǫ̆* (Herzig 133), *sẹ̄yǫ* (ALF 1211 p 806), *siyǫ* (p 804, 805), *sīya* (p 807); in der Haute-Auvergne *sīyǫ* (ALF 1211 p 717 nur in *pǫ̆ dẹ̆ sīyǫ*), *sẹyo* (ALMC 963 p 41), *śẹyo* (ALMC 963 p 42; ALMC 1125 p 40 nur in *po de śẹyo*). Altauvergnatische Belege für die Basis *(segla)* dieser Formen sind uns zur Zeit nicht bekannt. Unabhängig davon läßt sich jedoch jetzt schon sagen, daß hier in irgendeiner Form Einfluß vom östlich angrenzenden frankoprovenzalischen Sprachgebiet vorliegen muß, dessen Formen bekanntlich auf einen Prototypus *segla* zurückgehen. Die Übernahme durch das Auvergnatische kann durchaus noch auf der Stufe *segla* – also noch vor der Palatalisierung im Frankoprovenzalischen (seit dem 14. Jh. belegt) – erfolgt sein, da die Palatalisierung des Nexus *-gl-* auch im Auvergnatischen eintritt, wo sie seit der Mitte des 17. Jhs. durch Graphien eindeutig bezeugt ist (Ronjat 2, 36).

Ein auv. *selho* in der Bedeutung „Gerste", wie es Mistral verzeichnet, ist zweifelhaft und wird auch von direkten Quellen nicht bestätigt.

Wie wir bereits eingangs in unserer kurzen Übersicht festgestellt hatten, kennt abgesehen von der breiten Zone, die in einem konvexen Bogen von den Pyrenäen bis ins Massif Central reicht, noch das occitanische Rhône-Tal die Synkope in der Behandlung des lat. SECALE. Da auch hier vorwiegend ein Typus *segla* verwendet wird, werden wir wiederum mit frankoprovenzalischem Einfluß zu rechnen haben.

Schon für das Jahr 1282 läßt sich hier ein *segla* aus dem Vivarais bzw. aus der Gegend von Valence anführen (Lv), sodann ein *seglo* in einem Extrait d'un partage de biens fait à Piolenc (Vaucluse, arr. Avignon, ct. Orange) für 1549: „item de bon blat huict somados; de seglo, une somado; sivado, une somado; d'ordi, une emine" (DocAvignon 2, 271) mit frühen Belegen für den Wandel von *-a* > *-o* im Rhône-Tal. Weiterhin muß in diesem Zusammenhang ein *segles* genannt werden, das in einem Pachtvertrag von 1464 aus dem Comtat Venaissin vorkommt: „la dita

[125] Nicht näher lokalisieren läßt sich innerhalb des Dép. Cantal ein *segal* bei P. Malvezin: Glossaire de la langue d'oc S. 258. Wenn diese Form überhaupt hauv. ist, so kann sie nur aus dem südwestlichen Teil stammen, der bereits jenseits der Palatalisierungsgrenze von *k, g* vor *a* liegt.

madama haura et pendra en la yera la quarta part, . . ., de totz los blatz que provendrian de la dicha facharia, soes annonas, sivadas, segles, orges, peses, favas et de totz autres blatz . . ." (DocAvignon 2, 204). *Segles* steht hier für *seglas*, was Beachtung verdient, da das Comtat Venaissin die Abschwächung von *-as* > *-es* heute nicht kennt (Ronjat 1, 207/12 u. 3, 19); vielleicht deutet *segles* mit *-es* statt *-as* aber auch auf palatalisiertes *-gl-* hin. Daneben ist auf die Form *selhe* aufmerksam zu machen, die sich in einem Schriftstück von 1472 (Impôt du trentain de la ville d'Orange vendu à Antoine de Bardis, marchand d'Avignon) findet: „. . . lo trenten general de vin, de blat, selhe, ordi, civada, faves, pezes, cezes, lantilles, . . ." (DocAvignon 2, 216). Man könnte versucht sein, in der Form *selhe* im Gegensatz zu apr. *segle* eine erbwörtliche Entwicklung des lat. SECALE im Occitanischen zu sehen. Eine solche Interpretation ist jedoch nicht gerechtfertigt. Auch dieser Form liegt vielmehr ein *segla* zugrunde, dessen Nexus *-gl-* sekundär palatalisiert worden ist.

Über die Verbreitung des Typus *segla* in den heutigen Mundarten des Rhône-Tals sowie der angrenzenden Gebiete verschaffen die folgenden Belege Aufschluß: BRhône *sẹglọ* (ALF 1211 p 871); Vaucluse *sẹ̆glọ* (p 853), *sẹ̆glo* (p 864)[126], *sẹglǻ* (p 865); Gard *sẹglọ* (p 852, 862, 863); bdauph. *seglo*, Drôme *sẹglọ* (p 836); Ardèche *sẹglọ* (p 824, 833), Saint-Laurent-les-Bains *sẹglọ*[126] (ALLo 172). Im nördlichen Teil des Vivarais sowie im occitanischen Dauphiné (speziell bdauph. mdauph.) unterliegt die Konsonantengruppe *gl* außerdem gelegentlich der Palatalisierung, so Ardèche *sẹło* (p 826, 827), bdauph. *seglio* (mit Übertragung des *gł* auf fr. *seigle*: *seglie* m.), *seghio*, Drôme *sẹłọ* (p 837, 838). Nach neueren Erhebungen ist die Palatalisierung zumindest im Nordvivarais von *ł* > *y* fortgeschritten: Ardèche *sẹyo* (ALLy 44 p 73, 75 = ALF p 827); so auch schon für Gilhoc.

Daneben läßt sich schriftsprachlicher Einfluß in den modernen Mundarten beobachten, so etwa BRhône *sẹ̆glẹ* m. (ALF 1211 p 873, 883), *sẹ̆glẹ* m. (p 872), Gard *sẹ̆glẹ* (p 861).

Auch wenn synkopierte frankoprovenzalische Formen bereits in altprovenzalischer Zeit im Rhône-Tal anzutreffen sind, darf nicht außer acht gelassen werden, daß dieses Gebiet möglicherweise ursprünglich wie die angrenzenden languedokischen und provenzalischen Mundarten Apokope in der Behandlung unseres Wortes gekannt hat. Ob die weiter unten aufgeführten apokopierten Formen aus dem Rhône-Tal in diesem Sinne zu verstehen sind – also als Relikte der ursprünglichen Behandlungsweise –, oder ob es sich dabei um eingeschleppte Formen handelt, mag dahingestellt bleiben.

Frankoprovenzalischer Einfluß in größerem Umfange liegt schließlich

---

[126] Als mask. angegeben, worin, sofern kein Irrtum vorliegt, schriftsprachlicher Einfluß zu sehen ist.

noch in zwei weiteren Gebieten mit Synkope vor. Einmal handelt es sich dabei um den occitanischen Teil des Dép. Isère sowie um die occitanischen Alpenmundarten des Dauphiné. Im einzelnen gehören hierher: Le Monestier-de-Clermont *sẹ̄łọ* (ALF 1211 p 849)[127], Gresse *səłǫ́* für das Dép. Isère; für das Dép. Hautes-Alpes (daupha.) *sẹ̄glǫ* (ALF 1211 p 868), *sẹ̄glọ* (p 980), *sẹ̄gla* (p 869, 879 sowie Lallé), *sẹ̄la* (p 971) mit Spirantisierung des *g* vor *l* und anschließender Assimilation des *y* an *e*.

Weiterhin sind frankoprovenzalische Formen im occitanischen Teil des Forez anzutreffen: Apinac *segla*, *səglȧ*[128] und *sẹ̄glǫ* (ALF 1211 p 816). Hier können auch einzelne synkopierte Formen angeschlossen werden, die sich im Urkundenbuch von Chamalières-sur-Loire (Haute-Loire, arr. Le Puy, ct. Vorey) finden, so *segla* in einem vorwiegend altprovenzalischen Text aus dem 13./14. Jh.: „. . . XXIIII cartas de segla, I sexter de sivada, XV solidos Podiensium et II gallinas" (CartChamalières 169) und *sigla* verschiedentlich in mittellateinischen Texten, wobei dieses wie ein lateinisches Substantiv der ersten Deklination behandelt wird, so u. a. „. . . redit II sextarios annone, unum fromenti et alterum sigle" (ib. 155; vgl. noch S. 158 u. 160).

Aus dem Vorangehenden ergibt sich, daß das frpr. *segla* schon in altprovenzalischer Zeit seinen Geltungsbereich nach Süden hin erweitert hat. Da die Verbreitung des frpr. *segla* im Occitanischen die sonst üblichen Ausmaße einer Entlehnung durch Nachbardialekte beträchtlich überschreitet, ist damit zu rechnen, daß diese Gegebenheiten im Sachkundlichen ihren Ursprung haben. So dürfte das Gebiet des Frankoprovenzalischen zumindest zeitweilig die Rolle eines Roggenlieferanten für die südlich anschließenden Regionen – vor allem für die Auvergne und das Rhône-Becken – gespielt haben. Ähnlich wie das it. *segale* und seine spezielle Herkunft geben also die hier vorliegenden Verhältnisse erneut zu erkennen, daß, wenn in der Romania im Zusammenhang mit dem Roggen eine Bewegung von Sache und Wort erfolgt, diese durchweg in der Richtung Nord-Süd stattfindet und nicht umgekehrt.

Hatten wir es zuletzt ausschließlich mit Lehnformen zu tun, so bleibt doch noch ein Wort zur Herleitung des autochthonen *segle* in den west- bzw. nordwestoccitanischen Mundarten zu sagen. Da die Erklärung dieser Form mutatis mutandis die gleichen Probleme aufwirft wie die des fr. *seigle*, beschränken wir uns hier darauf, das im Zusammenhang mit fr. *seigle* Gesagte zu resümieren, und verweisen im übrigen auf die dort gemachten Ausführungen.

Danach erklärt sich die besondere Entwicklung des occitan. *segle* im

---

[127] Zur Palatalisierung von *gl*, *kl* in Le Monestier-de-Clermont vgl. noch Ronjat 2, 35.

[128] Beide Formen werden wohl unter französischem Einfluß mit maskulinem Genus verwendet.

Vergleich zu Fällen wie *fenolh* < FENUC(U)LU, *vermelh* < VERMIC(U)LU aus der Tatsache, daß im Vulgärlateinischen das A (zwischen K + L) in SECALE fest war, das U in den nur scheinbaren Parallelfällen dagegen nicht. Die grundverschiedenen Ausgangspositionen – SECALE einerseits, der Typus FENUCLU andererseits – hatten zur Folge, daß im Übergang zum Romanischen zu einer Zeit, als die Palatalisierung des -CL- in FENUCLU usw. einsetzte, SECALE (oder besser: *segale*) erst seinen Pänultimavokal einbüßte. Als die Reduzierung von *segale* > *segle* abgeschlossen war, bestand andererseits für unser Wort keine Möglichkeit mehr, die Palatalisierung des vulgärlateinischen Nexus -CL-, -GL- mitzumachen. Aus der zeitlichen Diskrepanz, die bei der Synkopierung von SECALE im Vergleich zu FENUC(U)LU usw. vorliegt, resultiert also der spezielle Habitus unseres Wortes. Es versteht sich aber von selbst, daß die besonderen Entwicklungsbedingungen des occitan. *segle* in keiner Weise seine Erbwörtlichkeit in Frage stellen[129].

Palatalisierte Formen, wie sie gelegentlich im nördlichen Grenzgebiet des Occitanischen seit altprovenzalischer Zeit auftreten, sind dagegen sekundäre Entwicklungen des Typus *segle*; sie sind im übrigen im Zusammenhang zu sehen mit einer im Dialektfranzösischen und Frankoprovenzalischen weitverbreiteten Palatalisierungstendenz des Nexus Konsonant + *l* im allgemeinen und *gl* im speziellen.

2. Die apokopierten Formen

Wie wir bereits einleitend feststellten, reicht innerhalb des Occitanischen die Apokope in unserm Falle von der Grenze des Gaskognischen bis hin zum italienischen Sprachgebiet mit Unterbrechung im vorwiegend synkopierenden Rhône-Tal. Es sind also das Provenzalische und das Languedokische, denen sich die südlichen Mundarten des Massif Central zugesellen, die das lat. SECALE durch Aufgabe des Ultimavokals reduziert haben. Innerhalb dieser breiten apokopierenden Zone, die recht eigentlich das Kernland des Occitanischen darstellt, haben sich früh verschiedene Formentypen herausgebildet, die im folgenden untersucht werden sollen.

Die am weitesten verbreitete Form war in altprovenzalischer Zeit zweifellos *seguel*, das außer dem Verlust des Ultimavokals die zu erwartende Abschwächung des A > *e* in der lateinischen Pänultima zeigt. Neben *seguel* kommt im Altprovenzalischen noch die Form *segel* vor, welche in Gebieten, wo lat. K, G vor A erhalten bleibt, graphische Variante zu *seguel* ist, in nordoccitanischen Mundarten dagegen mit Palatalisierung des *g* zu verstehen ist. Bei der Graphie *segel* ist daher in jedem Falle zu untersuchen, ob *segel* oder *sedžel* gemeint ist, wobei uns die Herkunft

[129] Die Annahme, occitan. *segle* stelle eine mehr oder weniger gelehrte Entwicklung dar, wie sie u. a. von Wendel 8 u. 21 und Herford 55 vertreten wird, ist also entschieden abzulehnen.

der Belege sowie das gelegentliche Nebeneinander der Formen *seguel* und *segel* in ein und derselben Quelle behilflich sein werden. Aus praktischen Gründen erfolgt deshalb auch die Zusammenstellung der altprovenzalischen Belege nach geographischen Gesichtspunkten.

Provence und Comtat Venaissin: *seguel* 1389 für das Comtat in einem nicht näher zu lokalisierenden Règlement de comptes (DocAvignon 2, 99), 1432 für Orange bzw. Avignon (ib. 2, 140) sowie *segel* 1363 für das Comtat (ib. 3, 153)[130], wobei letztere Form wohl mit okklusivem *g* zu verstehen ist. Schließlich ist noch auf ein *seguelh* mit sekundärer Palatalisierung des auslautenden *-l* hinzuweisen; es findet sich in einem provenzalisch-lateinischen Vokabular aus dem 15. Jahrhundert (ib. 5, 140), das offenbar die damalige Mundart von Marseille widerspiegelt. Unser Wort wird hier mit mlat. *siligo* „Roggen" glossiert.

Vivarais: Ein einzelner Beleg für *segel* in einer Urkunde von 1177 (Brunel 147) für die Templiers von Jalès (ct. Les Vans, arr. Largentière); da Jalès wenigstens heute in der Nähe der Palatalisierungsgrenze liegt, ist unsicher, ob *segel* hier mit *-g-* oder *-dž-* zu lesen ist.

Velais: Vielfache Belege für die Form *segel* im Urkundenbuch von Chamalières-sur-Loire seit dem 12. Jahrhundert[131] neben vereinzeltem *segla (sigla)*[132]. Auch im Cartulaire des Templiers du Puy-en-Velay wird *segel* als alleinige Form in Belegen aus dem 13. Jahrhundert[133] verwendet. Zu beachten ist das feminine Genus, das aus einigen Belegen hervorgeht und wohl unter Einfluß des nahen Frankoprovenzalischen steht.

Wegen der Zugehörigkeit des Velais zur nordoccitanischen Palatalisierungszone werden wir *segel* hier in jedem Falle als *sedžel* zu interpretieren haben.

In der altprovenzalischen Übersetzung des Libellus de descriptione Hiberniae des Dominikaners Philipp von Cork, die von einem aus der Gegend um Le Puy stammenden anonymen Autor in der zweiten Hälfte des 14. Jahrhunderts verfaßt wurde, kommt dagegen die Form *seguel* (Lv) vor, die nicht autochthon ist.

Gévaudan: Ein einzelner Beleg für *seguel* aus den Jahren um 1185, der sich auf die Komturei Palhers (ct. Marvejols, arr. Mende) bezieht (Brunel 213). Palhers palatalisiert heute, liegt aber in unmittelbarer Nähe der Grenzlinie.

Bas-Languedoc: Hier ist auf ein *seguel* in einer zwischen 1098 und 1119 abgefaßten lateinischen Urkunde aus dem Urkundenbuch von Gellone

---

130 Der Beleg ist nicht zu kontrollieren bzw. näher zu lokalisieren, da er aus einer Wortsammlung stammt, die der Autor auf Grund von nichtveröffentlichten Dokumenten zusammengestellt hat.

131 CartChamalières 12. Jh. (S. 20), a. 1172 (S. 47), ca. 1174 (S. 48), 1179/1200 (?) (S. 70), Ende 12. Jh. (S. 76), weiterhin S. 148/64 passim.

132 Vgl. hier S. 94.

133 CartLePuy ca. 1213 (S. 187), ca. 1215 (S. 191), ca. 1217 (S. 195).

hinzuweisen: „. . ., cum tali censu, tres eminas de frumento, quatuor sextarios de seguel, duos de civada, . . .“ (CartGellone 336) sowie auf die gleiche Form im Rechnungsbuch der Konsuln von Aniane aus den Jahren 1373/74 (Zaun 70).

Roussillon (occitanischer Teil): Montalba *seguel* für 1344 und 1346 (RegMontalba 1, 126 u. 2, 63).

Albigeois: *seguel* ca. 1148 für die Priorei von Le Ségur (Brunel 59) sowie mit ersichtlichem femininem Genus 1374/75 für Albi (Lv). Die Form *seguell* in einer Urkunde von ca. 1120 (Brunel 26) für die Templiers der Komturei Rayssac (ct. Montredon, arr. Castres) deutet mit ihrem *-ll* (= *-lh*) auf sekundäre Palatalisierung des auslautenden *-l* hin.

Grafschaft Toulouse: *segel* mit erkennbarem femininem Genus in mehrfacher Erwähnung in einer Charte von ca. 1200, die sich auf Auriac (ct. Caraman, arr. Villefranche, HGar.) bezieht (Brunel 339); hier ist *segel* nur graphische Variante für *seguel*, wie es für 1279/80 belegt ist (Rn).

Ein weiterer Beleg für *seguel* ist im altprovenzalischen Heldenepos von Daurel und Beton (Ende 12. Jh. oder Anfang 13. Jh.) enthalten. Während wir über die Herkunft des Autors selbst nichts wissen, läßt sich die einzige erhaltene Handschrift von ca. 1345 im Norden der Grafschaft Toulouse oder im Albigeois lokalisieren. Da alles darauf hindeutet, daß *seguel* im Vers „Pro lai metet civada, seguel e formen“ (DaurelB 37) eine Hinzufügung des Kopisten ist – üblich sind Zehnsilber –, kann dieser Beleg hier angeschlossen werden.

Quercy: Hier finden sich *seguel* und *segel* nebeneinander in einem Inventarverzeichnis der Besitzungen des Aimeric de Saint-Céré (arr. Figeac) von ca. 1140 (Brunel 37/8). Uneinheitlich ist die Graphie unseres Wortes auch in einer Charte für Capdenac (ct./arr. Figeac) und ca. 1200; neben *seguel*, *segel* werden auch *ceguel*, *cegel* verwendet (BrunelS 176/8). Sofern nicht zum Teil Quellen aus der palatalisierenden Zone zugrunde liegen, ist in jedem Falle die Form mit okklusivem *g* gemeint.

Rouergue: Die frühesten, uns zur Zeit erreichbaren Belege haben *segel* zur Form; sie sind noch aus dem 11. Jahrhundert und begegnen in lateinischen Urkunden aus dem Urkundenbuch der Abtei von Conques[134]. Wenig später finden sich in der gleichen Quelle aber auch Belege mit der Graphie *seguel*[135], die auch sonst im Rouergue am gebräuchlichsten ist. So wird *seguel* in verschiedenen Urkunden für die Templiers von Sainte-Eulalie (ct. Cornus, arr. Saint-Affrique) zwischen 1160 und 1188 genannt[136]. Weitere einzelne Belege mit der Form *seguel*: 1174 (Brunel 133) für die Abtei Loc-Dieu (comm. Martiel, ct./arr. Villefranche), ca. 1181

---

[134] CartConques 1060/1108 (S. 280/1), Ende 11. Jh. (S. 281), 11./12. Jh. (S. 338/9).

[135] ib. nach 1107 (S. 385), 12. Jh. (S. 374).

[136] BrunelS ca. 1160 (S. 15), ca. 1170 (S. 34), a. 1179 (S. 73), a. 1188 (S. 130).

(ib. 180) für die Abtei Bonnecombe (comm. Comps-la-Grand-Ville, ct. Cassagnes-Begonhès, arr. Rodez), 1196 (ib. 302) für die Nonnen von Nonenque (comm. Marnhagues-et-Latour, ct. Cornus, arr. Saint-Affrique), ca. 1197 für das Hospital Notre-Dame-du-Pas in Rodez (Brunel 312). Die Form *seguel* findet sich auch bei Deudes de Prades (Auzels cassadors von ca. 1220, Rn), weiterhin 1255 in einem Testament aus dem Haut-Rouergue (Lv) und 1355 (Lv) in einer Rechtsakte für Laguépie (ct. Montauban, arr. Saint-Antonin, TarnG.).

Die Gleichwertigkeit der Graphien *seguel* und *segel* für das Rouergue wird uns bestätigt durch eine Urkunde für die Commanderie des Hospitaliers de Saint-Jean-aux-Canabières (comm. Salles-Curan, ct./arr. Millau) von ca. 1190 (BrunelS 139, 141/2), in der beide Formen erscheinen. In der gleichen Charte kommt schließlich noch ein *segle* („XII sestiers de-seguel de taverna a mezura d-a Malvas et I moig entre segle et civada“, BrunelS 141) vor. Dieses Nebeneinander von apokopierten und synkopierten Formen wird auf verschiedene Quellen zurückgehen; zugleich zeigt es uns, daß beide Entwicklungen als durchaus gleichwertig empfunden wurden, auch wenn sie geographisch streng voneinander getrennt waren.

Schließlich soll noch auf einige Einzelbelege für die Graphie *segel* hingewiesen werden: 1182 in einer in Rodez ausgestellten Urkunde (Brunel 188) für die Commanderie des Canabières (comm. Salles-Curan, ct./arr. Millau), 1188 in einer sich auf die Abtei von Silvanès beziehenden lateinischen Charte („quatuor modios bladi: unum frumenti et unum avene, unum et dimidium de segel et dimidium de palmola, ad mensuram Sancti Affricani“, CartSilvanès 432) sowie 1200 in einer Urkunde für das Hospital Notre-Dame-du-Pas in Rodez (Brunel 334).

Auvergne: Eindeutig ist die Form *seguel*, die sich im 12. Jahrhundert für die Priorei Notre-Dame-du-Pont in der südwestlichen Haute-Auvergne findet (Lv), und zwar unabhängig von der Tatsache, daß dieser Teil der Haute-Auvergne – wenigstens heute – südlich der Palatalisierungsgrenze liegt. Die gleiche Graphie taucht aber auch einmal für nach 1219 neben häufigem *segel*, *segil*, *sigil* weiter nördlich im palatalisierenden Sainte-Eulalie auf (Lv). Auch wenn im Augenblick nicht festzustellen ist, inwieweit diese Formen in Urkunden aus Sainte-Eulalie selbst oder nur in solchen, die sich auf Sainte-Eulalie beziehen, vorkommen, so läßt sich doch vermuten, daß *segel*, *segil*, *sigil* mit palatalisiertem *-g-* die autochthonen Formen sind, *seguel* dagegen von jenseits der Palatalisierungsgrenze stammt.

Wie aus den vorangehenden Belegen zu entnehmen ist, erfreute sich der Formentypus *seguel/segel* im Altprovenzalischen großer Verbreitung. Wir konnten ihn – auch wenn die Dichte unserer Belege nicht immer die gleiche war – praktisch überall innerhalb der apokopierenden Zone feststellen. Schon daraus läßt sich schließen, daß wir es hier mit dem Prototypus der apokopierten Formen zu tun haben, der allen weiteren Varianten zugrunde liegt.

Neben einer ganzen Anzahl von zum Teil recht unterschiedlichen Weiterentwicklungen, die noch im einzelnen behandelt werden, hat sich in einigen neuprovenzalischen Mundarten – wenn auch mit geringen lautlichen Veränderungen – der Prototypus *seguel/segel* erhalten. In erster Linie ist hier die Provence mit den angrenzenden occitanischen Alpenmundarten des Dauphiné zu nennen, für die wir oben nicht genügend Belege aus altprovenzalischer Zeit beibringen konnten. Das gesamte Gebiet zeigt jedoch heute Verlust des auslautenden *-l*: daupha. *sẹ́dzẹ* (nicht näher zu lokalisieren)[137]; Basses-Alpes: nördlich der Palatalisierungsgrenze La Javie *sẹ̄džẹ* f., aber auch Allos, Colmars *sẹgẹ*, südlich davon *sẹ̆gẹ* (ALF 1211 p 875, 876, 885, 887), aber auch *sēdžẹ* für Annot; schriftsprachlich ist *sẹ̆glẹ̆* (p 877); Alpes-Maritimes: ihrer Lage zur Palatalisierungsgrenze entsprechen *sẹ̆gẹ* (p 897, 898, 899) sowie Nice *segə*[138]; Puget-Théniers *sẹ̆že* stammt wohl von der palatalisierenden oberen Talstufe des Var; bereits italienisch – speziell ligurisch – ist die Form *sẹ̆ga* f. in p 990 (< *SECALA); Var: hier zeigen die Mundarten des bergigen Hinterlandes die zu erwartende Form *sẹ̆gẹ* (p 884, 886, 896), diejenigen in Küstennähe eher Entlehnung aus dem Französischen *sẹ̆glẹ* (p 894, 895), *sẹ̆glę* (p 893); Bouches-du-Rhône: hier haben sich die apokopierten Formen vor allem im östlichen Teil erhalten, so *sẹ̆gę* (p 882), Gémenos *sẹgẹ* und aus älteren Quellen *segue* für Aix (Pellas 1723) und Marseille (Achard 1785); Vaucluse: *sẹ̆gẹ̆* f. (p 874); schließlich noch im Palatalisierungsgebiet: Drôme *sẹdzə* (p 844) und *sẹ̆dzǫ* (p 855), beide mit femininem Genus.

Auch hier weisen wir noch einmal auf die Möglichkeit hin, daß die vereinzelten apokopierten Formen im Rhône-Becken (vgl. u. a. p 844) die ursprüngliche Behandlungsweise widerspiegeln können, die dann von den nördlichen, synkopierten Importformen überdeckt wurde.

Ein weiteres Gebiet, das den Typus *seguel* bewahrt hat, findet sich im westlichen Languedokischen, und zwar erstreckt es sich vom Comté de Foix bis hinauf ins (Bas-)Quercy. Erwartungsgemäß wird hier jedoch das auslautende *-l* erhalten, welches vor allem in den Pyrenäen-Mundarten größtenteils bei gleichzeitiger Akzentvorverlegung palatal gesprochen wird, was wohl auf Einfluß von Wörtern zurückgeht, in denen *-l'* organisch ist. Weiterhin ist zu bemerken, daß im Gegensatz zur Provence *seguel* hier wie überhaupt die apokopierten Formen im Languedokischen

---

[137] Wenn nicht anders angegeben, haben die Formen maskulines Genus. Gelegentliches feminines Genus erklärt sich wohl durch Einfluß vom angrenzenden Typus *segla* oder von den italienischen Mundarten Liguriens her.

[138] Die Behauptung von Sütterlin 299, *segə* könne kein lat. SECALE fortsetzen, erledigt sich von selbst.

vorwiegend als Femininum verwendet wird; vereinzelt auftretendes maskulines Genus steht dagegen unter gaskognischem Einfluß. Im einzelnen sind hier folgende Belege zu nennen: Ariège *sẹ́gẹl* ALF 1211 p 791, 792, ALG 278 p 791, 791NE sowie für Ax; die gleiche Form *seguel* wird schon von Amilia 1673 verwendet; *sẹ́gẹł* ALF 1211 p 772, 783, *sẹgẹ́ł* ALG 278 p 771E, 772, 772O, 782S; von der Grafschaft Foix greift dieser Typus auch östlich auf den occitanischen Teil des Départements Pyrénées-Orientales über (vgl. u. a. *sigẹ́l* bei Salow 20); Haute-Garonne *sẹ́gẹl* ALF 1211 p 752, *sẹgẹ́ł* ALG 278 p 762SO; Tarn-et-Garonne *sẹ́gẹl* ALF 1211 p 649, 731, 741, 750 sowie für Montauban; Lot *šẹ́gẹl* ALF 1211 p 720.

Neben *seguel/segel* erscheinen schon früh Graphien, die ein *-i-* statt *-e-* in der (romanischen) Ultimasilbe aufweisen: *seguil, segil, sigil.* Wir werden uns fragen müssen, was es für eine Bewandtnis mit diesen Formen hat, die, wenn sie im ganzen auch spärlicher belegt sind als *seguel/segel,* so doch an weit voneinander entfernten Orten auftauchen. Sehen wir uns aber zunächst die Belege an! Zum ersten Mal wird die uns interessierende Form als *sigil* mehrmals in einer Urkunde von ca. 1120 für das Domkapitel von Rodez gebraucht (BrunelS 5). Nach 1219 läßt sich häufig ein *segil* für Sainte-Eulalie in der Haute-Auvergne belegen, daneben erscheint gelegentlich *sigil* (Lv). In den Douze comptes consulaires d'Albi wird in zweimaliger Erwähnung für 1377/78 die Form *seguil* genannt (Lv). Dieselbe Form ist uns aus der Gegend von Arreau in der Vallée d'Aure (HPyr.) für ca. 1441 bezeugt (RecMédPyr 100), daneben verschiedentlich auch *seguilh* (Brunel 62, 73, 110, 114). Schließlich ist noch ein *seguil* für 1476 zu erwähnen, das aus dem Comtat Venaissin stammt (DocAvignon 3, 153)[139]. Für neuere Belege ist u. a. auf ein *sìgui* hinzuweisen, das Mistral für die provenzalischen Alpen belegt.

Die Frage ist nun, wie sich das auffällige *-i-* in der Ultima, das allen genannten Formen gemeinsam ist, erklären läßt. Ronjat 1, 237 denkt bei *seguil* und dem sich für ihn daraus entwickelten *seguial/seguiol,* von dem noch weiter unten die Rede sein wird, an Einfluß von Wörtern mit dem Suffix -ɪʟᴇ, übersieht aber dabei, daß er sich selbst widerspricht. An anderer Stelle[140] ist nämlich bei ihm die Rede davon, daß das lateinische Suffix -ɪʟᴇ im Occitanischen keine Diphthongierung zeigt. Hinzukommt, daß -ɪʟᴇ abgesehen von gelehrten Wörtern nur in wenigen Fällen in den occitanischen Mundarten fortlebt (Ronjat 3, 357), so daß von hier ein Einfluß auf *seguel* > *seguil* zweifelhaft erscheint. Es ist daher eher anzunehmen, daß in den Graphien mit *-i-* statt *-e-* eine weitere Schließung

---

[139] Der Beleg ist nicht näher zu lokalisieren, da er nur in einer Wortsammlung vorkommt, die der Autor auf Grund von unveröffentlichten Materialien zusammengestellt hat.

[140] Ronjat 1, 126. Diphthongierung tritt nur in Fällen ein, wo -ɪʟᴇ stammhaft ist (vgl. u. a. *aprile*).

des im Occitanischen verbreitet vorkommenden extrem geschlossenen ẹ > *i* zum Ausdruck kommt[141]. Daß hier in der Tat übergeschlossene Artikulation des ẹ mit Erhöhungstendenz zu *i* vorliegt, läßt sich auch daraus entnehmen, daß in einigen Fällen *(sigil, sìgui)* selbst das *e* der ersten Silbe mit *i* wiedergegeben wird.

Wir haben es demnach bei den occitanischen Formen *seguil, segil, sigil, sìgui* nicht mit einem „Suffixwechsel" zu tun, sondern lediglich mit einer differenzierten Wiedergabe von *seguel/segel.*

Auffällig ist, daß *-i-* statt *-e-* auch in mittellateinischen Belegen aus Südfrankreich auftaucht. So heißt es etwa in einer Urkunde von ca. 1019 aus dem Kartular der Abtei von Conques (Aveyron): „... de sigile sextarium I et de civada sextarium I et unam gallinam" (Cart Conques 77). Auch in weiteren Urkunden für das 11. und 12. Jahrhundert aus der gleichen Quelle werden Formen verwendet, in denen *i* statt *e* geschrieben wird, so *sigile, sigilum, sigila*[142]. An Belegen aus anderen Gegenden Südfrankreichs fehlt es ebenfalls nicht, so etwa für die Grafschaft Foix und 1139 „... per unumquemque annum unum modium de sigile cumulus ad sextarium vicecomitissae de praedicto castro ..."[143] sowie für das Bas-Languedoc zwischen 1031 und 1048 „..., vel laboraverint in tritico et sigile, in ordeo et avena" (CartGellone 96).

Es ist durchaus möglich, daß sich auch in den erwähnten mittellateinischen Graphien unseres Wortes aus Südfrankreich die Schließung des extrem präpalatalen *e* > *i* im Occitanischen niedergeschlagen hat. Das gilt vor allem für den Vokal der Pänultima; was die Antepänultima anbelangt, so darf nicht vergessen werden, daß hier bereits seit spätlateinischer Zeit *i* statt *e* *(sicale)* aus ausnähernd gleichen Gründen geschrieben wurde.

Auch die bereits weiter oben erwähnte Form *seguial (seguiol)* geht auf *seguel* zurück. Es kommt zu dieser Weiterentwicklung des apokopierten Prototypus auf Grund der bedingten Diphthongierung des Ultimavokals unter Einfluß des folgenden *-l*, wobei das zweite Element des Diphthongs an das *-l* assimiliert wird. Von dieser Vokalbrechung vor *l*, die im Occitanischen weitverbreitet ist, werden die lateinischen Vokale Ī, Ē, Ĕ[144] erfaßt, aber auch – wie unser Wort lehrt – romanisches *e*. J. Ronjat irrt im übrigen, wenn er annimmt, daß *l* im romanischen Auslaut keine Diphthongierung verursacht habe (Ronjat 1, 151). Die Entwicklung des lat. SECALE, aber auch die von ihm selbst zitierten Beispiele

[141] Bei der Form *seguilh* wäre auch Einfluß von *ł* denkbar.

[142] CartConques *sigile*: 1060/62 (S. 42), vor 1031/65 (S. 244), 12. Jh. (S. 376/7); *sigilum*: 1031/60 (S. 224); *sigila*: vor 1031/65 (S. 244, neben *sigile*).

[143] Dom Cl. Devic et Dom J. Vaissette: Histoire générale de Languedoc 5, 1037.

[144] Vgl. hierzu die Beispiele bei Ronjat 1, 125/6 für Ī, S. 134/5 für Ē, S. 157 für Ĕ.

(u. a. *abrià* < APRILE ib. 1, 126; vgl. auch hierzu ALMC 1423 „mars; avril") beweisen gerade das Gegenteil. Was das weitere Schicksal des unter Einfluß von *l* entstandenen Diphthongs *ia/ea* betrifft, so ist *a* als Vokal mit dem größeren Schallfüllegrad zum Silbengipfel geworden, während *i/e* zum Halbvokal *y* herabgesunken ist.

Wie uns die folgenden Belege zeigen, ist diese Diphthongierung für unser Wort durch eindeutige Graphien mindestens seit der ersten Hälfte des 13. Jahrhunderts bezeugt. Für Albi ist ein *seguial* noch vor 1245 (möglicherweise sogar schon aus dem 12. Jh., Lv) belegt. Dieselbe Form findet sich für Albi in der zweiten Hälfte des 14. Jahrhunderts (Lv) sowie speziell für 1374 (Lv). Aus dem Albigeois kommt weiterhin ein *seguial* für Le Verdier (ct. Castelnau-de-Montmiral, arr. Albi,Tarn) und 1475 (Lv). Mit Ausnahme des Belegs für Albi 1374 ergibt sich das feminine Genus des Wortes aus dem Satzzusammenhang. Die Form *seguial* ist auch im äußersten Südwesten der apokopierenden Zone bezeugt, so etwa für Arreau in der Vallée d'Aure (HPyr.) und ca. 1441 (RecMédPyr 90). Aus dem Bas-Languedoc ist ein *siguial* aus dem Jahre 1483 für Le Pouget (ct. Gignac, arr. Lodève, Hérault) zu nennen (Lv). Für Belege aus dem Rouergue ist auf die Documents sur la ville de Millau hinzuweisen, in denen die Form *seguial* für 1294 (DocMillau 37) und 1459 (ib. 345) vorkommt. Aus dem Gévaudan ist ein *segial* für Mende und 1453 belegt (Lv); diese Form, die als *sẹdžyal* zu lesen ist, zeigt, daß die Diphthongierung unter Einfluß des folgenden *l* auch nach palatalisiertem *g* eintreten konnte. Weiterhin ist für das Gebiet des Dép. Lozère ein *seguial* f. in den Comptes du prieuré du Monastier (ct. Saint-Germain-du-Teil, arr. Marvejols) von 1515 (DocGévaudan 50) zu vermerken. Aus der Form *seguial* mit Verschlußlaut für Le Monastier geht hervor, daß sich die Grenze zwischen *k*, *g* und *tš*, *dž* < lat. K, G vor A im Raume von Le Monastier seit dem 16. Jahrhundert nicht zuungunsten von *k*, *g* verschoben hat, da diese Ortschaft auch heute noch Bewahrung der Verschlußlaute zeigt.

Neben *seguial/segial* begegnet auch vereinzelt eine Variante mit *-ie-* in der Ultima, die sich wohl durch weniger ausgeprägte velare Artikulation des *-l* erklärt. Hierzu die folgenden Belege: *seguiel* für Albi (Tarn) und 1370/71 (Lv) bzw. 1373 (Lv) sowie *segiel (= sẹdžyẹl)* für Le Puy (Haute-Loire) und 1408 (CompLePuy 517). Auch in den neueren Mundarten hat sich diese Variante erhalten, so mit Verlust des auslautenden *-l* in der Provence *sẹdžyẹ* (ALF 1211 p 878, 991) sowie ferner *sẹdzyẹláu* (+ ?, p 888), wobei letztere Form eine Entlehnung von der palatalisierenden oberen Talstufe des Var sein muß.

Für das Languedokische ist in diesem Zusammenhang ein nicht näher zu lokalisierendes *segiéu* zu nennen (Mistral). Bei weitem häufiger, ja geradezu typisch für die mitteloccitanischen Mundarten ist jedoch neben gelegentlicher Bewahrung des *-ia-* dessen Schließung zu *-io-*. Die frühesten Belege für diesen Vokalwandel finden sich im 18. Jahrhundert; so gibt Sauvages in seinem languedokisch-französischen Wörterbuch von 1756 die Form *seghiou* mit Vokalisierung des *-l*; in einer späteren Ausgabe (1785) nennt er zusätzlich *seghiol*, *seghio*. In neuerer Zeit ist diese Entwicklung einmal im Rouergue anzutreffen *(seguiol, seguio)*; in größerem Umfange kommt sie sodann im Gévaudan vor, so u. a. *sẹ́džyǫ* f.[145] (ALF 1211 p 821; ALMC 963 p 37), *sẹ́dzyọ* (ALF 1211 p 822) und mit Aufgabe des okklusiven Bestandteils der Affrikata *sẹ́žyọ* (p 729), *sẹ́zyǫ* (p 830)[146]. Vereinzelt finden sich diese Formen auch in Vivarais und im Velais. Ein *sẹ́džyǫ* im Dép. Gard (ALF 1211 p 842) weist sich auf Grund der Palatalisierung als Lehnform aus dem Vivarais aus.

Neben den Formen mit diphthongischem Ultimavokal *(ya, yo)* kommen im gleichen mitteloccitanischen Raum solche mit einfachem *a*[147] oder *o* vor, also *segal*, *segol*, *sego* und aus dem Palatalisierungsgebiet *sedžo*.

Eine vorromanische Akzentverschiebung – also ein SECÁLE statt eines SÉCALE – hatten wir bereits eingangs als Erklärung dieses Formentypus bzw. seines monophthongischen Ultimavokals ausgeschlossen. Nichts deutet nämlich darauf hin – sehen wir einmal von *segal* selbst ab –, daß lat. SECALE innerhalb der Galloromania jemals als Paroxytonon behandelt worden ist.

Für Ronjat 1, 237 geht der Ultimavokal der Form *segal* auf Ableitungen vom Stamme SECAL- zurück, da ja bekanntlich das zwischentonige A des Lateinischen zumindest im Altprovenzalischen unabgeschwächt erhalten geblieben ist. Nun kommen in der Tat im Occitanischen einzelne Ableitungen vom Stamme SECAL- vor (SECALERIU, SECALARE, SECALACIU); ihre Verbreitung ist jedoch derart beschränkt, daß man sich nicht vorstellen kann, wie ihr Zwischentonvokal umgestaltend auf den Ultimavokal des Simplex einwirken konnte. Man wird also dieser Erklärung kaum praktischen Wert beimessen können. Vielmehr ist anzunehmen, daß auch die Formen *segal*, *segol* auf den apokopierten Prototypus *seguel* zurückgehen, dessen Ultimavokal *e* unter dem Einfluß des im Occitanischen vielfach velar gesprochenen *-l* zu *a (å)* bzw. *o* wurde. Andererseits ist aber auch durchaus möglich, daß *segal*, *segol* hier und da durch Reduktion aus den diphthongischen Formen *seguial*, *seguiol* entstanden ist, indem der Gipfelvokalanglitt *y* der steigenden Diphthonge *ya* und *yo* nach präpalatalem *g* aufgegeben wurde. In Fällen, wo ein palataler Reibelaut bzw. eine palatale Affrikata vorausgeht, wäre speziell an eine Resorption des *y* zu denken[148].

Die frühesten Belege für den Formentypus *segal/segol* gehören noch ins

---

[145] Das feminine Genus gilt für alle Formen aus dem Gévaudan.

[146] Für weitere Belege auf Grund des ALLo 172 vgl. FEW-Artikel SECALE.

[147] Wir werden es hier wohl allgemein mit einem *å* zu tun haben.

[148] Vgl. Vinzelles *səžǫ* < **sẹzyǫ* „ciseaux" (Ronjat 2, 313).

14. Jahrhundert, und zwar stammen sie aus Nîmes. Hier finden sich in einer Taxe du pain von 1339 die Formen *segayl* und *segual* (Lv). Mit *segayl* dürfte fraglos *segalh* gemeint sein[149], also mit Palatalisierung des auslautenden *-l* nach Fällen, in denen sie organisch ist (*-alh* < -ACLU). Die im gleichen Text vorkommende Graphie *segual* (statt *segal*) steht unter dem Einfluß von *seguel*. Eindeutig ist ein *segal* für Albi aus der ersten Hälfte des 16. Jahrhunderts (DocAlbigeois 107 passim). Fügen wir hinzu, daß für das gleiche Albi, wie wir bereits weiter oben sahen, mehrmals *seguial* seit dem 13. Jahrhundert belegt ist. Die Möglichkeit einer Rückbildung ist also bei der Erklärung von *segal/segol* keineswegs von vornherein auszuschließen.

Auch die neueren Belege lassen nur in den seltensten Fällen eine klare Entscheidung darüber zu, ob das *a/o* der Ultima durch Velarisierung von *e* unter Einfluß des auslautenden *-l* oder durch Reduzierung des Diphthongs *ya/yo* entstanden ist. Für das Gévaudan sowie für die palatalisierenden Nachbargebiete mit den Formen *sẹ́džọ*, *sẹ́dźǫ*, *sẹ́źọ*[150] glauben wir wenigstens Resorption des *y* und damit *sẹdžyo(l)* als Ausgangspunkt annehmen zu dürfen. Gerade das Nebeneinander von *sẹdžyo*- und *sẹdžo*-Formen auf relativ engem Raum im Gévaudan macht die Annahme wahrscheinlich, daß *sẹdžo* eine Rückbildung aus *sẹdžyo* ist, und nicht das Velarisierungsprodukt eines *segel*[151]. Dieser Eindruck wird durch den Umstand bestätigt, daß der ALMC 963 für das Gévaudan nur noch in einem Falle die Form mit diphthongischem Ultimavokal (Fraissinet-de-Lozère *sẹdžyǫ* p 37) verzeichnet, sonst aber solche vom Typus *sẹžo/sẹgo*. Die Resorption des *y* hat also seit den Erhebungen für den ALLo weitere Fortschritte gemacht (vgl. etwa die Formen für Mende: ALLo 172 *sẹžyọ*, ALMC 963 *sẹžǫ*).

Bei den Formen des Rouergue *(segal, segol, sego)* ist ebenfalls die Möglichkeit einer Rückbildung gegeben, da in diesem Gebiet *seguial* (später *seguiol*) seit dem 13. Jahrhundert belegt ist. Auffällig ist aber auch hier, daß neuere Quellen (ALMC 963, aber auch schon ALF 1211) im Gegensatz zu den Dialektwörterbüchern des 19. Jahrhunderts keine diphthongischen Formen mehr für das Rouergue verzeichnen. Andererseits läßt sich aber Velarisierungseinfluß des *-l* nicht restlos ausschließen, wenn man das häufige Vorkommen der Form *seguel* in den altprovenzalischen Texten aus dem Rouergue berücksichtigt.

Weiterhin finden sich noch im Quercy, Albigeois, Bas-Languedoc

---

[149] Für die auch sonst im Altprovenzalischen vorkommende Graphie *-yl* statt *-lh* vgl. u.a. noch *soleyl* (statt *solelh*) für Avignon 1509 (DocAvignon 2, 255).

[150] Für die Lokalisierung der einzelnen Formen sowie für weitere Belege aus dem ALLo 172 vgl. den FEW-Artikel SECALE.

[151] In den neueren Mundarten des Gévaudan fehlt übrigens jede Spur für die Existenz eines *segel/seguel*.

sowie in der Nähe des katalanischen Sprachgebietes vereinzelt Formen wie *segal*, *sigal*[152], *segol*, *sigol* usw. Auch hier kommt neben der Reduzierung von *seguial* > *segal* usw. die Möglichkeit einer Velarisierung des Ultima-*e* in *seguel* unter Einfluß des folgenden *-l* in Frage, und zwar in erster Linie in der Nachbarschaft des Katalanischen, da hier vor allem das implosive *l* stark velaren Charakter trägt.

Als Weiterentwicklung von *seguial/seguiol* erweist sich auch ein im Bas-Languedoc vorkommender Typus *seya/seyo*, der statt Reduzierung des Diphthongs Schwund des intervokalischen Verschlußlautes zeigt. Bei der Aufgabe des *g* handelt es sich im vorliegenden Falle um eine Art von Assimilation an das folgende *y*, das den Verschluß des ihm vorangehenden Konsonanten gelockert hat. Eine andere befriedigende Erklärung, die nicht von der Stufe *seguial/seguiol* ausgeht, wird sich kaum für die auffällige Erscheinung von intervokalischem *-y-* statt *-g-* im Bas-Languedoc finden lassen. Ronjat 1, 237 glaubt das Problem zu lösen, indem er Entlehnung aus nordoccitanischen Dialekten annimmt, in denen lat. $^{e}c^{a}$ > *y* wird. Wenn man sich aber vergewissert, daß diese Erscheinung nur in einer Zone vorkommt, die südlich an das frankoprovenzalische Sprachgebiet anschließt, wird man eine Entlehnung aus diesen Dialekten als Erklärung des languedokischen *seya/seyo* kaum ernsthaft in Erwägung ziehen.

Für die Entwicklung *segyal* ~ *segyol* > *seya(l)* ~ *seyo(l)* lassen sich im einzelnen folgende Belege feststellen: Dép. Gard *sẹ́ya* f.[153] (ALF 1211 p 851), *sẹ́yǫ* (p 840), *sẹ́yǫ* (p 841), Alais *séïou*, auf Grund des ALLo 172 *sẹ́yo* für Saint-Jean-du-Gard, Lasalle, Valleraugue, Saint-André-de-Valborgne und *síyo* für Trèves sowie weiterhin im südlichen Teil des Dép. Lozère *siyǫ* für Meyrueis und La Parade; Dép. Hérault *sẹ́ya* (ALF 1211 p 759, 779) sowie die gleiche Form für Puéchabon, La Boissière, Saint-Jean-de-Fos, Saint-Guilhelm-le-Désert (Zaun 70)[154]; Bewahrung des *-l* bzw. seine Vokalisierung (Vokalresonanz) zeigen im Dép. Hérault Saint-Jean-de-Fos *sẹyál* m. (Zaun 70), Pézenas *siyal* m. sowie Aniane und Gignac *seyáw* (Zaun 70).

---

152 Die Auffassung, der Wandel von *e* > *i* im Occitanischen erkläre sich nur im Hiatus, wie sie von MeyerLKat 32 vertreten wird, ist abwegig. Formen wie *sigal* beweisen es. Bekanntlich ist im Occitanischen vielerorts – so auch im südwestlichen Languedoc – das *ẹ* ein extrem geschlossener Laut, der sich stark dem *i* annähert. Ein gelegentlicher Übergang zu *i* ist daher nicht weiter verwunderlich. Dieser Wandel ist spontan, er kann aber auch durch folgende palatalisierte Konsonanten (*ł*, *y* < *ł*, *y* < *g*) bewirkt werden (vgl. Ronjat 1, 133, 137). Meyer-Lübkes Annahme, *sigal* sei eine Mischform aus *sial* × *segel*, erweist sich daher als überflüssig.

153 Feminines Genus, soweit nicht anders vermerkt, gilt auch für die folgenden Formen.

154 Ronjat 1, 238 gibt diese Belege zu Unrecht mit *selha* wieder.

Eine Erklärung fordert schließlich noch ein *sial*, das vor allem im südwestlichen Languedoc anzutreffen ist und in enger Beziehung zu den eben behandelten Formen steht. Bevor wir uns näher mit der Herausbildung dieses Typus befassen, soll kurz ein Blick auf die Belege geworfen werden. Zum ersten Mal ist *sial* in der ersten Hälfte des 16. Jahrhunderts für Albi belegt (DocAlbigeois 269). Die gleiche Form wird von Sauvages 1785 (nicht näher zu lokalisieren) genannt sowie in neueren Dialektwörterbüchern u. a. für Puisserguier (Hér.), Lézignan (Aude) und ganz allgemein für das Dép. Tarn (auch *cial*). Über die Betonung geben diese Belege keine Auskunft. Eine diesbezügliche Konsultation der Sprachatlanten bzw. der Quellen mit phonetischer Umschrift ergibt jedoch kein einheitliches Bild. Es stehen nämlich nebeneinander: 1. *síal*[155] ALF 1211 (Hér.) p 766, 777, (Aude) p 773, 776, 786, 787, (HGar.) p 763, (Tarn) p 753, 755, 764, (Aveyron) p 746, 748 sowie *síǫl* p 737 und 2. Gard: *syal* für Alzon (ALLo 172), Hér.: *syal* für La Vacquerie (Zaun 70) und für ALF 1211 p 757 sowie *sĭáu* für ALF 1211 p 778, Aude: *syal* (Salow 20) sowie für ALF 1211 p 785.

Man könnte versucht sein, die effektive Existenz der ersten Gruppe – also mit dem Akzent auf dem *í* – anzuzweifeln, wenn man die vielen Fälle von emphatischer Stammbetonung, wie sie der ALF bietet, berücksichtigt. Hier sind aber solche Zweifel kaum am Platze. Vielmehr ergibt sich *síal* aus der Aufgabe des *y* (bzw. aus seinem Aufgehen in den vorangehenden Vokal) in *siyal/seyal*. Die Variante *syal* erklärt sich dagegen durch Vorverlegung des Akzents auf Grund des größeren Schallfüllegrades von *a* gegenüber *i*.

Durch Spirantisierung des intervokalischen *g* > *y* und anschließendem Schwund erklärt sich auch ein *sę́ǫl*, das vereinzelt im Lot (ALF 1211 p 712), Aveyron (ALMC 963 p 48, 53) und Cantal (ALMC 963 p 44) vorkommt.

In diesem Zusammenhang muß schließlich noch auf Formen im occitanischen Dauphiné sowie in den angrenzenden Alpendialekten aufmerksam gemacht werden, die Aufgabe des intervokalischen Palatals zeigen (*sę́žel* > *sę́yel* > *sę́el*). Der daraus resultierende Hiatus ist vielerorts durch Kontraktion der beiden Vokale beseitigt worden, so *sēl* für das Queyras, Roaschia, Valdieri sowie für ALF 1211 p 982, 992; mit Vokalisierung von *-l* *sę́u* ALF 1211 p 847, 857 sowie *sę́u* für Tréminis und Cordéac (hierzu für Chichilianne mit weiterer Vorverlegung der Artikulationsstelle des Tonvokals *síu* und mit Vorwegnahme der Rundung des *u* *süu*); mit Liquidwechsel *ser* für das Queyras (u. a. Saint-Véran), *sięr* für Rochemolles usw. Eine Anzahl von Belegen aus den occitanischen Alpendialekten zeigt wiederum Diphthongierung des *e* unter Ein-

[155] Das Genus ist mit Ausnahme der meisten Formen im Dép. Aude (mask. Genus hier unter Einfluß des Katalanischen ?) durchweg feminin.

fluß des folgenden *-l*, wobei dieses später zu *-r* werden oder ganz schwinden konnte: daupha. *assear*[156], Rochemolles *siẹ̌r*, Pramollo *sẹ̌äł*, Pral *séaḷ*, Allos *sẽa* usw.

η. Lat. SECALE *im Katalanischen*

Wenn wir von der unter spanischem Einfluß stehenden Verwendung des Typus *senteno* im südlichen Katalonien absehen[157], gehen die heutigen katalanischen Roggenbezeichnungen ausschließlich auf lat. SECALE zurück. Wie schon im Occitanischen findet sich auch hier Synkope neben Apokope, *segle* neben *seguel/segol*. Die Verbreitung dieser beiden Behandlungstypen innerhalb des Katalanischen stellt sich folgendermaßen dar: Synkope im Roussillon und in den südlich anschließenden Gebieten, also etwa in der Cerdanya, im Bergadà, in der Vall de Ribes, im Empordà. Das übrige Ostkatalanische sowie das Westkatalanische kennen dagegen Apokope. Innerhalb der apokopierenden Zone finden sich vereinzelt synkopierte Formen, so für Sant Hilari Sacalm *sę̣glə* (ALCa 977 p 32)[158] und für Granollers *sę̣gglə* (ALcM). Ob das synkopierende Gebiet einst bis hier gereicht hat, läßt sich nicht eindeutig entscheiden; ebensogut kann es sich um eingeschleppte Formen handeln. Bossost, Viella-Montcorbàn *sę̣glẹ* (ALCa 977 p 3, 4) ist in diesem Zusammenhang nicht zu nennen, da diese Orte im Val d'Arán einen gaskognischen Dialekt sprechen.

In das oben umschriebene synkopierende Gebiet passen sich ausnahmslos die altkatalanischen Belege vom Typus *segle* ein, so daß die Annahme naheliegt, diese Zone habe seit dem Mittelalter keine nennenswerten Veränderungen erfahren. Im einzelnen sind hier folgende Belege zu erwähnen: ein *segle* in lateinischem Kontext („habeas X sest. de segle currentes") in einer Urkunde von 1168, die sich auf das Vallespir (Custoja)

---

156 Mit Agglutination des Artikelvokals *(la sear > l'assear)*, auch wenn Moutier diese Form als Maskulinum bezeichnet. Diese Angabe dürfte im übrigen zweifelhaft sein, da andere Quellen für die Hautes-Alpes (daupha.), so etwa Queyras, nur feminines Genus haben.

157 Vgl. hierzu S. 115.

158 Die Karte 977 des ALCa trägt den Titel „el mestall (el centeno, le méteil)"; man sollte also durchweg Gemengebezeichnungen erwarten. Dem ist aber nicht so. Vielmehr beherrscht der Typus SECALE – also eine eindeutige Roggenbezeichnung – das Kartenbild. Weiterhin ist auffällig, daß als Synonym des kat. *mestall* „Gemenge" das span. *centeno* „Roggen" gegeben wird. An der Verwendung des Typus SECALE als katalanische Gemengebezeichnung sind daher ernsthafte Zweifel zu hegen. Da im übrigen die Bedeutung „Roggen" für den Typus SECALE im Katalanischen in jedem Falle gesichert ist, werden wir unabhängig von der Frage, ob kat. *segle/seguel/segol* auch das Mengkorn bezeichnet oder nicht, die vom ALCa 977 verzeichneten SECALE-Formen hier mit berücksichtigen.

bezieht (ALcM). Die gleiche Form begegnet mehrmals (darunter einmal die graphische Variante *cegle*) im Capbreu de la Vall de Ribes von 1283/84 (ALcM);[159] daneben wird jedoch auch das mlat. *segale* verwendet. Ein weiterer Beleg aus dem Roussillon von 1295, der sich speziell auf Perpignan bezieht, nennt die Form *segla* (ALcM). Das *-a* wird hier als Anpassung des Wortausganges an das feminine Genus des Wortes zu werten sein. Das geht auch aus einem nicht näher zu lokalisierenden Beleg von 1380 hervor, in dem es heißt: „una archa ab s e g l a fromentosa" (ALcM). Schließlich taucht die Form *segla* noch im ersten katalanisch-deutschen Wörterbuch von 1502 auf[160], dessen Verfasser aus dem Roussillon stammte.

Eine Wiedergabe der modernen Dialektbelege [161] aus dem synkopierenden Gebiet erübrigt sich, da fast überall *segle* vorliegt. Es sei lediglich auf Formen wie *sęgglə, sẹgglə, sęgglọ* im Roussillon, Bergadà, Empordà und in der Cerdanya aufmerksam gemacht, die die für das Ostkatalanische typische Gemination des Verschlußlautes vor *l* zeigen[162]. Durch Pausa zwischen *g-l* ergibt sich eine Verhärtung des Verschlußlautes, so etwa Pobla de Lillet *sękklə* sowie im Roussillon *sękklə, sẹkklə, sękkl, sękklọ*.

Entlehnungen aus den katalanischen Mundarten des Roussillon sind die synkopierten Formen in den angrenzenden Dialekten des Languedoc, das, wie wir bereits weiter oben sahen, sonst nur apokopierte Formen kennt. Hier sind u. a. zu nennen: Aude *sę́klọ* (ALF 1211 p 793) und *sę́lgo* mit Metathese für Ascou (Ariège)[163].

Ausdrückliche Erwähnung verdient, daß das rousillon. *segle* auf allen Seiten von apokopierenden Mundarten umgeben ist, ja sich geradezu wie ein Keil in sie hineinschiebt. Eine Berücksichtigung der altkatalanischen Belege aus diesem Gebiet zeigt das hohe Alter und die Vitalität des roussilon. *segle* zwischen dem *seguel/segol* des übrigen Katalanischen sowie des Languedokischen.

Die Lautentwicklung des roussillon. *segle* ist wie die des west-/nordwestoccitan. *segle* als durchaus erbwörtlich anzusehen, auch wenn das Wort keine Palatalisierung des Nexus *gl* zeigt. Auf Grund der Tatsache, daß SECALE mit festem A Formen wie OCLU, PERICLU usw. im Vulgärlateinischen gegenüberstanden, ergaben sich grundverschiedene Ausgangspositionen im Übergang zum Romanischen. Während nämlich

[159] Zu den bei ALcM genannten Belegen vgl. noch weitere in RLR 4, 54 und 59.

[160] Vocabulari català-alemany de l'any 1502 S. 105. Dieser wie die im folgenden mit C. gekennzeichneten Belege wurden mir freundlicherweise von Herrn Prof. Dr. G. Colón, Basel, zur Verfügung gestellt.

[161] Vgl. ALcM, ALCa 977, KrügerLangR 323 und Salow 20.

[162] Zur lautphysiologischen Erklärung dieser Gemination vgl. u. a. Badía GrCat 196.

[163] Zu weiteren Lehnformen vgl. noch KrügerLangR 323 und Salow 20.

beim Typus OCLU unverzüglich die Palatalisierung des Nexus -CL- einsetzte, fand bei SECALE *(segale)* etwa gleichzeitig erst Synkope des Pänultimavokals statt. Als die Reduzierung von *segale* > *segle* ihren Abschluß gefunden hatte, war andererseits die Palatalisierung des vlat. -CL- (-GL-) bereits so weit fortgeschritten, daß für *segle* keine Möglichkeit mehr bestand, diese Entwicklung mitzumachen. Aus dem Umstand, daß SECALE sich also unabhängig vom Typus OCLU entwickelt hat, ist jedoch nicht der Schluß zu ziehen, roussillon. *segle* trage keinen erbwörtlichen Charakter. Hinsichtlich der Einschätzung seiner Lautentwicklung ist also unser Wort eindeutig von gelehrten Entwicklungen wie *miraggle* < MIRACULU zu trennen. P. Fouchés Annahme, roussillon. *segle* sei Lehnwort innerhalb des Katalanischen (FouchéHisp 97), ist daher auch zu verwerfen. Es wäre im übrigen nicht einzusehen, weshalb nicht auch dem Katalanischen wie schon dem Occitanischen Apokope und Synkope bei der Reduzierung der lateinischen Proparoxytona zur Verfügung gestanden haben sollten.

Im Gegensatz zum Roussillon kennen das eigentliche Ostkatalanische sowie das Westkatalanische nur Apokope in der Behandlung des lat. SECALE. Innerhalb dieses apokopierenden Gebietes haben sich zwei Zonen herausgebildet: eine größere, die die ostkatalanischen Mundarten sowie die östlichen Dialekte des Westkatalanischen umfaßt, mit dem Typus *segol* und eine kleinere, die von den westlichen Mundarten des Westkatalanischen gebildet wird, mit dem Typus *seguel*.

Diese Zweiteilung der apokopierenden Dialekte resultiert aus dem unterschiedlichen Charakter des *l* in den beiden genannten Zonen. Während das *l* vor allem in implosiver Position in den ostkatalanischen Mundarten stark velar artikuliert wird, ist es in den westlichen Mundarten selbst in der Umgebung von hinteren Vokalen weit weniger velarisiert (BadíaGrCat 110).

In den ostkatalanischen Dialekten hat sich der ausgeprägte velare Charakter des *-l* früh auf den Nachtonvokal unseres Wortes ausgewirkt, wie den Graphien der altostkatalanischen Belege zu entnehmen ist. So finden wir bereits in der aus dem 14. Jahrhundert stammenden Übersetzung einer arabischen Rezeptsammlung die Form *ssegal*[164], in deren *-a-* statt *-e-* zum ersten Mal der Velareinfluß des *-l* auf den Nachtonvokal zum Ausdruck kommt. Weiterhin kommt *segal* im Tresor de pobres des Pere Hispano aus dem 15. Jahrhundert vor (ALcM). In den folgenden Jahrhunderten setzt sich mehr und mehr die Graphie *segol* durch; sie begegnet u. a. in einem medizinischen Traktat (Flos de les medicines) aus dem 15. Jahrhundert (ALcM), in einer Übersetzung des Inventorium sive collectorium partis chirurgicalis medicinae des Guy de Chauliac (ALcM), die 1492 in Barcelona gedruckt worden ist, sowie im katalanisch-lateinischen Wörterbuch des Petro Torra (aus der Gegend von Barcelona)

---

164 Medicines particulars S. 8 (C.).

von ca. 1650[165]. Schließlich ist noch ein *cegol* im Llibre dels secrets de agricultura von 1617 (ALcM) zu erwähnen, dessen Autor, Fra Miquel Agustí, aus Banyoles (Prov. Gerona) stammte.

In den neueren katalanischen Mundarten läßt sich die Form mit velarisiertem Nachtonvokal u. a. für folgende Gegenden und Ortschaften feststellen[166]: 1. Im Roussillon für Elna *sę́gul* (ALCa 977 p 104), das aus dem Ostkatalanischen importiert sein dürfte. 2. Im Ostkatalanischen: Prov. Gerona: *sę́gul* im Empordà (so u. a. für Torroella de Montgrì ALCa 977 p 37), *sègol* für die Selva (Masclans 195) sowie mit weniger ausgeprägtem Velarcharakter *sę́gəl* für Palafrugell, Blanes (ALCa 977 p 53), S. Feliu de Guixols (p 54), Amer (p 34), Banyoles (p 35), Girona (p 36); Prov. Barcelona: *sę́gul* für die Plana de Vic, das Pla de Bages (Manresa *sę́gul* ALCa 977 p 47) sowie für das Penedès (so u. a. für Vilafranca del Penedès, Vilanova i Geltrù ALCa 977 p 66, 67), *sę́gul* für Calaf (ALCa 977 p 45) und Igualada (p 46) sowie für Granollers (p 51)[167] im Vallès; Prov. Tarragona (soweit ostkat.): *sę́gul* im Penedès (so u. a. für Vendrell ALCa 977 p 65), weiterhin für Tarragona (p 64) und Valls (p 63), *sę́gul* für Sta Coloma de Queralt (p 44), Alforja (p 61) und Montblanch (p 62); Prov. Lérida (soweit ostkat.): *sę́gul* für Solsona (ALCa 977 p 25). 3. Im Westkatalanischen: Prov. Tarragona (soweit westkat.): *sę́gul* für Falset (ALCa 977 p 60); Prov. Lérida (Lleida): *sę́gǫl* für das Pla d'Urgell (so u. a. für Artesa de Segre ALCa 977 p 23, weiterhin *sę́gol* für Balaguer p 41, Tàrrega p 43 sowie *sę́gal* für Ager p 21), für Lleida (*sę́gǫl* ALCa 977 p 40), für das Urgellet sowie für Andorra (vgl. auch ALAndorra 932); Prov. Huesca: im Ribagorsa *sę́gal* für Campo (ALCa 977 p 1), Graus (p 17), Peralta de la Sal (p 18), Benabarre (p 20) sowie *sę́gal* für Binéfar (p 16).

In den westlichen Mundarten des Westkatalanischen hat sich dagegen das *e*, das aus der Abschwächung des nachtonigen A herrührt, verbreitet erhalten, so im einzelnen: Prov. Lérida (Lleida): *sę́gęl* im Pla de Lleida u. a. für Lleida selbst, Massalcoreig, Borges Blanques (auch *sę́gęl* ALCa 977 p 42), Alcarràs (ALCa 977 p 39), im Pallars u. a. für Sort (auch *sę́gęl* ALCa 977 p 7), Senterada, Pobla de Segur, das Pallars Sobirà (Masclans 195), die Vall de Cardós (ib.), die Vall Ferrera (ib.) sowie für Seu d'Urgell (ALCa 977 p 8) und Andorra (ALAndorra 932), im Ribagorsa u. a. für Sopeira, Pont de Suert, Vilaller, Durro (ALCa 977 p 5) sowie *sę́gęl* für Tremp (ALCa 977 p 22); Prov. Tarragona: *sę́gil* für Capçanes mit Erhöhung des *ę* > *i*.

---

165 Petro Torra: Dictionarium seu thesaurus catalano-latinus S. 562 (C.).

166 Sofern nicht ausdrücklich andere Quellen genannt werden, stammen die Belege aus ALcM.

167 Im Gegensatz zum oben genannten *sęgglə* werden wir es hier wohl mit der autochthonen Entwicklung für Granollers zu tun haben.

An altkatalanischen Belegen für die nichtvelarisierte Form ist ein *sèguel* zu nennen, das sich in der zwischen 1305 und 1310 von Berenguer Sarriera angefertigten Übersetzung des Liber de regimine sanitatis von Arnau de Vilanova findet[168].

Aus dem Valencianischen[169] und Balearischen liegen uns keine SECALE-Belege vor, von denen wir annehmen können, daß sie wirklich autochthon seien. Hier wird, wie bereits eingangs angedeutet wurde, für unsere Getreideart das sp. *centeno* (> *senteno*) als Bezeichnung verwendet.

2. Lat. centenum

a. Das lateinische Wort

α. Die Belege

Schon weiter oben im Zusammenhang mit lat. SECALE erwähnten wir diese zweite lateinische Roggenbezeichnung. Sie wird – wie erinnerlich – zum ersten Mal in folgendem Passus des Edictum Diocletiani de pretiis rerum venalium vom Jahre 301 n. Chr. genannt:

1,3 Centenu(*m*) sive sicale KM unum X sexa(*ginta*)[170].

Auffällig ist, wie wir bereits an anderer Stelle ausführten[171], daß hier die Bezeichnung der Ware – also *centenum* bzw. *sicale* – nicht wie sonst allgemein durchgeführt im Genitiv erscheint. Wir äußerten dann die Vermutung, daß *sicale* vielleicht doch ein Genitiv sein könnte, und zwar ein solcher der a-Deklination. Da jedoch daneben mit *centenum* ein offensichtlicher Nominativ steht, glaubten wir unserer Annahme nicht allzu großes Gewicht beimessen zu dürfen. O. Szemerényi vertritt dagegen die Meinung, daß auch *centenum* im Edictum Diocletiani ein Genitiv sei, und zwar vom Plur. *centena* (Szemerényi 250/1). Formal ist das durchaus möglich; in der Tat lautet der Genitiv zum Distributivum *centeni*, *-ae*, *-a* „je hundert" *centenum*, wie aus einer Anzahl von Belegen hervorgeht (ThesLL). Was jedoch in diesem Zusammenhang zu beweisen bleibt, ist, ob *centena* wirklich jemals im Lateinischen zur Bezeichnung des Roggens gedient hat. Und diesen Beweis bleibt uns auch O. Szeme-

[168] Arnau de Vilanova: Obres catalanes Bd 2 (escrits mèdics) S. 135 (C.) (die Übersetzung des B. S. ist in einer Handschrift aus dem 15. Jahrhundert erhalten).

[169] Ein *sègol* für Valencia, das Masclans 195 auf Grund von A. J. Cavanilles: Observaciones sobre la historia natural . . . del reyno de Valencia zitiert, ist, wie mir Herr Prof. Dr. G. Colón, Basel, freundlicherweise mitteilte, zweifelhaft.

[170] EdictDiocl 9. Vgl. zum Vorkommen von lat. *centenum* im Edictum Diocletiani noch Heraeus 3.

[171] S. 25f.

rényi schuldig. Er begnügt sich vielmehr mit dem Hinweis, daß dieses *centena*, für das uns in der Bedeutung „Roggen“ jeder Beleg fehlt, später in Anlehnung an *frumentum* oder *triticum* zum Neutrum Sing. *centenum* geworden sei, wie es im Spätlatein belegt ist und auch von den iberoromanischen Sprachen (sp. *centeno*, pg. *centeio*) vorausgesetzt wird. Da der Ausgangspunkt dieser Annahme recht zweifelhaft und durch nichts zu beweisen ist, glauben wir doch an einem ursprünglichen lat. *centenum* weiterhin festhalten zu müssen. Wenn wir im übrigen berücksichtigen, daß *centenum* nicht der einzige Nominativ statt eines Genitivs im Edictum Diocletiani ist, erscheint es doch naheliegender, daß es sich auch in diesem Fall um einen versehentlich gesetzten Nominativ handelt, und nicht um den Genitiv eines *centena* *„Roggen“.

Schließlich sei auch in diesem Zusammenhang noch einmal darauf hingewiesen, daß die Nennung von *centenum* im Edictum Diocletiani möglicherweise ein wertvolles Indiz für den effektiven Gültigkeitsbereich dieser Preisstopverfügung ist[172]. Da nämlich alles dafür spricht, daß lat. *centenum* ausschließlich im Ibero-Lateinischen zur Bezeichnung des Roggens gebräuchlich war, müssen wir annehmen, daß das Edictum Diocletiani nicht nur im östlichen Reichsteil, dem Herrschaftsbereich Diocletians, sondern auch in der Hispania (und den übrigen Provinzen des Occidents) Anwendung gefunden hat.

Ein weiterer Beleg, der vom Anfang des 7. Jahrhunderts ist, bezieht sich eindeutig auf ibero-lateinische Verhältnisse. Er findet sich in den Originum sive etymologiarum libri XX des Isidorus von Sevilla: „Centenum appellatum, eo quod in plerisque locis iactus seminis eius in incrementum frugis centesimum renascatur“ (IsidOrig 17, 3, 12). Diese Stelle in den Origenes des Isidorus ist insofern bemerkenswert, als hier im Gegensatz zum Edictum Diocletiani nur von *centenum* die Rede ist. Da lat. *secale* nicht einmal erwähnt wird, kann man mit Sicherheit annehmen, daß dem iberischen Regionallatein – zumindest zu Beginn des 7. Jahrhunderts – nur *centenum* als Bezeichnung für den Roggen geläufig war. Mag Isidorus auch sonst vieles aus antiken Autoren geschöpft haben, so hat er bei der Verwendung von *centenum*, wie die iberoromanischen Sprachen nachträglich bestätigen, sich ausschließlich vom hispanischen Sprachgebrauch seiner Zeit leiten lassen.

β. Die Etymologie

Wenn wir uns nun der Herkunft des lat. *centenum* „Roggen“ zuwenden, werden wir nicht umhin können, es mit lat. *centēnus, -a, -um* „hundertmalig“ in Zusammenhang zu bringen (vgl. ErnoutM). Das würde also bedeuten, daß man den Roggen von Anfang an für eine sehr ertragreiche Getreideart gehalten hat und ihm deshalb auch die Bezeichnung *(fru-*

---

[172] Vgl. S. 24f.

mentum) centenum „das hundertfältig tragende Korn“ gab. Eine solche etymologische Erklärung für lat. *centenum* gibt schon Isidor von Sevilla, wenn er im 17. Buch seiner Originum sive etymologiarum libri XX schreibt: „Centenum appellatum, eo quod in plerisque locis iactus seminis eius in incrementum frugis centesimum renascatur. Hinc et milium a multitudine fructus vocatum“ (IsidOrig 17, 3, 12). Wenn auch im allgemeinen Isidors Etymologien wenig vertrauenswürdig sind, so scheint er offenbar in diesem Falle das Richtige getroffen zu haben. Wir sehen uns jedenfalls zum gegenwärtigen Zeitpunkt außerstande, lat. *centenum* anders als auf diese eher volksetymologisch anmutende Art zu deuten.

Interessant ist in diesem Zusammenhang, daß schon in der Naturgeschichte des Plinius vom hundertfachen Ertrag des Roggens die Rede ist: „nascitur (secale) qualicumque solo cum centesimo grano, ...“ (PlinNH 18, 141). Hieran muß sich zwangsläufig die Frage knüpfen, ob uns diese Stelle bereits indirekt die Existenz eines lat. *centenum* „Roggen“ für das erste nachchristliche Jahrhundert bezeugt. Fast wäre man geneigt, es anzunehmen. Andererseits darf aber auch nicht vergessen werden, daß Plinius eine ausgesprochene Vorliebe für hohe Ertragsziffern im Getreidebau hatte. Der folgende Abschnitt aus dem 18. Buch der Naturgeschichte, in dem diesmal dem Weizen ein hundertfacher und noch höherer Ertrag nachgesagt wird, unterstreicht das nachdrücklich: „Tritico nihil est fertilius – hoc ei natura tribuit, quoniam eo maxime alebat hominem –, utpote cum e modio, si sit aptum, quale in Byzacio Africae campo, centeni quinquageni modii reddantur. misit ex eo loco divo Augusto procurator eius ex uno grano, vix credibile dictu, CCCC paucis minus germina, exstantque de ea re epistulae. misit et Neroni similiter CCCLX stipulas ex uno grano. cum centesimo quidem et Leontini Siciliae campi fundunt aliique et tota Baetica et in primis Aegyptus. fertilissima tritici genera ramosum ac quod centigranium vocant“ (PlinNH 18, 94/5). Es fällt also schwer zu entscheiden, ob Plinius nur durch eine Zufälligkeit veranlaßt dem Roggen einen hundertfachen Ertrag zuschrieb oder ob dieser Angabe schon eine zu jener Zeit verbreitete Meinung zugrunde gelegen hat, der Roggen sei eine hundertfachen Ertrag bringende Getreideart. Wäre die zweite Möglichkeit die richtige, dann müßte man sich auch die Frage vorlegen, warum diese Vorstellung ausschließlich im Ibero-Lateinischen Anlaß zu der Roggenbezeichnung *centenum* gegeben hat.

Schließlich soll darauf aufmerksam gemacht werden, daß die Verwendung von *centenum* als Roggenbezeichnung im Ibero-Lateinischen möglicherweise Aufschluß verschafft über das ungefähre Alter des Roggenanbaus auf der Pyrenäen-Halbinsel. Ist nämlich die Annahme richtig, daß das ibero-lat. *centenum* „Roggen“ eine rein lateinische Wortschöpfung ist, dann ergibt sich daraus, daß der Roggen aller Wahrscheinlichkeit nach erst zur Zeit der Römer auf der Iberischen Halbinsel eingeführt worden ist. Für die Ermittlung des ungefähren Zeitpunktes ist von Bedeutung, daß der aus Gades (Cádiz) stammende Columella, der sich in den einheimischen Agrarverhältnissen auskannte, in seiner De re rustica (60/70 n. Chr.) noch nicht vom Roggen spricht. Auch in der Naturgeschichte fehlt jeder Hinweis auf eine selbst nur beschränkte Roggenkultur in Hispanien, obschon Plinius sonst nicht mit Hinweisen auf die dortige Getreidewirtschaft spart. Demnach sollte der Roggen nicht vor Ende des ersten nachchristlichen Jahrhunderts Eingang in die hispanische Landwirtschaft gefunden haben.

Zusammenfassend läßt sich also sagen, daß der Roggenanbau auf der Pyrenäen-Halbinsel ohne Zweifel jünger ist als auf der Apennin-Halbinsel. Und was die beiden lateinischen Roggenbezeichnungen anbelangt, so werden wir auch hier *secale* das höhere Alter vor *centenum* zubilligen müssen.

b. Die romanischen Formen

Im Rahmen der romanischen Sprachen hat allein die Iberoromania das lat. CENTENUM entsprechend seiner ursprünglichen Verbreitung als Roggenbezeichnung bewahrt; und zwar liegt es im Spanischen und Portugiesischen in erbwörtlicher Entwicklung vor, während es im Katalanischen nur gelegentlich als Lehnwort aus dem Spanischen erscheint.

Besonders frühe Belege für das sp. *centeno* wären zweifellos aus dem mittellateinischen Schrifttum zu gewinnen, wenn man berücksichtigt, daß selbst in mittellateinischen Charten die Abgabenbezeichnungen frühzeitig auch in ihrer volkssprachlichen Form auftauchen. Da jedoch unser Wort gewöhnlich in der Verbindung Mengenangabe + *de centeno* vorkommt, ist nicht zu entscheiden, ob es sich hier noch um das mlat. *centenum* oder bereits um die volkssprachliche Bezeichnung handelt[173]. So kommen wir erst relativ spät zu eindeutigen Belegen für sp. *centeno*.

Die frühesten, uns zur Zeit erreichbaren Belege sind in einer volkssprachlich abgefaßten Abgabenaufstellung aus dem Kloster Oña in Nordkastilien enthalten. In diesem Verzeichnis, das von 1212 datiert, ist verschiedentlich von *centeno* die Rede, so etwa „. . . a la vinna circa era IIIes modios de centeno; ... en Bustiellos XII^os modios de centeno..." usw. (DocEspaña 70). Im Fuero de Guadalajara von 1219 wird unser Wort in folgendem Zusammenhang genannt: „e por arvejas e mijo asy peche como por çenteno, e por garvanços como por trigo" (Fuero Guadalajara 7). Ins 13. Jahrhundert gehört gleichfalls der Fuero de Salamanca, aus dem die folgende Stelle stammt: „Por hechar arena en sal o en trigo: Et quien en trigo o en ceuada o en centeno o en sal arena

[173] Vgl. dazu die Belege, die AebSeigle 395 zitiert.

metiere peche II mr . . ." (Dubler 74). Ein weiterer Beleg aus dem 13. Jahrhundert läßt sich in einer Urkunde (für 1264) aus Sahagún feststellen, wo es im einzelnen heißt: „. . . ii quartas de pan una detrigo ye otra decenteno . . ." (Staaf 87).

In der spanischen Literatur treffen wir unser Wort zum ersten Mal beim Arcipreste de Hita an; in seinem Libro de buen amor kommt es gleich mehrmals vor, so in: „No quieres dar al poble un poco de çenteno" (Ruiz 1, 96; ferner 2, 62, 163, 164). Vom Beginn des 15. Jahrhunderts an werden die literarischen Belege für sp. *centeno* immer häufiger; da sie in keinem Falle einen besonderen Kommentar erfordern, kann hier auf ihre Wiedergabe verzichtet werden[174].

Auch die spanischen Dialekte bieten, soweit es unser Wort betrifft, ein eher einförmiges Bild. Da fast durchweg die Form die gleiche wie in der Schriftsprache ist, wird in Dialektmonographien vielfach auf ihre Wiedergabe verzichtet. Aus den wenigen Quellen, die unser Wort erwähnen, sei hier u. a. für das westliche Asturien ein *centén* (AcevedoF 54; Rodríguez 112) und für Aragonien ein *θenteno* (KrügerHPyr 6; BadíaBielsa 246) genannt.

Früh schon – wenn auch räumlich beschränkt – wurde sp. *centeno* vom Katalanischen entlehnt. So findet sich im Manual de Consells von Villarreal der folgende Beleg für 1423/24: „Item que tot flaquer o flaquera que molra ordi, paniç, dacça, mill, centeno, per a obs de vendre, pach per cascun exafiç (!) tres sous"[175]. In einer Sammlung von Exempeln, Mirakeln, Gesten und Fabeln aus der ersten Hälfte des 15. Jahrhunderts, die nicht näher zu lokalisieren ist, sicherlich aber auf eine spanische Vorlage zurückgeht, läßt sich unser Wort erneut feststellen: „venia del forn e portaua pa de centeno" (AlcM)[176]. Ein weiterer Beleg für 1497 („y al temps de les messes batreu bon çenteno", AlcM) weist wiederum ins Valencianische. Auch heute noch wird sp. *centeno* im Valencianischen (ALCa 977: *sẹntẹ́nọ*)[177] zur Bezeichnung des Roggens verwendet; so auch im Balearischen, wo die Sache selbst jedoch unbekannt ist (Rokseth 21).

Eine Entlehnung aus dem Spanischen ist auch das mozarab. *chenteno*,

---

[174] Vgl. die Autorenzitate aus dem 15.–17. Jh. im DiccHist 2, 976. Die dort aufgeführten Belege legt auch Alonso 1, 1028 seiner Datierung des sp. *centeno* zugrunde. Wörterbuchbelege von Nebrija 1492 bis Correas 1627 stellt Gili 1, 531 zusammen. Vgl. ferner DiccAutoridades.

[175] José María Doñate: Existencia de un maíz europeo anterior al descubrimiento del Nuevo Mundo in Boletín de la sociedad castellonense de cultura 37, 12.

[176] Der an der gleichen Stelle zitierte Beleg von 1523 („un quart de *centeno*") steht ebenfalls unter dem Einfluß einer spanischen Vorlage (vgl. Boletín de la Real Academia de Buenas Letras de Barcelona 22, 24).

[177] Zum Wert der Angaben des ALCa 977 vgl. S. 107 Anm. 158.

das sich in Glossen aus dem Jahre 1219 findet (Simonet 159)[178]. Auf dem Wege über das Mozarabische gelangte sp. *centeno* auch in arabische Mundarten Nordwestafrikas, die es ihrerseits an verschiedene Berberdialekte weitergaben. Schon im 15. Jahrhundert erwähnt Aḥmad Zarrūq el-Burnusī in seinem Kommentar zur Risāla des El-Qairawānī ein *tīšěntīt* als Bezeichnung für eine Getreideart[179], das zweifellos in letzter Konsequenz auf das sp. *centeno* zurückgeht. Auch in modernen arabischen Mundarten des Maghrebs lebt unser Wort als Roggenbezeichnung fort, so im nördlichen Jbāla (Anjra) *ašęnṭīl* und für Ṣěnhāja d-ěs-Srāir *ěššęnti*. Aus Berberdialekten lassen sich ergänzend dazu folgende Belege beibringen: Ida-u-Tanant *išenti*, Ṣěnhāja d-ěs-Srāir *tāšęntīϑ*, im Gebiet der Sous (östlich von Agadir) *išenti*, schließlich noch ein nicht näher lokalisiertes *āšěntīt*, das Ed-Durr eṯ-ṯamin ausdrücklich als der Berbersprache angehörig bezeichnet. Ferner sind hier aus dem Rif für Guelaia *zašentixz* und für Buqoia *zišentiz* zu nennen (Ibáñez 120).

Diese maghrebinischen Roggenbezeichnungen geben auf Grund ihrer Herkunft zu der Vermutung Anlaß, daß der Roggen in Nordwestafrika europäischen Ursprungs ist. Daß diese Annahme durchaus ihre Berechtigung hat, geht aus einer Stelle in der Ḥadīqat el-Azhār des El-wazīr el-Ġassānī hervor. Dort heißt es, daß *šqālya* – übrigens eine andere maghrebinische Roggenbezeichnung europäischen Ursprungs (< lat. SECALE) – auch *eš-šaʒīr er-rūmī* „Gerste der Römer bzw. der Christen" genannt wird (Colin 71).

Neben dem sp. *centeno* geht auch das pg. *centeio*[180] auf lat. CENTENUM zurück. Die frühesten, eindeutig volkssprachlichen Belege lassen sich hier im 12./13. Jahrhundert feststellen. In einer Urkundenkopie aus dem 13. Jahrhundert, deren Original auf das Jahr 1189 zurückgeht und sich im übrigen auf Moimenta (Prov. Tras-os-Montes) bezieht, heißt es: „. . . Iª talega de millo, I° almude de tritico, I° almude de cemteo" (PMHLeg 1, 473). Ein weiterer Beleg rührt aus einer 1255 in Tolões de Aguiar (Prov. Beira alta) ausgestellten Urkunde her: „e estes dez e sete foreyros paguem a mi cada ano e a meus successores segnos moyos de pan ateygados e nom mão postos a meyadade de centeo e meyadade de milo" (ib. 1, 654)[181]. Hierher gehört auch ein *centẽo* in den am Anfang des 13. Jahrhunderts abgefaßten Fueros von Castelo Rodrigo (Cintra 562), deren Sprache ein portugiesisch-leonesischer Mischdialekt ist.

---

178 Nach Corom 1, 765 geht der Ortsname *Centinares* (Bédar, Prov. Almería) möglicherweise auf eine mozarabische Variante **centino* zurück.

179 Die hier und im folgenden aufgeführten Formen wurden entnommen Colin 70/71. Vgl. dazu auch noch Corom 1, 765.

180 Das bei Rönsch 420 zitierte pg. *centelo* ist inexistent und beruht wohl auf einem Druckfehler.

181 Vgl. auch noch den bei Machado 1, 551 (s. v. *cento*) zitierten Beleg.

II. Die sekundären Bezeichnungen

1. Lat. ANNONA

Einen ersten Anhaltspunkt dafür, daß auch lat. ANNONA als Roggenbezeichnung im Romanischen auftreten kann, erhalten wir durch den ALF 1211, der für p 889 (= Barc., BAlpes) *anṓna* verzeichnet[182]. Auf das gleiche Gebiet bezieht sich ein allgemeiner Hinweis bei Mistral, wonach dasselbe Wort in der Haute-Provence den Roggen bezeichnet. Weiterhin kommen in den nördlich anschließenden Alpendialekten des Dauphiné die aphäretischen Formen *núro* (für La Grave, Les Terrasses, Le Chazelet) und *núra* (für La Grave) wieder in der Bedeutung „Roggen" vor (Giese 105).

Um abklären zu können, auf Grund welcher Tatsache lat. ANNONA heute im Romanischen in der Bedeutung einer ganz speziellen Kornart erscheint und in welchem Umfange es bereits in der Vergangenheit zur Bezeichnung des uns hier interessierenden Getreides herangezogen wurde, müssen wir uns eingehender mit der Geschichte dieses Wortes befassen.

Bereits in klassischlateinischer Zeit finden sich für lat. *annona* die Bedeutungen „Getreide" und „Lebensmittel" belegt neben solchen, die die etymologische Herkunft des Wortes mehr oder weniger widerspiegeln (vgl. ThesLL). In den beiden genannten Bedeutungen lebt das Wort auch im Spätlateinischen fort (vgl. ThesLL, Blaise 84); nicht viel anders ist es im Mittellateinischen, auf das wir noch einmal im Anschluß an das Romanische zurückkommen werden.

Innerhalb der romanischen Sprachen hat sich das lat. ANNONA als Erbwort allein im Occitanischen erhalten, und zwar zunächst wohl nur in der Bedeutung „Getreide". Frühzeitig ist apr. *anona* aber auch zur Bezeichnung einzelner Getreidearten herangezogen worden, ein Vorgang, den wir auch noch bei anderen Wörtern, die ursprünglich den abstrakten Oberbegriff „Korn" bezeichneten, beobachten werden können. Diese Erscheinung erklärt sich dadurch, daß allgemein die Tendenz besteht, die in einer Gegend am häufigsten angebaute Getreideart mit dem Getreide schlechthin zu identifizieren. Diese Begriffsvermengung schlägt sich sprachlich derart nieder, daß die Bezeichnung des abstrakten Oberbegriffes „Getreide" zusätzlich die Bedeutung der jeweils vorherrschenden Getreideart annimmt. In der Folge kann es dazu kommen, daß die sekundäre, konkrete Bedeutung die primäre, abstrakte verdrängt, wodurch die Sprache bzw. der Dialekt vor die Notwendigkeit gestellt wird, sich nach einer neuen Bezeichnung für den Begriff „Getreide" umzusehen. Dieser Fall liegt im Occitanischen vor, das *anona* heute nur noch in spezieller Bedeutung kennt und *blat* als allgemeine Bezeichnung für das Getreide angenommen hat.

---

182 Bei ArnaudM 8 dagegen *anòuna*.

Im Altprovenzalischen nun kommt *anona* noch in beiden Bedeutungsmöglichkeiten vor: es ist also sowohl Getreide- als auch Getreideartbezeichnung. Dabei fällt es im letzteren Falle nicht immer leicht zu entscheiden, welche bestimmte Getreideart mit *anona* gemeint ist.

Das apr. *anona* „Getreide" ergibt sich u. a. aus seinem Plural *anonas* in der Bedeutung „Getreidearten", der sich etwa mit den Stellen „De totas anonas, dau setier una copa de lesda, . . ." für Chénérailles 1265 (ChartCreuse 8) und „Diray vos de que lo (un tortel) fazie: De VII anonas i metia" in einem altprovenzalischen Streitgedicht von ca. 1370 (R 14, 522) belegen läßt.

Eine ganze Reihe von altprovenzalischen Belegen, in denen *anona* allein genannt wird, ist hinsichtlich der Bedeutung nicht eindeutig zu klassieren. So läßt sich *anona* bei Peire Cardinal in „Mas selhs que an aodansa De vin e d'anona" oder in „Ben cambi' anona per jueill" (Rn) sowohl mit „Korn" als auch mit „Weizen" oder einer anderen Getreideart interpretieren. Ein anderes Kapitel sind die vielen alleinstehenden *anona*-Erwähnungen mit Mengenangabe in den Kartularien; sie durchweg mit „Getreide" deuten zu wollen, wäre zweifellos verfehlt. Da es sich hier um Naturalzinse handelt, kann man sich nicht vorstellen, daß die beiden Parteien sich der Frage, in welcher Getreideart die Abgaben zu leisten seien, gleichgültig gegenüber verhielten. Das müßten wir aber annehmen, wollten wir in solchen Fällen *anona* mit „Getreide" interpretieren. Die Vertragspartner werden vielmehr – von Ausnahmen abgesehen – mit *anona* eine ganz bestimmte Getreideart gemeint haben, die jedoch von Gegend zu Gegend eine andere sein konnte.

Für die Bedeutungsbestimmung des apr. *anona* als Getreideartbezeichnung sind natürlich Belege, in denen viele, wenn nicht alle Getreidearten erwähnt werden, besonders wertvoll. Zu diesen begreiflicherweise nicht gerade häufigen Belegen gehört der folgende für Avignon 1464: „la dita madama haura et pendra en la yera la quarta part, . . ., de totz los blatz que provendrian de la dicha facharia, soes annonas, sivadas, segles, orges, peses, favas et de totz autres blatz" (DocAvignon 2, 204), in dem *anona* also den Weizen bezeichnet. Damit lassen sich auch andere *anona*-Belege aus der gleichen Gegend semantisch bestimmen, so *anona* neben *seguel* und *palmola* (eine Gerstenart) für 1389 (DocAvignon 2, 99), neben *blat* (hier wohl „Getreide") für 1386 (ib. 2, 97) sowie alleinstehende Belege für 1348 (ib. 2, 35), 1351 (ib. 2, 37) und 1463 (ib. 2, 203).

Eindeutig sollte auch der folgende Beleg sein, wenn auch auf Grund von sachlichen Überlegungen: „XVI sest. de bla meyenc, annono e froment" für Embrun (HAlpes) 1458 (DocMidi 445; vgl. 475). Da das Mengkorn *(bla meyenc)*, dessen Bestandteile ausdrücklich genannt werden, sich im Mittelalter in der Regel aus Weizen und Roggen zusammensetzte[183] und *froment* nur den Weizen bezeichnen kann, wird mit *annono* hier sicherlich der Roggen gemeint sein. Dieser Schluß wird bestätigt durch die eingangs zitierten neuprovenzalischen *anona*-,,Roggen''-Belege, die aus der gleichen Gegend stammen. Wir haben also Grund zu der Annahme, daß *anona* in den dauphinisch-provenzalischen Hochalpen von altersher zur Bezeichnung des Roggens verwendet wurde. Wieweit sich im einzelnen diese *anona*-,,Roggen''-Bezeichnungszone ursprünglich erstreckt hat, läßt sich nicht mehr eindeutig ermitteln.

In diesem Zusammenhang soll bereits auf das Urkundenbuch des Klosters Durbon (HAlpes) hingewiesen werden, in dessen mittellateinischen Urkunden häufig *annona* erscheint[184]. An der Verwendung unseres Wortes in der Bedeutung ,,Roggen'' in den hier zusammengestellten, mehrheitlich aus den Hochalpen stammenden Charten ist kaum zu zweifeln, auch wenn *frumentum* nicht unmittelbar neben *annona* vorkommt, sondern nur in anderen Schriftstücken vom gleichen Ort.

Einige weitere altprovenzalische Belege aus der Provence lassen dagegen keine bündigen Schlüsse darüber zu, ob der Weizen oder der Roggen gemeint ist. In einem Registre de las pastas et dels pans für Saint-Maximin (Var) von der Mitte des 14. Jhs. wird nur *annona* genannt, und zwar in: ,,cant a n n o n a val X s. devom contar los XI deniars com dona als pestres et alas pestoresas, . . .'' (CartSMaximin 98; vgl. ib. 100, 102); weiterhin ist allein von der Getreideart *anona* die Rede in Schriftstücken aus Digne (BAlpes) 1433 (DocMidi 249) und 1443 (ib. 265), aus Saint-Julien d'Asse (BAlpes) Anfang des 15. Jhs. (ib. 315) sowie aus Manosque (BAlpes) 1409 (,,a n n o n a o autres blas'', ib. 381). Aufschlußreicher ist vielleicht die folgende Belegstelle für Entrevaux (BAlpes) 1570: ,,ving cinq saumadas et miejo, mitat a n n o n o et mitat consegalh, . . Plus de . . . charjes d'a n o n o de Me Sperit Gauffridi, lo qual blat aven vendut tout, a reson de huech testons l'a n o n o et sept lo consegalh . . .'' (DocMidi 297). Da *anono* wertmäßig höher veranschlagt wird als das aus Weizen und Roggen bestehende Mengkorn *(consegalh)*, sollte es sich bei *anono* um Weizen handeln.

Für das Comtat Venaissin hatten wir auf Grund eines unzweideutigen Belegs aus Avignon *anona* in der Bedeutung ,,Weizen'' ermittelt. Nördlich daran anschließend liegt uns für die Gegend von Valence zunächst eine altprovenzalische Charte von ca. 1160 vor, in der *annona* neben *orge* und *civaa* genannt wird (Brunel 97). Wohl sollte man an-

[183] Dies bestätigt auch ein in England verfaßter landwirtschaftlicher Traktat aus dem 13. Jh., der das Mengkorn ausdrücklich wie folgt definiert: ,,mixtilloun de furment et de siegle'' (Gdf 5, 306 s. v. *mesteillon*).

[184] ChartDurbon a. 1166 (S. 70), a. 1180 (S. 114), a. 1208 (S. 217), ca. 1216 (S. 238), 1291/92 (S. 463), a. 1294 (S. 471), a. 1307 (S. 527), a. 1308 (S. 529), a. 1311 (S. 543), 1314/15 (S. 561), a. 1318 (S. 580), 1328/29 (S. 642), a. 1330 (S. 644), a. 1347 (S. 687), a. 1348 (S. 690), a. 1348 (S. 691), 1354/55 (S. 694).

nehmen, daß *annona* hier die Bedeutung „Weizen“ trägt, restlos sicher ist jedoch dieser Schluß nicht, da er sich nicht aus der Urkunde selbst ergibt. Eine nachträgliche Bestätigung bringt auch nicht eine 1381 in Valence ausgefertigte Abgabenaufstellung (ActeValence 159/71) für die Gegend von Livron-sur-Drôme (südlich von Valence). Die meisten Getreideabgaben sind hier in *anona* zu leisten, das gewöhnlich allein steht. Daß mit *anona* eine bestimmte Getreideart gemeint ist, ergibt sich u. a. aus dem Passus „II sesters d'a n o n a e I sester d'uerge“ (ib. 169). An weiteren Getreideartbezeichnungen werden *uerge* bzw. *orge*, *fromen* und *bla* genannt, wobei *bla* wie im Altfranzösischen wohl auch den Weizen bezeichnet, da es immer mit Mengenangabe versehen ist. Da *segle* nicht erwähnt wird und der Weizen die Bezeichnungen *fromen* und *bla* zu seiner Verfügung hat, sollte man annehmen, daß hier mit *anona* der Roggen gemeint sei. Unbedingt sicher ist diese Annahme jedoch nicht, da gerade bei größeren Inventarien, denen meistens Einzelaufstellungen zugrunde liegen, immer die Möglichkeit besteht, daß auf Grund der verschiedenen Quellen mehrere synonyme Bezeichnungen ein und derselben Getreideart zusammentreffen. Mit anderen Worten, *anona* könnte hier neben *fromen* und *bla* auch eine weitere Weizenbezeichnung sein.

Jenseits der Rhône ist zunächst auf die Erwähnung von *annone* im Théâtre d'agriculture et mesnage des champs des Olivier de Serres aufmerksam zu machen, die jedoch bedeutend jünger ist und die wir auf Grund ihrer auffälligen Bedeutung nur dem Vivarais, der Heimat des Autors, zuschreiben wollen. Aus der Belegstelle „Le bon des cribleures est meslé avec l'a n n o n e, qui est le bled du grossier ordinaire, composé de toutes sortes de grains, fromens, segles, orges, etc., ainsi tel meslange dit en latin annona“ (OldeSerres 744)[185] geht nämlich hervor, daß Olivier de Serres unter *anona* eine Art Mengkorn versteht.

Für das Rouergue kann wieder auf eine Anzahl altprovenzalischer Belege zurückgegriffen werden. In Charten für ca. 1140 (Brunel 35) und 1160 (BrunelS 15) wird *anona* zusammen mit *civada* „Hafer“ und *froment* genannt, für 1142 (Brunel 45), 1180 (ib. 164) und ca. 1190 (ib. 245) zusammen mit *civada*; in Urkunden von ca. 1160 (ib. 87), ca. 1170 (ib. 118) und 1191 (ib. 253) kommt *anona* neben *froment* vor. Da andererseits die Verwendung von apr. *ordi* als Gerstenbezeichnung im Rouergue bezeugt ist (ib. 189; BrunelS 139), könnte arouerg. *anona* mit „Roggen“ interpretiert werden. Einer solchen Erklärung scheint nun aber der folgende Beleg für 1196 entgegenzustehen: „II sesters d'a n o n a et I sester de vi e II dners de castlania. . . . per I moig de seguel e per demei moih de froment . . .“ (Brunel 302). Wahrscheinlich haben wir es hier jedoch

---

[185] Das occit. *anona* erscheint hier in einer dem Fr. angepaßten Form. Mit *le grossier ordinaire* ist natürlich das Alltagsbrot gemeint, und nicht, wie Gdf in seiner Definition will, der arme Mann.

mit einem Beleg in der Bedeutung „Getreide“ zu tun, worauf auch der Zusammenhang hindeutet. Die zusätzliche Bedeutung „Roggen“ des arouerg. *anona*, wie sie aus den oben erwähnten Belegen hervorgeht, erklärt sich wieder durch das Vorherrschen des Roggens im Getreideanbau dieser gebirgigen Landschaft. Damit verfügte also das Altrouerguische über zwei Roggenbezeichnungen, nämlich *seguel* und *anona*, eine Erscheinung, die nichts Außergewöhnliches an sich hat, wenn man berücksichtigt, daß etwa das Französische auch zwei Weizenbezeichnungen (*froment* und *blé*) kennt.

Vom weitgehenden Untergang des apr. *anona* in allgemeiner wie in spezieller Bedeutung wurde auch der Dialekt des Rouergue betroffen, der damit seine zusätzliche Roggenbezeichnung einbüßte. Ein Relikt des arouerg. *anona* ist das aveyr. *nouno* „mouture, mélange d'orge et d'avoine“, dessen besondere Bedeutungsentwicklung aber zweifellos erst jüngeren Datums ist, da sich im Altprovenzalischen ein Mengkorn auch in seiner Bezeichnung noch als solches auswies: *bla meytenc*, *mescla*, *mestura*, *consegalh* usw.

Schließlich liegen uns noch einige altprovenzalische Belege aus den Urkundenbüchern der Abteien Aniane und Gellone (Hérault) vor. In einer ca. 1160 in Antraigues (Ardèche) ausgestellten Charte heißt es u. a.: „. . ., e XVII sesters antre froment et a n o n a, e XII fromatgues, . . . (CartAniane 339). Obwohl es an Vergleichsmaterial aus der betreffenden Gegend fehlt, läßt sich vermuten, daß auch hier der Roggen mit *anona* gemeint ist. Zwei weitere altprovenzalische Belege für das 12. Jh. aus dem Kartular von Aniane (ib. 332, 333) lassen keinen eindeutigen Schluß hinsichtlich der Bedeutung des Wortes zu. Auch die mittellateinischen Charten aus der gleichen Quelle helfen nicht weiter, da aus ihnen nur hervorgeht, daß mlat. *annona* neben seiner allgemeinen Bedeutung „Getreide“ auch die spezielle Bedeutung einer nicht näher zu definierenden Getreideart trug[186].

Aus dem Urkundenbuch des benachbarten Gellone ist eine altprovenzalische Charte aus dem 12. Jh. (CartGellone 197/8) zu nennen, in der *anona* verschiedentlich vorkommt neben einmaligem *blat*. Welche Getreideart hier gemeint ist, bleibt ungewiß, wenn nicht überhaupt die Bedeutung „Getreide“ vorliegt. Die Erwähnungen von *annona* in mittellateinischen Urkunden der gleichen Quelle weisen dagegen eher auf Verwendung in der Bedeutung „Roggen“ hin, so etwa der folgende Beleg von 1122: „mansus autem Zellis . . . reddit . . . duos sextarios, unum frumenti, et alium a n n o n e, . . . et guarbas quinque de civada; . . .; medietas autem census de Sedana est per unumquemque annum unum semodium

[186] CartAniane a. 1136 (S. 216), a. 1136 (S. 217), a. 1123 (S. 275), a. 1075 (S. 343), a. 1216 (S. 382), a. 1149 (S. 418), 814/40 (S. 427).

frumenti, . . ., et eminam ordei, . . . et medietatem quinque guarbarum de avena" (CartGellone 294/5)[187].

Zusammenfassend läßt sich bei aller gebotenen Vorsicht sagen, daß *anona* bereits im Altprovenzalischen als Roggenbezeichnung gebräuchlich war.

Im Gegensatz zum Occitanischen erscheint die vorliegende Getreidebezeichnung im Französischen nur als Buchwort. Zeitlich ist ihre Verwendung zudem auf die altfranzösische Periode beschränkt; so findet sich der früheste Beleg für afr. *anone* im Bestiaire des Philippe de Thaon von ca. 1120, der späteste in den Miracles de Notre-Dame des Gautier de Coincy von ca. 1223[188]. Die Bedeutung des afr. *anone* ist vor allem „Getreide", dann aber auch „Lebensmittel, Proviant", Bedeutungen also, die schon dem lat. ANNONA eigen waren. Nicht dagegen wird afr. *anone* als Bezeichnung einer speziellen Getreideart verwendet, was einmal mehr den lehnwörtlichen Charakter des Wortes unterstreicht, denn jede volkstümliche Bezeichnung für das Getreide im allgemeinen wird zwangsläufig mit einer bestimmten Getreideart in Beziehung gebracht. Das gelehrte afr. *anone* erklärt sich als Reminiszenz des lat. ANNONA oder spiegelt die Verwendung des lateinischen Wortes im mittellateinischen Schrifttum Nordfrankreichs wider. Die lehnwörtliche Entwicklung des Wortes im Französischen zeigt uns zugleich, daß der abstrakte Oberbegriff „Getreide" von Anfang an durch *blé* wiedergegeben wurde, und nicht etwa, daß *blé* in einer frühen Phase des Altfranzösischen ein erbwörtlich entwickeltes ANNONA abgelöst hat.

Abschließend soll noch einmal gesondert auf das mlat. *annona* und die Probleme, zu denen es Anlaß gibt, eingegangen werden. Hierbei kann als Ausgangspunkt die Darstellung genommen werden, die das mlat. *annona* im Artikel Les dénominations des „céréales", du „blé" et du „froment" d'après les données du latin médiéval von P. Aebischer erfahren hat.

Weiter oben hatten wir bereits festgestellt, daß im Klassisch- und vor allem im Spätlateinischen die Verwendung des Wortes als allgemeine Getreidebezeichnung sehr verbreitet war. Lat. *annona* „Getreide" bei Gregor von Tours, auf das Aebischer besonders aufmerksam macht (AebCér 83), stellt also keine bemerkenswerte Ausnahme dar, sondern ist vielmehr ein Beispiel unter vielen.

In der Bedeutung „Getreide, Korn" präsentiert sich *annona* auch im Mittellateinischen. Hierzu findet sich bei Aebischer eine Reihe von frühen Belegen aus der Merowinger- und Karolinger-Zeit (AebCér 83/4), auf

[187] Beachtenswert ist hier auch die synonyme Verwendung von *civada* und *avena* zur Bezeichnung des Hafers, was übrigens auch in apr. Urkunden vorkommt, vgl. Brunel rouerg. ca. 1155 (S. 76).

[188] Vgl. die Belege bei Gdf und TL. Davon abgeleitet ist *anonee* „Nahrung", das im pik. Hugue Capet von ca. 1320 vorkommt (Gdf).

deren Wiedergabe wir hier also verzichten können. Nach Aebischers Darstellung hat mlat. *annona* sodann – und zwar noch in der Karolinger-Zeit – unter dem Druck von *bladum* ,,Getreide" die Bedeutungen ,,Lebensmittel" und ,,Hafer" angenommen. Als Beleg für die erste Bedeutung zitiert er die Stelle ,,annonam sufficientem in pane et cervisa, et leguminibus et lacte" aus der Collectio Sangallensis. Zu dieser Bedeutungsentwicklung ist zu sagen, daß sie durchaus keine mittellateinische Neuerung darstellt, sondern vom Klassischlateinischen vorgezeichnet war. Mlat. *annona* in der Bedeutung ,,Lebensmittel" ist also lediglich eine gelehrte Reminiszenz. Nichts anderes ist übrigens auch das mlat. *annona* in der Bedeutung ,,(Speise)Portion, Ration", das sich in der Speiseordnung (von vor 1063) der Klosterbrüder der Abtei Werden/Ruhr findet: ,,A pascha usque kalendas nouembris festinis diebus annonam piscis unam et quartam partem casei. Ad cenam uero iterum quartam partem casei. Ceteris diebus feria II et IIII et VI annonam piscis et IIII oua" (UrbWerden 121).

Was die sekundäre Bedeutung ,,Hafer" anbelangt, so glaubt sie Aebischer (AebCér 84) in den folgenden Belegen aus den Formulae imperiales zu erkennen: ,,annona ad caballos modios L und ad caballos eorum de annona cotidie modios quatuor". Es ist aber die Frage, ob hier wirklich das Wort *annona* für sich genommen in der Bedeutung ,,Hafer" zu verstehen ist. Da sich diese spezielle Bedeutung allein aus der Anwesenheit des Zusatzes *ad caballos* ergibt (Getreide, Korn für die Pferde = Hafer), sollte *annona* selbst hier noch seine traditionelle Bedeutung ,,Getreide, Korn" tragen. Im übrigen werden wir auf die Bedeutungsspezialisierung des mlat. *annona* noch einmal zurückkommen.

Worauf es uns hier zunächst ankommt, ist festzustellen, daß mlat. *annona* zu jeder Zeit in erster Linie die Bedeutung ,,Getreide" gehabt hat, eine Tatsache, die aus Aebischers Darstellung nicht klar hervorgeht. Vielmehr entsteht der Eindruck, unser Wort sei durch das aufkommende mlat. *bladum* gegen Ende des 10. Jhs. in speziellere Bedeutungen abgedrängt worden. Die folgenden Beispiele zeigen dagegen unzweideutig, daß das Mittellateinische auch noch vom 11. bis mindestens zum 14. Jh. *annona* in der Bedeutung ,,Getreide" gekannt und verwendet hat. Zunächst Belege aus der Galloromania, die erkennen lassen, daß mlat. *bladum* selbst hier weit davon entfernt war, *annona* restlos zu verdrängen.

Paris[189]: für 1150 ,,contractum facere ceperat super sex modiis annone, tres de frumento et tres de grosso blado" (CartParis 1, 35).

Chartres: für 1127 ,,. . . sive in annona sive in denariis sive in quibuslibet aliis rebus . . ." (CartChartresG 2, 277).

[189] Die Aufreihung der Belege erfolgt nach geographischen Gesichtspunkten in Anlehnung an die sog. Strichordnung der Dialektformen im FEW. Der Einfachheit halber werden die Beispiele hier fast durchweg unter dem Herkunftsort der Urkundenbücher genannt.

Stavelot: für 1182 „. . ., pauperibus vero elemosinam de utinis cibis annone, . . .“ (ChartStavelotM 1, 512).

Liège: für 1213 „. . . in reditibus meis qui proveniunt de domo pannorum et de domo annone . . .“ (CartLiègeBS 1, 171); für 1249 „quam speltam dictus Clarembaldus emit a nobis, cuius annone precium nobis plene ab eo persolutum est“ (CartLiègeT 54); für 1323 „. . . contra dictam venditionem et solutionem dicte annone . . .“ (ib. 163).

Flône (Lüttich): für 1118 „. . . decimas annone . . .“ (DocFlône 1, 289).

Houffalize: für 1235 „viginti octo modios annone, quatuordecim siliginis et quatuordecim avene annuatim percipiendos“ (UBLuxemburg 2, 304).

Tournai: für 1211 „. . . sub annua pensione dimidii modii annone, tribus scilicet raseriis bladii et tribus avene“ (ChartTournai 1, 211).

Ponthieu: zwischen 1191 und 1221 „. . . meliori annona quam molendinum lucrabitur“ (CartPonthieu 123).

Amiens: für 1170 „quatuor annone modios, duos de frumento et duos de avena (CartAmiens 1, 68).

Compiègne: für ca. 1175 „decem et octo minarum annone, novem frumenti et novem avene“ (CartCompiègne 1, 217).

Evreux: für 1261/62 „undecim sextaria annone ad mensuram Paceii, scilicet medietatem bladi et aliam medietatem ordei et avene“ (Cart Norm 142).

Redon (IlleV.): vor 1047 „dedit . . . terciam partem tocius decime, videlicet annone, pullorum, vitulorum“ (CartRedon 268).

Le Mans: zwischen 1068 und 1078 „. . . id est dimidiam partem annone et vini . . .“ (CartLeMansC 376).

Angers: für ca. 1070 „. . . decimam annonae et piscium . . .“ (Cart Angers 1, 431).

Saint-Maixent: zwischen 1222 und 1234 „. . . decimam dare in elemosinam de ovibus, de agnis, lana, annona, porcis, . . .“ (ChartS Maixent 2, 64).

Poitiers: für ca. 1136 „tali pacto ut habeant monachi medietatem annone, piscationis et totius molendinarie utilitatis“ (CartPoitiers 272).

Angoulême: für 1143 „. . . frumentum et ceteras annonas“ (Cart Angoulême 225).

Barbezieux (Char.): für das 12. Jh. „IIII[or] sextaria annone . . . unum de frumento, unum de fabbis, unum de ordeo, unum de civada“ (CartBarbezieux 138).

Noyers (IndreL.): für ca. 1069 „. . ., donec redderet praedictos solidos, et porcos et boves, et annonam et vinum“ (CartNoyers 65).

Orléans: zwischen 1121 und 1136 „. . ., de vino, et de annona, et pecudibus, et de ceteris unde vivitur“ (CartOrléans 30).

Autun: zwischen 1112 und 1140 „XV solidos et totidem sextaria annonae, cuius dimidia pars in frumento, caetera vero in avena redderentur" (CartAutunD 57).

Molesme (Côte-d'Or): zwischen 1076 und 1095 „viginti mensure quas vulgo bichez vocamus, decem frumenti et decem alterius annone" (CartMolesme 2, 46).

Yonne: für 1206 „in qua decima etiam de novalibus canonici Deiloci terciam partem habent, scilicet de annona, de canabo, vino, lino, pisis et fabis et guasdia" (CartYonneQu 27).

La Chapelle-aux-Planches (HMarne): vor 1147 „tres modios annone, medietatem frumenti et medietatem marcialis" (CartTroyes 4, 7).

Metz: für 1286 „trecenta maldra annone divisim, centum maldra siliginis et ducenta maldra avene" (CartMetz 34).

Gorze (Moselle): zwischen 1164 und 1171 „. . . , medietatem decimarum, tam in vino quam in anona et leguminibus" (CartGorze 326).

Grenoble: für 1108 „. . ., et vascula vini sive annone, . . ." (Cart Grenoble 79).

Marseille: für 1057 „et suscepit inde XXIII solidatas, infra annonam et vinum et denarios, et capras et fetas et vaccam et vitulum unum" (CartMarseille 1, 79).

Nîmes: zwischen 1080 und 1096 „decimam de omnibus rebus, . . ., sive sit annona, sive vinum, sive porci vel multones vel agni" (Cart Nîmes 291).

Aniane (Hérault): für 1136 „unum modium mercatalem de annona, cujus due partes sint de frumento et tercia de ordeo" (CartAniane 216).

Gellone (Hérault): zwischen 1077 und 1099 „. . . scilicet decem modiorum annone et vini" (CartGellone 291).

Prouille (Aude): für 1207 „de annona et de caseos, et de ova, et de palea et de vinitis et de boves et de omnia alia, servicia retinemus" (CartProuille 2, 1).

Conques (Aveyron): vom Ende des 11. Jhs. „. . . et recipient ipsi monachi vestidura per singulos annos inter annona et vino uno modio" (CartConques 245).

Le Puy: für 1227 „VIII cartals annone, tam siliginis quam avene" (CartLePuy 199).

Ein Blick in den deutschen Sprachbereich lehrt uns, daß das mlat. *annona* auch hier nach dem 10. Jh. in seiner allgemeinen Bedeutung „Getreide" verwendet wird. Hierzu die folgenden Beispiele: für Bremen um 1200 „XVI solidos annone, videlicet V siliginis, IV hordei, VII avene" (UBBremen 1, 102); für die Abtei Werden/Ruhr 1276 „XXXII maldra bone annone a curia predicta Vehove, videlicet unum mlr. tritici, octo mlr. siliginis, quinque mlr. ordei, duo mlr. pisarum et sedecim mlr. avene pro comcambio et permutatione" (UrbWerden 1, 372); für Halle 1211 „cum duabus mensuris annone, una siliginis, altera ordei" (UBHalle 1, 131); für die Deutschordensballei Thüringen um 1300 „VI maldra annone, III tritici puri et III siliginis" (UBThüringen 1, 532).

Diese Liste von Belegen, die beliebig erweitert werden könnte, zeigt zur Genüge, daß nicht die Rede davon sein kann, mlat. *annona* habe gegen Ende des 10. Jhs. die Bedeutung „Getreide" zugunsten anderer speziellerer eingebüßt.

Im galloromanischen Mittellateinischen wurde dabei *annona* neben *bladum*, von dem noch weiter unten die Rede sein wird, zur Bezeichnung des Getreides verwendet. Erst mit dem 14. Jh. werden hier die *annona*-Belege zusehends weniger. Die Gründe dafür liegen auf der Hand. In Nordfrankreich, wo das mittellateinische Wort keine volkssprachliche Entsprechung hatte, stellte *annona* „Getreide" nur noch eine lateinische Reminiszenz dar, die notwendigerweise dem vitaleren *bladum*, das durch fr. *blé* gestützt wurde, allmählich das Feld räumen mußte. Wenn sich *annona* im mittellateinischen Sprachgebrauch Nordfrankreichs überhaupt so lange behaupten konnte, dann wohl nur, weil mlat. *bladum* entsprechend dem fr. *blé* frühzeitig zur Bezeichnung einzelner Getreidearten (Weizen, Roggen) herangezogen wurde, wodurch ein Rückgriff auf *annona* als abstrakten Oberbegriff „Getreide" sich aufdrängte.

In Südfrankreich dagegen wurde mlat. *annona* wohl durch das apr. *anona* gestützt, mußte aber auch zugleich dessen Bedeutungsverengung mitmachen. Die folgenden mittellateinischen Belege, deren Bedeutung also die semantische Entwicklung des volkssprachlichen Wortes widerspiegelt, stellen daher in gewisser Hinsicht eine Ergänzung des bereits weiter oben zitierten altprovenzalischen *anona*-Belegmaterials dar.

Lérins: hier ist vor allem ein sehr eindeutiger Beleg aus einer Charte von 1329 zu nennen, die einen Vergleich zwischen dem Prior von Notre-Dame zu Briançonnet (AlpesM.) und dem Rektor von Saint-Sauveur zu Gars (AlpesM.) beinhaltet: „et primo, videlicet vigenti sestarios civate, item et quinque sestarios ordei, item quinque sestarios siliginis, item quinque sestarios annone" (CartLérins 2, 55). Aus dem Nebeneinander der vier wichtigsten Getreidearten geht hervor, daß hier mit *annona* der Weizen gemeint ist. Demnach scheint festzustehen, daß apr. *anona* nur in den provenzalischen Alpen (Haute-Provence) den Roggen bezeichnet hat, in Küstennähe dagegen den Weizen. Die übrigen *annona*-Belege aus der gleichen Quelle lassen für sich betrachtet keine so eindeutige Entscheidung zu; vgl. etwa „VI sestarios de loco qui dicitur Sancti Pauli, III de annona et III de ordeo sensuales(!)" (ib. 2, 34) für Fréjus 1167 sowie „retinemus autem in ecclesia Monasterii IIII^or modios annone et IIII^or cibarii et porcum octo solidorum" (ib. 1, 218)[190] für Riez (BAlpes) 1113, wo *cibarium* wohl für *ordeum* steht.

Marseille: Auch hier hat apr. *anona* den Weizen bezeichnet, wie der

[190] Vgl. noch ib. 1102/10 (1, 86), 1094/1115 (1, 107), a. 1338 (2, 146).

folgende Beleg für 1119 aus dem Urkundenbuch der Abtei Saint-Victor zu Marseille lehrt: „. . . duos modios annone et unum de sigalis; . . . unum modium annone et alterum ordei" (CartMarseille 1, 488). In den Stellen „CLX sestaria annone seu frumenti. . ." und „. . . de quadringintis sestariis annone seu frumenti boni . . ." (1336/37, ib. 2, 616) sind *annona* und *frumentum* synonyme Bezeichnungen der gleichen Getreideart. In einer Reihe von weiteren Belegen weist sich *annona* wohl als Getreideartbezeichnung aus, läßt aber keine genaue Bedeutungsbestimmung zu[191].

Remoulins (Gard): für 1239 „et damus . . . dicto filio tuo annuatim . . . quadraginta sextaria bladi, quorum viginti sunt bone annone et bene receptibilis, et viginti boni ordei et bene receptibilis" (CartRemoulins 25); hinsichtlich der Bedeutung des Wortes kommen sowohl Weizen als auch Roggen in Frage, da auch sonst weder *triticum/frumentum* noch *secale/siligo* genannt werden.

Vaour (Tarn): „. . . proventum omnium decimarum frumenti et annone et omnium leguminum" für 1181 (CartVaour 42) findet keine Parallelen in der gleichen Quelle; trotzdem ist wohl anzunehmen, daß hier mit *frumentum* und *annona* die beiden Brotgetreidearten Weizen und Roggen gemeint sind.

Velay: Das Urkundenbuch von Brioude mit Texten aus dem 9.–11. Jh. verwendet *annona* als allgemeine Getreidebezeichnung sowie in der Bedeutung einer nicht näher zu bestimmenden Getreideart[192]; nicht viel anders ist es in zwei Belegen für Le Puy (a. 1227, CartLePuy 199, 200). Einzelne Belege aus dem Urkundenbuch von Chamalières deuten dagegen auf Verwendung des Wortes in der Bedeutung „Roggen" hin, so etwa „Exitus est I cartal frumenti, III sextarii annone, III mine civate, VIIII solidi" (CartChamalières 32) für ca. 1158 oder „. . . I mina frumenti, I mina annone, I sextarius civate" (ib. 40) für 1163[193]. Diese Annahme ist um so berechtigter, als in anderen Charten aus derselben Quelle an Stelle von *annona* mlat. *siligo* „Roggen" erscheint: „. . . I minam frumenti, I minam siliginis et I minam civate" (ib. 35). Es hat also den Anschein, als habe apr. *anona* im Velay neben dem Korn schlechthin auch die wohl vorherrschende Getreideart Roggen bezeichnet.

Limoges: Im ersten Kartular von Saint-Martial (vom Ende des 11. Jhs.) finden sich neben einem „. . . annuatim III modios tritici annone sancto Marciali persolvat" (DocMarcheL 2, 14), wo *annona* in der Bedeutung „Korn, Getreide" verwendet wird, auch Belege in spezieller Bedeutung: „Est autem unus mansus de ista terra ad Murs qui debet III modios

[191] CartMarseille u. a. ca. 1070 (1, 119), ca. 1050 (1, 511), ca. 1035 (2, 14), 12. Jh. (2, 126), a. 1150 (2, 408), 1189/90 (2, 428), a. 1218 (2, 440).

[192] CartBrioude 39, 50, 155, 162, 182, 259.

[193] Weitere Belege ib. 1100/30 (S. 23 „Getreide"), 1100/30 (S. 23), a. 1028 (S. 24), 1082/89 (S. 26), a. 1082 (S. 52), 1082/88 (S. 107).

inter nonam et advenam" (ib. 2, 9) bzw. „II modios Noaillezeis inter annonam et advenam in manso desuper" (ib. 2, 9).

Diese wenigen Beispiele zeigen bereits, daß sich aus den mittellateinischen *annona*-Belegen Südfrankreichs wertvolle Aufschlüsse über die Bedeutung des apr. *anona* gewinnen lassen.

Bemerkenswert ist nun in diesem Zusammenhang, daß auch das nordfranzösische Mittellateinische *annona* gelegentlich in der Bedeutung einer speziellen Getreideart gebraucht hat. Bei der Bedeutungsbestimmung der folgenden Belege sollte die Wahl ebenfalls zwischen den Hauptbrotgetreidearten Weizen und Roggen liegen, da zur Zeit keine Anhaltspunkte dafür vorliegen, daß *annona* im galloromanischen Mittellatein Getreidearten bezeichnet hat, die nicht das Korn schlechthin verkörperten wie Weizen und Roggen, also etwa Gerste, Hafer usw.

Chartres: für ca. 1116 „concessit nos habere unum sextarium, ut medietas annone medietas sit avene" (CartChartresG 2, 614)[194], für 1215 „IIII modios bladi inter annonam et avenam" (CartChartresLM 2, 82)[195], für 1221 „tribus modiis bladi, scilicet decem et octo sextariis annone et uno modio ordei et dimidio modio avene" (CartChartresM 100)[196]. Die Bedeutung von *annona* geht aus diesen wie auch aus anderen Belegen nicht eindeutig hervor, da sowohl der Weizen als auch der Roggen gemeint sein kann. Unter diesen Umständen könnte der folgende ebenfalls aus Chartres stammende Beleg bedeutsam sein: „singulis annis reddebat XXX modios annonae, tritici modium I, anguillas XX" (CartChartresG 1, 40). Es scheint sich also bei *annona* hier um „Roggen" zu handeln, was im übrigen dadurch unterstrichen wird, daß in den drei für Chartres benutzten mittellateinischen Quellenwerken nur ein einziges Mal eine eindeutige Roggenbezeichnung (*sigila*, CartChartresG 2, 464 für 12. Jh.) vorkommt, *frumentum* und *triticum* als Weizenbezeichnungen dagegen häufiger.

Poitiers: für ca. 1060 (bzw. ca. 1100) „Airaudus de Scrugelia quartam partem suam molendini concessit monachis ad modiacionem, ut duos sextarios frumenti et duos et dimidium annone in Natale Domini illi reddant" (CartPoitiers 259) und zwischen 1073 und 1100 „. . . et omni anno II sextaria annone et II frumenti a monacho ipsius loci obedientario reddendos" (ib. 143).

Noyers (IndreL.): für ca. 1089 „. . . omnemque decimam quam apud Campum Venti habuerat, tam in frumento et annona, quam in bestiis . . ." (CartNoyers 204) und für ca. 1072 „. . . et propter hoc dedit illi Alo, monachus, in caritate III solidos et III modios annonae et unam minam milii" (ib. 77). Weitere Belege mit alleinstehendem

---

[194] Weiterhin ib. 1131/32 (2, 375), 12. Jh. (2, 551), a. 1199 (2, 665).

[195] Ferner ib. a. 1217 (2, 89).

[196] Ferner ib. 1174/84 (S. 52), 1187/96 (S. 60), a. 1231 (S. 113).

annona[197] lassen ebenfalls erkennen, daß eine bestimmte Getreideart gemeint ist.

Châteaudun: für 1190 „duos modios annone et unum modium avene" (CartChâteaudun 42); eine eindeutige Entscheidung über die Bedeutung von *annona* ist hier nicht möglich, da es an weiteren Belegen fehlt.

Wie erklärt sich nun die Tatsache, daß auch in Nordfrankreich, wo kein Einfluß von der Volkssprache her vorliegt, mlat. *annona* – wenn wohl auch in weitaus geringerem Maße als in Südfrankreich – die Bedeutung einer speziellen Getreideart annehmen konnte? Dazu ist zu sagen, daß die Verwendung von *annona* als Getreideartbezeichnung wahrscheinlich schon auf das Lateinische zurückgeht. Wenn bei Granius Licinianus (2. Jh. n. Chr.) die Rede von „annonae quinque modii" (ThesLL) ist, wird mit *annona* auch schon eine bestimmte Getreideart gemeint sein. Da nun in der Antike vor allem der Weizen und dann die Gerste das Korn schlechthin verkörperten, werden wir eine dieser Getreidearten hinter dem lat. *annona* in den Fällen, wo es bereits in spezieller Bedeutung verwendet wird, vermuten dürfen. Die Verwendung des mlat. *annona* als Bezeichnung einer einzelnen Getreideart, die durch ihr Überwiegen im Getreideanbau praktisch mit dem allgemeinen Begriff „Getreide" zusammenfiel, war also durch das Lateinische vorgezeichnet. Im mittellateinischen Sprachgebrauch der Galloromania, soweit er sich aus den zitierten Beispielen ergibt, trat insofern eine Änderung ein, als unter *annona* immer dort, wo es in spezieller Bedeutung gebraucht wurde, auch der Roggen verstanden werden konnte. Diese Bedeutungsverlagerung erklärt sich aus den besonderen Verhältnissen der mittelalterlichen Getreidewirtschaft, in der der Roggen vor allem diesseits der Alpen eine wichtige Rolle gespielt hat.

Die Verwendung von mlat. *annona* in spezieller Bedeutung begegnet u. a. auch im deutschen Sprachraum, wie einige Beispiele zeigen: „X modia de anona et una maltra de frumento" (UBWürttemberg 1, 26) für 782, „XX modios de anona, et una maldra de chernone" (ib. 1, 59) für 802 und „unum maldrum de kernone, et XXX modios de annona" (ib. 1, 70) für 809 in Urkunden, die Schenkungen zugunsten des Klosters Sankt Gallen beinhalten. Welche Getreideart hier mit *annona* gemeint ist, läßt sich nicht mit Bestimmtheit sagen, kaum jedenfalls der gewöhnliche (Nackt)Weizen. Im Güterverzeichnis der Abtei Prüm vom Jahre 893 hat *annona* neben der Funktion als Oberbegriff („colligunt fenum et annonam et ducunt", UBMittelrhein 1, 185) auch häufig die Bedeutung einer speziellen Getreideart (wohl Weizen): „Ducit de cuhckeme de siclo modios V. Ducit etiam de caldeburne de annona modios X" (ib. 1, 148) oder „ducit de annona modios V, de spelta modios X" (ib. 1, 149).

[197] CartNoyers ca. 1035 oder ca. 1057 (S. 11), ca. 1125 (S. 485).

Wenn heute fr. *blé*, kat. *blat* sowie Dialektalformen des gleichen Typus neben ihrer traditionellen Bedeutung „Getreide" die des Weizens tragen, so darf nicht übersehen werden, daß in einer Anzahl von Dialekten mit der gleichen Bezeichnung der Roggen gemeint ist. Bevor wir die Gründe dieser regional verschiedenen Bedeutungsentwicklung des Wortes im einzelnen untersuchen, sei zunächst festgestellt, wo noch der vorliegende Typus in der Bedeutung „Roggen" anzutreffen ist.

In der Wallonie kommt der Typus *blé* nach ALF 1211 „le seigle" in p 199, 290, 291 vor; weiterhin ist *blé* für Namur sowie ein *bloy* für Bertrée (Warnant 167) in der Hesbaye liégeoise zu nennen. In Westfrankreich ist die Verwendung des gleichen Typus als Roggenbezeichnung noch weitverbreitet; im einzelnen umfaßt diese Bezeichnungszone mit den Formen *blẹ*, *byẹ*, *byœ̣* usw. große Teile der Haute-Bretagne (u. a. p 450, 451, 453, 462, 463, 465, 475, 485, 486 sowie Pléchâtel), das Bas-Maine (u. a. p 338, 339, 443) und das Anjou (u. a. p 433, 435). Einzelne Belege liegen aus Ostfrankreich vor, für Messon (Aube) *blé* sowie für p 146 (Marne) *blœ̣* (daneben aber bereits *sẹ̄l* in *glü d sẹ̄l*); dazu kommt in den Vogesen häufiger auftretendes *byę*, *bya* (u. a. für p 57, La Baroche; für die Südvogesen vgl. BlochAtl 701).

Auch im frankoprovenzalischen Sprachgebiet wird der Typus *blé* als Roggenbezeichnung verwendet; innerhalb der Westschweiz (nach Gloss 2, 418/9) in den Kantonen Vaud (districts de la Vallée, de Payerne-Avenches)[198] und Valais (districts de Martigny, d'Entremont, de Conthey, de Sierre)[199] sowie im Kanton Fribourg[200]. Das Aosta-Tal kennt sogar nur diesen Typus als Roggenbezeichnung (vgl. die Formen im ALF 1211 und AIS 1462)[201]. Weiterhin sind hier zu nennen: Bessans (Sav.) *blā*, Villard-Reymond (Isère) *bɫe*.

Die größte *blé*-„Roggen"-Bezeichnungszone liegt jedoch in Mittelfrankreich, und zwar umfaßt sie im einzelnen die Auvergne, das Limousin, die Marche, das Bourbonnais, das Lyonnais, Teile der Bourgogne, das Velay, das nördliche Vivarais und das Gévaudan (vgl. für die Formen ALF 1211, ALMC 963, ALLy 44)[202].

---

[198] Hierzu ALF 1211 p 40 *bya*.

[199] Hierzu ALF 1211 p 976, 977 *blọ*.

[200] U. a. Saint-Aubin *byå*, Lentigny *bɫa* (Zimmerli 2 Tafel 8).

[201] In Ergänzung dazu wurden mir von Herrn Prof. Dr. H.-E. Keller, Utrecht, freundlicherweise die folgenden Belege zur Verfügung gestellt: Thuile *blå̄*, Courm. *blå*, Salle *blū*, Valgris. *blå̄*, Arvier *blọw*, St-Nic. St-Pierre *blọ*, Aymav. Arp. Valp. Allain, Etr. Bosses, Féris *blu*, Pontey *byu*, Anthey *blọ̄*, Valtourn. *blu*, Montj. *byå*, Iss. Champch. *byu*, Hône *byọ̄u*, Bard, Donnas, Lill. *byå̄*, Gaby *byå*.

[202] Dazu aus weniger leicht zugänglichen Quellen: Ponc. *blå*; nach ALLo 172

Eine beachtenswerte Verbreitung als Roggenbezeichnung findet die Form *blat* usw. im Gaskognischen, und zwar vor allem im Küstenland (Landes) sowie im Gebirge (HPyr.); als wichtigste Quellen sind zu nennen: ALF 1211, ALG 278, MillAtl 463. Auch das gaskognische Val d'Arán verwendet *blat* (bzw. *blatš*) in der gleichen Bedeutung.

Schließlich kommt unser Wort noch in den occitanischen Alpendialekten als Roggenbezeichnung vor: HAlpes *bla* ALF 1211 p 981, wald. *bla* ALF 1211 p 972, AIS 1462 p 150 sowie weiterhin Pietrap. *biá* AIS 1462 p 170.

Außerhalb der Galloromania wird das vorliegende Etymon als Roggenbezeichnung in Oberitalien verwendet. Laut AIS 1462 kommt ein Typus *byáva* verbreitet im Nordpiemont und im Tessin (vgl. Dorsch 53) vor; vereinzelt begegnet er ferner im Lombardischen (p 218) sowie im Venezianischen (p 333, 379). Aus dem Venezianischen übernommen sind Campitello (Fassa) *byavǫ* und Predazzo (Fleims) *byava* (GartLad 171).

Für die sardische Gallura ist ein einmaliges *byada* „Roggen" zu nennen (ALEIC 839 p 51).

Auch in einem Teil der katalanischen Pyrenäendialekte (Andorra, Vall d'Aneu, Vall de Cardós, Vall Ferrera, Pallars Sobirà; nach AlcM, DiccAguiló 1, 244, Masclans 59, CoromCardós 278) bezeichnet *blat* den Roggen, während im übrigen katalanischen Sprachgebiet mit dem gleichen Wort der Weizen bzw. das Korn schlechthin gemeint ist.

Das Prinzip, das zur Übertragung der vorliegenden allgemeinen Getreidebezeichnung auf den Roggen Anlaß gegeben hat, ist uns bereits von ANNONA her bekannt: Überall dort, wo eine bestimmte Getreideart auf Grund von Umständen, die verschiedener Natur sein können, die Rolle des Brotkorns schlechthin übernimmt, besteht die Tendenz, sie mit der Bezeichnung für den abstrakten Oberbegriff „Getreide" zu benennen. Welches sind nun die Umstände, die den Roggen in die Lage versetzen, das Getreide schlechthin zu verkörpern? Zunächst sind die Anbaubedingungen zu berücksichtigen. Bekanntlich stellt der Roggen weit geringere Anforderungen an Boden und Klima als der Weizen. Auf Grund seiner Anspruchslosigkeit und Widerstandsfähigkeit ist er geradezu prädestiniert für den Anbau im Gebirge. Dieses Faktum der Pflanzengeographie bleibt nicht ohne Rückwirkungen auf die Sprache: Ist nämlich der Roggen im Gebirge das Brotgetreide schlechthin, so kann er dort auch die allgemeine Getreidebezeichnung für sich beanspruchen. Auf diese Weise erklärt sich also die Verwendung des Typus *BLĀD als Roggenbezeichnung in den Vogesen, im Massif Central und den angrenzenden Gebieten, in den Pyrenäen, den Alpen bzw. im Alpenvorland.

Zwei Beispiele sollen im einzelnen zeigen, wie genau der Sprach-

---

Fourn. Aum. *blat*, Veyr. Chambon, Malz. St-AlbanL. *bla*; Ytrac *blat*; Lastic, Chav. *blo*; Plateau de Millevaches *blá*.

gebrauch die besonderen Getreideanbaubedingungen im Gebirge widerspiegeln kann.

Die Karte 701 „le seigle“ des Atlas linguistique des Vosges méridionales bietet das folgende Bild: Im Quellgebiet der Moselle und der Moselotte unterhalb des Großen und Kleinen Belchen (1433 bzw. 1268 m) werden fast ausschließlich die Typen *grain* und *blé* als Roggenbezeichnung verwendet, weil der Roggen in diesen hohen Gebirgslagen nicht die Konkurrenz des Weizens zu fürchten hat und folglich das Brotkorn schlechthin repräsentiert. Weiter flußabwärts in der Gegend des Zusammenflusses von Moselle und Moselotte tritt jedoch wieder SECALE als Roggenbezeichnung auf, weil hier auf Grund von besseren Anbaubedingungen neben dem Roggen auch wieder der Weizen kultiviert werden kann. Da also der Roggen nicht mehr das einzige Brotgetreide ist, muß er die Bezeichnung *blé* bzw. *grain* wieder abtreten.

Ein ähnliches Bild treffen wir im Vivarais an (vgl. Dornheim 1, 297/8). Das Haut-Vivarais, das im wesentlichen die im Durchschnitt 1200 m hohe Hochebene zu Füßen des Mont Mésenc (1754 m) umfaßt, kennt nur spärlichen Getreideanbau, der sich zudem auf Grund der schlechten Umweltbedingungen auf den Roggen beschränkt. Es überrascht also nicht, wenn hier *bla* zur Bezeichnung des Roggens herangezogen wird. Im Bas-Vivarais dagegen, dessen Vegetation unter dem Einfluß eines milderen Klimas bereits mediterranen Einschlag zeigt, wird neben Roggen auch Weizen als Brotkorn angebaut. Auf diese veränderten Verhältnisse reagiert der Sprachgebrauch wieder dergestalt, daß hier SECALE zur Bezeichnung des Roggens verwendet wird, und nicht mehr *bla*.

Die Übertragung einer allgemeinen Getreidebezeichnung auf den Roggen kann also, wie die beiden Beispiele noch einmal nachdrücklich gezeigt haben, aus den besonderen im Gebirge herrschenden Getreideanbaubedingungen, die einer Weizenkultur abträglich sind, resultieren.

Nun finden sich aber auch *blé*-„Roggen“-Bezeichnungszonen, die eindeutig in der Ebene liegen, also etwa in Nordwestfrankreich, in der Wallonie sowie in den Landes. Es muß demnach noch eine andere Ursache existieren, die zur Übertragung der Getreidekollektivbezeichnung auf den Roggen geführt hat. Hierzu müssen wir noch einmal an die bedeutsame Rolle erinnern, die der Roggen im mittelalterlichen Getreideanbau gespielt hat. Fügen wir aber sogleich hinzu, daß sie nicht etwa auf einer besonderen Wertschätzung unserer Getreideart zu jener Zeit beruhte. Die weite Verbreitung des Roggens im Mittelalter hatte vielmehr eine weitaus realere Ursache. Zu einer Zeit, da eine intensive Bodenbearbeitung noch unbekannt war, eine sorgfältige Saatgutauslese noch fehlte, Mißernten beim Weizen an der Tagesordnung waren, schätzte man nämlich die relative Ertragssicherheit des Roggens. Diese Bedeutung des Roggens in der mittelalterlichen Getreidewirtschaft, zu dem es also unter dem Zwang der Umstände gekommen war, brachte es mit sich, daß er für weite Kreise der Bevölkerung – vor allem auf dem Lande – das Brotkorn an sich verkörperte, was wiederum zur Folge haben konnte, daß man auf ihn die Kollektivbezeichnung für das Getreide übertrug. Diese Verhältnisse haben sich – zumindest im Sprachgebrauch – in Nordwestfrankreich und den übrigen genannten Gebieten bis in unser Jahrhundert bewahrt. Wenn andererseits der Typus *blé* als Getreideartbezeichnung frühzeitig verbreitet auf den Weizen Anwendung fand, so wird dazu die Stadt unter dem Einfluß der gesellschaftlichen Oberschicht, deren Brotkorn ja der Weizen war, entscheidend beigetragen haben. Heute nun ist selbst das regional beschränkte *blé* „Roggen" dem Untergang geweiht, da sich der allgemeine Fortschritt in der Getreidewirtschaft zuungunsten des Roggens auswirkt.

Es bleibt nun festzustellen, in welchem Maße fr. *blé* bereits in altfranzösischer bzw. mittelfranzösischer Zeit in den drei genannten Bedeutungen „Getreide", „Weizen" und „Roggen" belegt ist.

In den frühen Belegen aus literarischen Werken liegt *blé* durchweg in der Bedeutung „Getreide, Korn" vor, so auch im Rolandslied: „Soleilz n'i luist, ne blez n'i poet pas creistre" (TL)[203]. Die Verwendung des Wortes als Getreideartbezeichnung, wie sie sich etwa bei Froissart („li bleds et les avainnes commençoient à meurir") findet, ist in literarischen Texten der altfranzösischen bzw. frühmittelfranzösischen Periode eher selten.

Aufschlußreicher hinsichtlich der Verwendungsweise des Wortes in der altfranzösischen Umgangssprache sind dagegen Belege aus dem nichtliterarischen Schrifttum. Auch hier kommt natürlich *blé* in der Kollektivbedeutung „Getreide" vor, was nicht weiter durch Beispiele belegt zu werden braucht. Andererseits erscheint afr. *blé* in den Charten bereits als Bezeichnung einer einzelnen Getreideart. Hierzu die folgenden Beispiele aus dem 13. bzw. aus der ersten Hälfte des 14. Jhs.[204]:

Paris: für 1302 „item, sept rentes à Noël em blez et en aveinnes et en chappons" (CartParis 2, 169).

Flône: für 1269 „Henry . . . diet une summe de bleis sy com despiaute al abeit et al covent delle englise de Flones" (DocFlône 1, 415).

Orval: für 1303 „et useront mesure au vin à loi de Beaulmont, et au bleid et avenne au viel droict" (CartOrval 617).

Saint-Hubert: für 1339 „quarente cinq sextiers demy quartel moins de blef et cinquante et cinq sextiers demy quartel moins d'avoinne tout à la mesure de Maisieres" (ChartSHubert 1, 545).

---

[203] Vgl. auch die weiteren Belege bei TL und Gdf.

[204] Die nichtliterarischen Belege aus dem 13. Jh. bei Gdf sind durchweg ohne Kontext, so daß eine Entscheidung darüber, ob das Wort als Getreideartbezeichnung verwendet wird, nicht möglich ist.

Hainaut: für 1331 „item, le blet et l'avainne de le semence ..." (MonNamHainLux 3, 252)[205].

Tournai: für 1278 „et si doivent Jehans et Jehane paiier et rendre XL lb. de Torn., II muis de blet et VI muis d'avaine" (ChartTournai 2, 358).

Amiens: für 1259 „li bles et toute autre maniere de grain" (Cart Amiens 1, 416); für 1280 „un muis de grain a le mesure d'Amiens, chest a savoir les deux pars de ble et le tierche part d'avaine" (ib. 2, 12).

Beauvais: für 1291 „pour quarante chienc muis de blé et vint et quatre muis d'aveine" (CartBeauvais 471)[206].

Compiègne: für 1248 „... VIII muis, a la mesure de Roie, les deux pars blé et la tierche avaine" (CartCompiègne 2, 349).

In Anlehnung an die Bedeutung des nfr. *blé* wird man natürlich nicht zögern, die hier zitierten altfranzösischen und frühmittelfranzösischen Belege mit „Weizen" zu interpretieren, was mehrheitlich wohl auch richtig sein wird. Andererseits kann aber durchaus in dem einen oder anderen Beispiel die Bedeutung „Roggen" vorliegen, die eindeutig zu erkennen uns der Zusammenhang nicht mehr gestattet. Daß *blé* nämlich tatsächlich schon in alt- bzw. mittelfranzösischer Zeit als Roggenbezeichnung verwendet wurde, beweisen uns zwei Belege aus dem 16. Jh. So findet sich in der Übersetzung der Flavii Josephi De bello judaico libri septem von Fr. Bourgoing (Bat. judaïque 2, 40, éd. 1530) die Stelle: „Apres ce envoya tous les chevaliers sus le pays frumenter, c'est assavoir cuyllir des frumens, bledz, avoine et autres necessaires" (Gdf 4, 159 s. v. *fromenter*), in der wir *bledz* als Roggen zu verstehen haben, da nichts darauf hindeutet, daß *blé* zu jener Zeit bereits ein anderes Korn als die Brotgetreidearten Weizen und Roggen bezeichnen konnte. Noch eindeutiger ist der folgende Passus in den Statuts d'Ernest de Bavière pour la réformation de la justice von 1582: „..., en especes de frument, espeaulte, avoine, bled, orge et autres sortes de grain, ..." (CoutLiège 2, 496). In den von 1592 stammenden Nouveaux statuts d'Ernest de Bavière sur le règlement de la justice (ib. 2, 539) findet sich die gleiche Stelle mit geringen orthographischen Abweichungen wieder. Die Nennung der wichtigsten Getreidearten gestattet uns hier, *bled* unzweifelhaft als Roggen zu identifizieren. Da aber die Getreidearten nur sehr selten mit solcher Ausführlichkeit aufgeführt werden, ist es in der Regel unmöglich, die Belege, welche *blé* als Roggenbezeichnung verwenden, von jenen, wo es für *froment* steht, zu unterscheiden.

Einen Hinweis verdienen noch zwei Belege für *blé* auf Grund ihrer Bedeutung. In der Vie Saint Nicholas des Wace heißt es an einer Stelle „Aveit plusurs niefs ariveez De ble et de forment combleez" (Keller 38); erneut läßt sich *blé* neben *froment* in einer Beschwerdeschrift des Grafen

205 Vgl. noch ib. Hainaut 1331 (3, 277).

206 Vgl. noch ib. Mitte 14. Jh. (S. 622), a. 1368 (S. 654).

Théobald II. von Bar an König Ludwig IX. von 1268 nachweisen: „et li prevoz d'Erlons brisa la terre le signor de Maliers banieres desploiees si en mena le bleif et le froment de ses homes" (UBLuxemburg 4, 93/4). Da in beiden Fällen *blé* neben *froment* steht, könnte man meinen, daß es sich auch bei *blé* um eine spezielle Getreideart, also den Roggen, handelt. Mit Sicherheit ist das jedoch nicht zu entscheiden, da der Ausdruck *le blé et le froment* ebensogut den Charakter einer stehenden Redewendung gehabt haben kann, in der *blé* in seiner ursprünglichen Kollektivbedeutung zu verstehen ist.

Auf Grund von altfranzösischen Urkunden konnten wir fr. *blé* bereits im 13. Jh. als Getreideartbezeichnung feststellen. Gleichwertige Belege aus dem 12. Jh. fehlen dagegen, weil volkssprachliche Charten zu dieser Zeit in Nordfrankreich noch fehlen. Aus dem Vorkommen des mlat. *bladum* in spezieller Bedeutung im 12. Jh. ist aber zu schließen, daß auch afr. *blé* in gleicher Verwendung schon vor dem 13. Jh. bekannt gewesen sein muß; hierzu der folgende Beleg aus einer mittellateinischen Urkunde von 1195 „. . . et reddet . . . Sancto Germano de Loia duos modios et dimidium de blado, et duos modios et dimidium de avena" (Cart Norm 278).

Der Bedeutungsgehalt des apr. *blat* entspricht ganz dem des afr. *blé*, so daß wir uns hier auf die Nennung einiger weniger Beispiele beschränken können.

„Getreide": für Vaour (Tarn) 1180 „. . ., a mens de malafachas de vinas o de blaz o de praz" (CartVaour 29)[207], für Avignon 1350 „Perot de Verdun, pestre, merchant de blat" (DocAvignon 2, 36).

„Weizen": für Orange 1409 „item ay trobat de blat, XXV somadas; de sivada, X saumadas" (ib. 2, 119)[208].

„Roggen": für das Béarn 1570 „oeyt quoartaus de blat, et dus quoartaus de froment"[209]. Diese Bezeichnungsverhältnisse sind bis heute im Bearnesischen bewahrt geblieben: *roumén* „Weizen", *blat* „Roggen" (vgl. Palay 1, 160 s. v. *blat*).

Auch in den occitanischen Alpendialekten muß bereits in altprovenzalischer Zeit *blat* als Roggenbezeichnung verwendet worden sein. Das geht trotz des Fehlens altprovenzalischer Belege stellvertretend aus mittellateinischen Urkunden hervor. Schon 1248 enthält eine Charte aus Durbon den folgenden Passus: „et duos sextarios frumenti et totidem bladi" (ChartDurbon 338); weitere ähnliche Belege lassen sich für den gleichen Ort feststellen, so u. a. noch für 1432: „. . ., et viginti sestaria lavoris meyteyris, videlicet decem sestaria frumenti et decem sestaria bladi censualia et receptibilia" (ib. 756)[210].

207 Vgl. noch ib. a. 1181 (S. 39).

208 Vgl. noch ib. a. 1423 (2, 130).

209 Archives de la Gironde 31, 170 (B.).

210 Vgl. noch ib. a. 1281 (S. 431), a. 1428 (S. 753).

Wenn wir also die Verwendung von afr. mfr. *blé* bzw. apr. *blat* in der Bedeutung „Roggen" eindeutig nachweisen konnten, so ist doch unzweifelhaft, daß bei ihrem Gebrauch als Getreideartbezeichnung der Weizen im Vordergrund stand. Dafür steht uns auch die folgende Äußerung des Olivier de Serres am Ausgang der mittelfranzösischen Zeit ein: „... ce mot bled... est prins generalement pour tous grains iusques aux legumes, bons à manger ... En plusieurs endroits de ce royaume, par le bled est entendu le pur froment" (OldeSerres 96). Von einer Verwendung des Wortes als Roggenbezeichnung ist also nicht die Rede. Am Ende des 16. Jhs. war eben die Frage hinsichtlich der speziellen Bedeutung des schriftsprachlichen *blé* bereits entschieden, und zwar im Sinne des städtischen Sprachgebrauchs, der unter *blé* aus den schon erläuterten Gründen nur den Weizen verstand.

Nachdem im FEW die Frage der etymologischen Herkunft des fr. *blé* eine alle Ansprüche befriedigende Lösung gefunden hat, muß es von Interesse sein, jene Lücke zu schließen, die das Etymon anfrk. *BLĀD „Feldfrucht" vom altfranzösischen Erstbeleg *blez* (casus rectus) „Getreide" im Rolandslied trennt. Zur Aufhellung des Schicksals unseres Wortes in dieser Zeitspanne kann wiederum in hohem Maße das frühe Mittellateinische beitragen.

Das erste Zeugnis für die Entlehnung des anfrk. *BLĀD durch das Spätlateinische Nordgalliens liefern uns die Formulae Andecavenses, wo es in der Formula 22 wie folgt heißt: „Et in pignore tibi condicionis demitto tibi pro ipso beneficium inter annus tantus vinia medio iucto tantum, qui est super terraturium sancti illius, in villa illa, et subiungit de uno latere vinia illius, ut, interim res vestras micum abuero, illa blada, quem ibidem Deos dederit, in tua revocis potestatem"[211]. Was die Bedeutung des Wortes anbelangt, das hier als Kollektivplural zu dem erst später belegten *bladum* erscheint, so werden wir sie nach dem Zusammenhang mit „Ertrag, Früchte (hier speziell des Weinberges)" anzunehmen haben.

Die Bedeutung „Ertrag, Früchte" läßt sich für das Mittellateinische noch im 10. Jh. belegen, wobei unentschieden bleiben soll, ob sich dahinter tatsächlich die gleiche Bedeutung des entsprechenden volkssprachlichen Wortes verbirgt oder ob es sich nur um eine dem mittellateinischen Sprachgebrauch eigene Bedeutung handelt. Der erste Beleg hierzu stammt aus einer Charte von nach 942 für die Abtei Saint-Cybard zu Angoulême: „est ipsa (s)petia de terra infra ipsius monasterii et si Deus aliquid de blada donaverit usque ad annos V teneatis" (CartAngoulême 214). Auffällig ist, daß das Wort hier in fast derselben wohl formelhaften Wendung wie in den Formulae Andecavenses wiederkehrt. In gleicher

---

[211] MGH Legum sectio V: Formulae. Formulae Merowingici et Karolini aevi (Hannover 1886) S. 11.

oder ähnlicher Bedeutung wird *bladum* in einer auf das Jahr 967 datierten Charte aus dem Roussillon verwendet: „et precipio vobis ut omnem bladum meum que est in Monte Forcheto vel in cunctis aliis locis in comitatu de Ressolionense, ipsas duas partes de vimene et annona milium et legumen, donare faciatis propter remedium animae de genitore meo vel de genitrice mea, . . ." (CartRoussillon 26). Auch hier ist also *bladum* nicht „Getreide"; dieser Begriff wird vielmehr, wie die Stelle lehrt, durch *annona* (*annona milium* „Hirsekorn") wiedergegeben.

Damit ist jedoch das frühmittellateinische Belegmaterial für *bladum* noch nicht erschöpft. Bereits zu Beginn des 9. Jhs. erscheint nämlich unser Wort verschiedentlich im Polyptychon der Abtei Saint-Germain-des-Prés: „Faciunt diem I in unaquaque ebdomada, et per blada II. Arant dimidiam rigam" (PolyptSGermainP 2, 100). „Sunt ibi quinque homines sancti Germani qui solvunt denarios XX. Fatiunt in unaquaeque ebdomada dies VI per bladum; fatiunt curvadas III, et accipiunt panem et pulmentum" (ib. 2, 152/3). „Waltbertus et uxor ejus colona, nomine Rathildis. . . . Arat inde ad hibernaticum perticas IIII, ad tramisem III, et jornalem I in corvada; et in blado mittit operarios X. Solvit pullos et ova" (ib. 2, 313). „Amalgundis, colona sancti Germani. . . . Solvit pullos III et ova XV; et in blado unaquaque ebdomada diem I" (ib. 2, 348). Du Cange, dem sich P. Aebischer (AebCér 85) anschließt, interpretiert dieses *bladum* im Polyptychon Irminonis mit „messio". Diese Erklärung wird aber kaum das Richtige treffen, da sie offensichtlich nicht den buchstäblichen Sinn des Wortes selbst erfaßt, sondern das, was symbolhaft mit dem Wort *bladum* ausgedrückt werden soll. Die tatsächliche Bedeutung von *bladum* ist hier vielmehr „Korn, Getreide". Wenn auch mit den genannten Stellen letztlich die Leistung einer bestimmten Arbeit im Zusammenhang mit dem Korn – etwa dessen Ernte – gemeint ist, würde doch eine Interpretation, die all dieses in das Wort *bladum* hineinlegt, fraglos zu weit gehen. Der kollektive Plural *blada*, wie er in einem Falle vorkommt, rechtfertigt sich übrigens nur, wenn wir die Bedeutung „Getreide" zugrunde legen. In gleichem Sinne sind auch die beiden folgenden Belege zu verstehen: für die Abtei Saint-Père zu Chartres zwischen 931 und 945 „et faciebant corvedas diesque VI in blado" (CartChartresG 1, 38) und für die Abtei Cluny zwischen 993 und 1048 „monachi inibi habitantes omni anno colligant bladum" (ChartCluny 3, 368), für die P. Aebischer ebenfalls die Bedeutung „messio" in Anspruch nehmen will (AebCér 85).

Somit haben wir seit dem Beginn des 9. Jhs. mlat. *bladum* in der Bedeutung „Korn, Getreide" belegt, was wiederum vermuten läßt, daß auch das französische Wort zu jenem Zeitpunkt die gleiche Bedeutung gekannt hat. Da wir praktisch in eine Zeit vorgestoßen sind, in der sich die französische Volkssprache endgültig vom galloromanischen Spätlatein löste, ergibt sich indirekt aus dem Mittellateinischen, daß fr. *blé* seit der vorliterarischen Periode die Bedeutung „Korn, Getreide" getragen hat, und nicht mehr „Ernteertrag, Feldfrüchte", wie sie dem altniederfränkischen Etymon sowie dem gallo-spätlat. *bladum*, *blada* eigen war. Die Bedeutungsentwicklung zu „Korn, Getreide" hat sich also noch in der Phase des ausgehenden Gallo-Lateins vollzogen.

Schließlich müssen wir uns noch etwas eingehender mit dem italienischen Typus *byava* befassen, den wir als Roggenbezeichnung in Oberitalien festgestellt hatten.

Nachdem feststeht, daß das italienische Wort aus der Galloromania kommt[212] und damit letzten Endes auch auf das anfrk. *BLĀD zurückgeht, ist wohl anzunehmen, daß es die fränkischen Heere waren, die in den vier Italienzügen Karls des Großen am Ende des 8. Jhs. das Wort auf die Apenninenhalbinsel verpflanzt haben. Die ältesten, uns zur Zeit bekannten Belege stammen aus dem mittellateinischen Schrifttum des 11.–13. Jhs.[213]; so heißt es im Urkundenbuch von Farfa in Sabina für 1009 „bladum de ea (terra) prehendere vidimus"[214] und für 1012 „bladum ... quod nos reddemus[215]. Nur wenig später läßt sich das Wort auch in Norditalien nachweisen, so u. a. für Genua 1028 „seminaverimus de grano frumento vel de ordeo vel de fave ...; et omnia infrascripta blava que supra legitur ..."[216] und für Mailand 1054 „quadraginta modias de blava" bzw. „blava per blava, vino per vino"[217].

Neben diesen mittellateinischen Erstbelegen sei noch ein weiterer für Lodi 1160 zitiert, der letzte Zweifel hinsichtlich des Bedeutungsgehaltes des Wortes beseitigt: „modios tres de blava ad mensuram de Mediolano, scilicet modium unum de milio, et modium unum de scandella et modium unum de sicali"[218]. Unser Wort wurde also auch in Italien zunächst in der Bedeutung „Getreide" verwendet.

Die ersten altitalienischen Belege, die aus dem 13. Jh. stammen, gebrauchen unser Wort erwartungsgemäß ebenfalls als Bezeichnung für den abstrakten Oberbegriff. In den Ricordi des Matasala di Spinello aus Siena heißt es etwa für 1238: „, . . ., a la signoria d'Orlando di Lupo podestà di Siena, si à Viviani fata raçone cho Matasala de la biada di Val di Pogne d'uguano, ch'è suto in soma IIII mogia e cinque staia di grano, contiato quatro mogia di grano, recato lo staio de l'affito al drito staio di

---

[212] So schon Jud 410, der jedoch noch ein kelt. Etymon *MLÂTO ansetzt.

[213] Sie finden sich zusammengestellt bei AebBlava 392/403; Ergänzungen und Berichtigungen dazu sind enthalten in AebCér 90/2.

[214] Il regesto di Farfa 4, 4; zit. nach AebCér 91.

[215] Ib. 4, 28; zit. nach AebCér 91.

[216] Cartario genovese in Atti della Società ligure di storia patria Bd 2 Tl 1 S. 138; zit. nach AebCér 91.

[217] Giulini, G.: Memorie spettanti alla storia della città ... di Milano (2ª ed.) 3, 536, 537; zit. nach AebCér 91.

[218] Codice diplomatico laudense 2, 12; zit. nach AebBlava 395.

Siena, e contiato VI staia d'orço a trenta denari lo staio, monta sete soldi tra l'orço e la spelda . . ." (Monaci 72). Bei Ristoro d'Arezzo findet sich die folgende Stelle: „Adonque è mestier per rascione, se lo regno vole el fare abetato, ch'elli mandi en prima una gente de lavoratori che lavorino la terra per recòllare la b i a d a e per acquistare lo pasto"[219]. Die Variante *biado* kommt in gleicher Bedeutung bei Guittone d'Arezzo, bei Jacopone da Todi sowie im Detto d'amore vor (vgl. Battaglia). Beide Formen gehen aber in den folgenden Jahrhunderten in ihrer Kollektivbedeutung zurück; *biada* „Getreide, Korn" findet sich ein letztes Mal im Orlando furioso des Ariosto (canto 26 ottava 111): „Come il villan, se fuor per l'alte sponde Trapela il fiume e cerca nuova strada, Frettoloso a vietar che non affonde I verdi paschi e la sperata b i a d a, Chiude una via et un'altra, e si confonde" (Battaglia). Ait. *biado* „Getreide, Korn" geht sogar noch früher unter; im Passus „guardate quanto è bello questo grano, e questo b i a d o, dove furono sconfitti i ghibellini da' Fiorentini" (Battaglia) aus den Trecentonovelle des Franco Sacchetti dürfte *biado* kaum noch Glied einer Tautologie sein, sondern wie auch *grano* eine spezielle Getreideart bezeichnen.

Als Bezeichnung für den Kollektivbegriff tritt seit dem Beginn des 14. Jhs. mehr und mehr der zu *biada* neugebildete Plural *biade* auf. So heißt es in Dantes Convivio (IV, 22, 5): „E sì come ne le b i a d e che, quando nascono, dal principio hanno quasi una similitudine ne l'erba essendo, e poi si vengono per processo dissimigliando" (Dante 274). Daneben erscheint – vorübergehend und vereinzelt – die Pluralbildung *biadora* in gleicher Verwendung, so u. a. bei Giovanni Colombini, San Bernardino da Siena und Giovanni Cavalcanti (vgl. Battaglia). Der Plural *biade* „Getreide, Korn" seinerseits hat sich auch nicht in der Sprache behaupten können. Wohl lassen sich noch einzelne Belege in der neueren Literatur feststellen[220]; diese sporadische Verwendung des Wortes in der gehobenen Sprache täuscht jedoch nicht darüber hinweg, daß es in der Umgangssprache seit langem tot ist. Hier dient ausschließlich *grano*, von dem noch weiter unten die Rede sein wird, zur Bezeichnung des abstrakten Oberbegriffes.

Außer in der Literatursprache finden sich noch in den Dialekten Relikte für die Verwendung des it. *biada* als allgemeine Getreidebezeichnung. In diesem Zusammenhang lassen wir von vornherein jene Belege beiseite, die in das oberitalienische *byava*-Roggenbezeichnungsgebiet fallen, da hier als Bezeichnung für das Getreidekollektivum offensichtlich die Bezeichnung der gebräuchlichsten Getreideart (Roggen) gegeben

---

[219] Zit. nach Battaglia, wo jedoch dieser Beleg semantisch nicht richtig eingeordnet ist.

[220] Etwa bei Carducci, Pascoli, D'Annunzio, Ada Negri, Nino Savarese (vgl. Battaglia).

wurde. Auch Faeto *byā* (AIS 1441, 1445 p 715) kann ausgeklammert werden, da es durch die gleiche Form im AIS 1451 „segare il formento" gestützt wird; zudem handelt es sich hier um eine galloromanische Form, da Faeto einen savoyischen Dialekt spricht. Von solchen gestützten Fällen abgesehen findet sich unser Typus laut AIS 1441 „un sacco di grano – ein Sack Korn" und AIS 1445 „il grano – das Korn, Getreide" als allgemeine Getreidebezeichnung im lomb. *byā* p 254, *bžā́ə* p 238, *bχę̂və* p 205, ven. *byāva* p 346, *byāvə* p 393; diese ursprüngliche Verwendungsweise hat sich ferner in den zentralladinischen und friaulischen Mundarten erhalten, die das Wort aus dem Venezianischen übernommen haben: zentralladin. *blā́va* p 312, 315, friaul. *blā́vọ* p 318, *blā́va* p 359.

Wenn zu Beginn des 14. Jhs. bei Dante statt *biada* der dazu neugebildete Plural *biade* in der gleichen Bedeutung „Getreide" auftaucht, so werden wir darin wohl auch eine Auswirkung des semantischen Konkretisierungsprozesses, von dem ait. *biada* erfaßt worden war, zu erblikken haben. In der Tat erscheint nämlich ait. *biada* bzw. *biado* zu Beginn des 14. Jhs. zum ersten Mal in der Bedeutung einer speziellen Getreideart. Wiederum ist es Dantes Convivio (I, 5, 1), das uns die Erstbelege liefert: „Poi che purgato è questo pane da le macule accidentali, rimane ad escusare lui da una sustanziale, cioè da l'essere vulgare e non latino; che per similitudine dire si può di biado e non di frumento" (Dante 151) und wenig später (I, 10, 1) „Grande vuole essere la scusa, quando a così nobile convivio per le sue vivande, a così onorevole per li suoi convitati, s'appone pane di biado e non di frumento" (Dante 158). Da also *biada* bzw. *biado* von einer Getreideart in Anspruch genommen wird, ist die Kollektivbedeutung „Getreide" auf den Plural *biade* bzw. *biadora* ausgewichen. Welche spezielle Getreideart mit *biado* in Dantes Convivio gemeint ist, erfahren wir genauer aus den folgenden Belegen; in der Cronica des Giovanni Villani heißt es: „La loro pastura è d'erbaggio e di strame sanza biada" (Battaglia) und im Morgante des Luigi Pulci: „e comandava a un di sua famiglia Ch'a'loro destier si traessi la briglia E fece dar lor biada e roba assai" (3, 45, Battaglia). Auch der Orlando furioso des Ludovico Ariosto ist in diesem Zusammenhang noch einmal zu erwähnen mit: „Non gusta il ronzin mai fieno nè biada, Tanto ch'in pochi dì ne riman fiacco" (30, 8, Battaglia). It. *biada, biado* wird hier also als Haferbezeichnung verwendet, die sich im übrigen bis in unsere Tage erhalten hat, und zwar sowohl in der Schriftsprache (vgl. Battaglia) als auch in den Dialekten (vgl. AIS 1449 „l'avena").

In geographisch beschränktem Rahmen – vor allem im Nordpiemont und im Tessin – wurde *biava* weiterhin zur Bezeichnung des Roggens herangezogen, wovon bereits weiter oben die Rede war.

Galt unsere Aufmerksamkeit bisher mit Vorrang der semantischen Entwicklung des it. *biada* und seinen Varianten, so soll doch andererseits die besondere Lautstruktur seiner Dialektalformen nicht unberücksichtigt bleiben.

Früh schon tritt im Altitalienischen neben *biada* die Form *biava* auf[221], deren Reibelaut *-v-* auf *δ* < *d* zurückgeht wie übrigens auch das *-f* in afr. *blef* (mit nachfolgender Verhärtung von *v* > *f* im Auslaut). Damit steht außer Zweifel, daß die Form *biava* eine sekundäre Variante zu *biada* ist[222]. Die geographische Verbreitung der beiden Formen ist auf Grund der mittellateinischen und altitalienischen Belege aus Nord- und Mittelitalien die folgende: ganz Norditalien kennt mit geringen Ausnahmen die Form *biava*, die sogar in die Toskana eindringt. So findet sich *blava* im 11. und 12. Jh. gelegentlich in mittellateinischen Urkunden aus Lucca, Florenz und Pisa (vgl. AebBlava 397/8), woraus wohl auf die Existenz eines ait. *biava* am gleichen Orte zu schließen ist. Die Form *biada* mit erhaltenem Verschlußlaut kommt dagegen nur in Texten aus Mittelitalien vor (vgl. Battaglia).

Die heutigen italienischen Mundarten, in denen unser Wort entweder als Haferbezeichnung oder seltener als Roggenbezeichnung weiterlebt, haben dieses Bild im großen und ganzen bewahrt (vgl. AIS 1449 und AIS 1462). In Norditalien herrscht die Form *byava* vor. Mehrfaches *byada* in der Lombardei geht wohl auf schriftsprachlichen Einfluß zurück. In Mittelitalien findet sich nach wie vor die Form *byada* erhalten, und zwar im einzelnen in der südlichen Toskana – in deren nördlichem Teil ist dieser Typus ausgestorben –, in Umbrien, Latium und in den Abruzzen. Daneben treten jedoch, je weiter wir nach Süden kommen, Formen mit dem Reibelaut *-v-* oder gar mit vollständigem Schwund des intervokalischen Konsonanten auf. In den süditalienischen Mundarten[223] finden sich wiederum einerseits *byava*, *byafa* und andererseits eine Variante *byama*, deren *-m-* wohl über den nichtgerundeten bilabialen Reibelaut *β* < *v* entstanden ist.

Vereinzeltes *biăda* „Hafer" im Campidanesischen (AIS 1449 p 973) gibt sich als toskanisches Lehnwort zu erkennen[224]; die autochthone Haferbezeichnung des Sardischen ist vielmehr *avena*. Gleichen Ursprungs ist das bereits weiter oben zitierte gallur. *byada* in der Bedeutung „Roggen" (ALEIC 839 p 51). Zweifelhaft ist, ob in letzterem Falle der Roggen überhaupt als Brotgetreide gemeint ist. Die Verwendung der toskani-

---

[221] Belegt seit dem 11. Jh. als *blava* in mlat. Urkunden; vgl. die Belege bei AebBlava 393ff., AebBlé 5ff., AebCér 91.

[222] Vgl. FEW 1, 391 s. v. anfrk. *BLĀD. Abzulehnen ist die Erklärung von BattAl, wonach sich *biava* aus *biaa* (< *biaδa* < *biada*) mit Einführung des *-v-* als Übergangslaut ergeben hat.

[223] Zum Kalabrischen vgl. zusätzlich RohlfsCal 2, 374.

[224] Toskan. *biada* noch in seiner ursprünglichen Bedeutung „Getreide" (statt sard. *trigu* „Getreide" < TRITICUM) erscheint übrigens bereits in den Statuti della Repubblica Sassarese aus dem 14. Jh. (StatSassari 33).

schen Bezeichnung scheint vielmehr darauf hinzudeuten, daß hier der Roggen wie andernorts der Hafer die Rolle des Futterkorns inne hat, was für mediterrane Verhältnisse nichts Außergewöhnliches ist (vgl. AIS 1462 Legende).

Während sich in der Galloromania der im Anschluß an das anfrk. *BLĀD gebildete gallo-spätlateinische Singular *bladum* durchgesetzt hat (fr. *blé*, occit. *blat*), geht also ait. *biada* auf den Plural *blada* zurück. J. Jud sah hierin Einfluß von *annona* (Jud 410), was aber unsicher ist. Vielmehr ist doch anzunehmen, daß auf Grund der Kollektivbedeutung des Wortes die Verwendung des Plurals von vornherein nahelag. So war denn auch dem frühen Mittellatein der Galloromania die Form *blada* bereits bekannt, wie die weiter oben zitierten Belege aus den Formulae Andecavenses und dem Polyptychon Irminonis zeigten.

Nachdem wir schon dem Schicksal von *blada* im Italienischen nachgegangen sind, bleibt nun festzustellen, ob dieser Plural auch innerhalb der Galloromania weitergelebt hat. Dabei ergibt sich, daß es auch hier nicht an den entsprechenden volkssprachlichen Entwicklungen gefehlt hat. Das Altfranzösische kannte ein *blee* „Getreide, Korn", das zum ersten Mal im Aliscans belegt ist: „Petit vos chaut comment vigne la blee" (TL). Vereinzelt kommt *blee* im 13.–15. Jh. vor, bevor es ein letztes Mal bei Octavien de Saint-Gelais erscheint[225]. Für das Altprovenzalische schließlich ist ein *blada* in gleicher Bedeutung belegt (hap. 14. Jh., Lv). Wenn also *blada* auch im Galloromanischen fortgelebt hat, so beweisen doch die Belege zugleich, daß es nicht mehr als ein Schattendasein gewesen ist.

Mlat. *blada* dagegen erfreute sich in der Galloromania selbst noch in einer späten Phase des Mittellateins einer beachtlichen Verbreitung. Einmal wurde es wie das von der Volkssprache gestützte *bladum* in der Bedeutung „Korn, Getreide" gebraucht; zum andern diente es dazu, die Summe der Getreidearten zu bezeichnen, entsprach also in dieser zweiten Verwendungsweise dem fr. *céréales*. Hierzu die folgenden Beispiele:

Paris: für 1277 „. . ., eo tempore quo blada in granchia decimarum triturantur dicte ville" (CartParis 2, 139).

Fosses (Belg.): in den Annales Fossenses für 1367 „et fuerunt multa blada et vina hoc anno" (MGHScriptores 4, 35).

Amiens: für 1183 „. . ., exceptis nemoribus et bladis" (CartAmiens 1, 92).

Beaumont-le-Roger (Eure): für 1258 „. . . decimas bladorum . . ." (CartBeaumontR 78).

Le Mans: für 1203 „. . ., dictis canonicis super eadem terra dampna plurima in bladis et rebus aliis intulerunt" (CartLeMans 13).

---

[225] Vgl. die Belege bei TL und Gdf, der jedoch zu Unrecht mit „champ de blé, moisson" definiert.

Barbezieux (Char.): für das 12. Jh. „. . ., videlicet de omnibus bladis, de vineis, et de lana“ (CartBarbezieux 9)[226].

Bourg-en-Bresse: für 1467 „. . . grana et blada . . .“ (CartBourgBr 435).

Lyon: für 1201 „. . . de omnibus bladis, tam grossis quam minutis, . . .“ (CartLyon 1, 113).

Remoulins (Gard): für 1381 „Item quod nullus sit ausus cassare bladis, legumis et vineis quamdiu fructus erunt in possessionibus“ (CartRemoulins 130).

Prouille (Aude): für 1215 „. . ., de omnibus bladis quae ibidem feceritis, duodecimam partem bladorum omnium“ (CartProuille 2, 189)[227].

Saint-Flour (Cantal): für 1261 „. . ., videlicet in quolibet genere bladorum et in animalibus ibidem excrescentibus, . . .“ (CartSFlour 106) sowie für 1265 „. . . de omnibus bladis siliginis, frumenti, pizorum, avenae, . . .“ (ib. 120)[228].

Viel zum Erfolg des mlat. *blada* „Getreide, Getreidearten“ wird der Umstand beigetragen haben, daß der Singular *bladum* in Anlehnung an afr. *blé*, apr. *blat* mehr und mehr im Mittellateinischen der Galloromania als Getreideartbezeichnung (Weizen, Roggen) Verwendung fand. Im Gegensatz dazu konnte sich im Altfranzösischen und Altprovenzalischen der kollektive Plural, wie wir bereits weiter oben sahen, kaum nachhaltig durchsetzen.

3. Lat. GRANUM

Das gleiche Prinzip, das zur Verwendung der romanischen Formen des lat. ANNONA und des anfrk. *BLĀD als Bezeichnungen einzelner Getreidearten geführt hat, ist auch für die semantische Entwicklung des lat. GRANUM im Romanischen bestimmend gewesen.

Zunächst seien hier die Belege genannt, welche auf Grund ihrer Bedeutung diese Arbeit unmittelbar interessieren: In der Wallonie ist für die Provinz Luxembourg vereinzelt *grẽ* als Roggenbezeichnung bezeugt (ALF 1211 p 183, 184)[229]. Isoliert steht ein bmanc. *grẽ* (ALF 1211 p 349) da, das zudem auch nicht durch die Verwendung als Getreideabstraktum gestützt wird. Üblicher für das Bas-Maine ist jedenfalls *grẽ* in der Bedeutung „Weizen“. Weiterhin wird der Typus *grẽ* gelegentlich in den Vogesen als Roggenbezeichnung verwendet, so u. a. Fraize *grè*, *grẽ* (ALF 1211 p 78), poutr. *grę* (ALF 1211 p 85) sowie *grẽ*, *grẽŋ* in den südvogesischen Mundarten (BlochAtl 701).

Es bleibt nun zu untersuchen, welche Etappen die semantische Ent-

[226] Vgl. noch ib. a. 1281 (S. 216).
[227] Vgl. noch ib. a. 1427 (2, 307).
[228] Vgl. weiterhin ib. a. 1268 (S. 128), a. 1277 (S. 195).
[229] Zum Wert dieser Angabe vgl. S. 148.

wicklung des lat. GRANUM im Romanischen durchlaufen hat, um zu seinem Bedeutungsextrem „Roggen“ zu gelangen.

Das Klassischlateinische verwandte *granum* in erster Linie als Bezeichnung für das einzelne Korn; so ist etwa mit *granum tritici*, *granum frumenti* das einzelne Weizenkorn gemeint, mit *grana tritici*, *siliginis grana*, *grana hordei* (vgl. ThesLL) eine Anzahl von Weizen- bzw. Gerstenkörnern. Daneben taucht *granum* aber auch schon vereinzelt in der kollektiven Bedeutung „Korn, Getreide“ auf. In Varros De lingua latina heißt es etwa: „granarium, ubi granum frumenti condebant“ (ThesLL), wobei aus dem Zusammenhang hervorgeht, daß nicht das einzelne Weizenkorn gemeint ist, sondern Weizenkorn, Weizengetreide als Kollektivbegriff. In dieser gelegentlichen Verwendung von *granum* in der Bedeutung „Korn, Getreide“ wird das Bemühen des Vulgärlateinischen sichtbar, Ersatz für *frumentum* „Korn, Getreide“ zu schaffen, das mehr und mehr in die Bedeutung einer bestimmten Getreideart (Weizen) hinüberwechselt.

In den frühmittellateinischen Texten Italiens tritt dann die Tendenz, *granum* als Getreidekollektivum zu verwenden, offen zu Tage. So heißt es etwa in einer Charte aus Lucca, die auf das Jahr 748 datiert wird: „per singulum annum quattuor modia granu“[230] und in einer anderen aus Cernusco Lombardone für das Jahr 861: „grano modia sex, medietatem segale et medietatem panico“[231], um nur zwei Beispiele zu nennen.

Wie das lat. *frumentum* erfährt aber auch das frühmlat. *granum* eine Bedeutungskonkretisierung. Bereits in Charten für das 8. und 9. Jh. aus Italien wird es eindeutig als Bezeichnung einer speziellen Getreideart (Weizen) verwendet; in Urkunden aus Lucca heißt es u. a. für das Jahr 764 „duo modia grano, et duo modia farre“[232], für das Jahr 808 „sidecim sist. grano aut milio“[233] und für das Jahr 847 „grano modia duo, spelda modia duo“[234].

Es zeigt sich also, daß *granum* bereits im frühen Mittellatein Italiens die Bedeutungen „Korn, Getreide“ und „Weizen“ kannte, die später dem it. *grano* eigen sein werden[235]. Was die diesbezüglichen Verhältnisse in den heutigen italienischen Mundarten angeht[236], so bringt ganz Mittel-

---

[230] Schiaparelli, L.: Codice diplomatico longobardo 1, 273; zit. nach AebBlé 2, wo sich weitere Belege finden.

[231] Codex diplomaticus Langobardiae 352; zit. nach AebBlé 3.

[232] Memorie e documenti per servire all'istoria del ducato di Lucca Bd 5 Tl 2 S. 51; zit. nach AebBlé 2.

[233] Ib. Bd 5 Tl 2 S. 209; zit. nach AebBlé 3.

[234] Ib. Bd 5 Tl 2 S. 380; zit. nach AebBlé 3.

[335] Wir sehen hier von der Bedeutung „das einzelne Korn“ ab, die sich von selbst versteht.

[236] Vgl. AIS 1441 „un sacco di grano“, AIS 1445 „il grano“ und AIS 1451 „segare il formento“.

und Süditalien wie die italienische Schriftsprache die vorherrschende Getreideart und den abstrakten Oberbegriff durch das gleiche Wort *grano* zum Ausdruck. Auch Oberitalien verwendet den Typus *grano* in der Bedeutung „Korn, Getreide"; als oberitalienische Weizenbezeichnung überwiegt aber – wohl unter galloromanischem Einfluß – der Typus *formento*.

An dieser Stelle sei auch auf das rum. *grîu* hingewiesen, welches wie das it. *grano* sowohl als Getreidekollektivum als auch als Bezeichnung des Weizens Verwendung findet.

Die Verwendung des lat. *granum* als allgemeine Getreidebezeichnung findet sich diesseits der Alpen in frühmittellateinischen Texten aus dem deutschen Sprachraum wieder; hierzu die folgenden Beispiele: in Urkunden für das Kloster Sankt Gallen aus dem Jahre 775 „unam carradam de grano" (UBWürttemberg 1, 15), aus dem Jahre 792 „V maldras de grano" (ib. 1, 42), aus dem Jahre 799 „maldras IIII de grano" (ib. 1, 55); in einer 811 in Worms ausgestellten Charte, die sich auf das Kloster Reichenau bezieht: „tres scheflones de puro grano in pane et situlum vini" (ib. 1, 73); für Basadingen (Thurgau) aus dem Jahre 875 oder 876 „... hoc est situlas VI de vino vel VI maltera de grano" (UBZürich 1, 50). Schließlich sei noch auf das aus den Jahren nach 890 stammende Grundbuch des Klosters Werden/Ruhr für Franken, Westfalen und Friesland hingewiesen, in dem verschiedentlich *granum* „Korn" vorkommt, so u. a. „unum siclum in grano et alium in re qualibet" (UrbWerden 1, 21); gelegentliche Verwendung des Wortes in der Bedeutung der am häufigsten angebauten Getreideart bezeugt: „C mod. ordei et duo sicli in grano" (ib. 1, 21).

Im Gegensatz zu Italien und zum deutschen Sprachraum kannte das frühe Mittellatein in der Galloromania nicht *granum* als Getreidekollektivum; statt dessen wurde hier *bladum* bzw. *blada* verwendet. Erst im 12. Jh. scheint *granum* bzw. *grana* als abstrakter Oberbegriff in Gebrauch gekommen zu sein, wohl weil *bladum* unter volkssprachlichem Einfluß mehr und mehr als Weizenbezeichnung Verwendung fand. Zu *granum* bzw. *grana* in der Bedeutung „Korn, Getreide" die folgenden Beispiele:

Paris: für 1256 „..., pro duobus sextariis grani sive leguminum quae in dicta terra excreverint, ..." (CartParis 2, 122).

Chartres: im Polypticon ecclesiae Beatae Mariae Carnutensis von 1300 „... IIII mod. grani, videlicet II mod. bladi et II mod. avene ad mensuram Dunensem" (CartChartresLM 2, 313)[237].

Amiens: für 1145 „de unaquaque carca piperis, alumi, vel grane obolus" (CartAmiens 1, 28)[238] und für 1278 „de nullo grano seu annona

[237] Vgl. weiterhin ib. 2, 375.
[238] Vgl. ferner ib. a. 1149 (1, 40).

proventuum reddituum suorum quos in Ambianensi obtinent ecclesia" (ib. 2, 6).

Compiègne: für 1191 „si vicia vapulabitur, ipse stramen habebit et nos granum habebimus" (CartCompiègne 1, 299)[239].

Orléans: für 1202 „... pro duobus modiis hybernagii et duobus avene ..." und wenig später „... dictos quatuor modios grani ..." (CartOrléans 216).

Metz: für 1243 „et tenemur nos dicti abbas et conventus molere in dicto molendino gratis et sine exactione, ex nunc in posterum, granum sive bladum" (CartMetz 7/8).

Bourg-en-Bresse: für 1467 „...grana et blada..." (CartBourgBr 435).

Remoulins (Gard): für 1367 „..., arrendator dezeni granorum, vinorum et fenorum castri de Remolinis, ..." (CartRemoulins 108).

Der Anstoß zur Verwendung von mlat. *granum* „Korn, Getreide" in der Galloromania wird zweifellos von der Volkssprache her gekommen sein. Daran kann auch der Umstand nichts ändern, daß afr. *grain* „Korn, Getreide" auf Grund des uns vorliegenden Materials erst wenig später belegt ist als mlat. *granum* in der gleichen Bedeutung. In Chrestiens Yvain stoßen wir zum ersten Mal auf das afr. *grain* als Getreidekollektivum: „Et li buens hon estoit an painne De cuirs vandre et d'acheter pain D'orge ou d'avainne ou d'autre grain" (TL)[240]; am Ende des 12. Jhs. begegnet das Wort in der gleichen Bedeutung im anglonormannischen Vie de Saint Gilles: „Ne ne mangad mie de pain, Ne nule ren ki fust de grein" (Gdf)[241].

Das Vorkommen der Erstbelege in literarischen Texten gibt mit Recht zu der Vermutung Anlaß, daß afr. *grain* in der Bedeutung „Korn, Getreide" um einiges älter ist. Denn daß die Verwendung von *grain* als Getreidekollektivum aus der Umgangssprache stammt, dürfte außer Zweifel stehen. Dabei kam *grain* zustatten, daß *blé* in verstärktem Maße zur Bezeichnung von Getreidearten (Weizen, Roggen) herangezogen wurde. Dieser Charakter eines Ersatzwortes für *blé* in der Bedeutung „Korn, Getreide" geht aus einigen der im folgenden zitierten Belege aus nichtliterarischen Quellen eindeutig hervor.

Meaux: für 1284 „Le redisme, c'est a scavoir apres le dixieme l'onzieme de tout son blaage de blez et d'avannes, et d'autre grain que il avoit a Joy seur Morain" (Gdf 6, 702, s. v. *redeisme*).

Tournai: für 1278 „Et si doivent Jehans et Jehane paiier et rendre XL lb. de Torn., II muis de blet et VI muis d'avaine, ke li église lor a

---

239 Vgl. ferner ib. a. 1250 (2, 376).

240 Vgl. ib. zu weiteren Belegen.

241 Gdf stellt diesen Beleg zu Unrecht unter die Definition „chacun des fruits contenus dans l'épi des céréales", verzeichnet im übrigen aber keine weiteren Beispiele für *grain* „Getreide".

prestés à leur entrée, cescun an le nuevime partie des XL lb. et des VIII muis de *grain* devant dis“ (ChartTournai 2, 358).

Cambrai: für 1241 „Que de tout cest *grain* c'on menoit en se grange ke li paille et li estrains et li gruins et li espeillon en estoient sien“ (Gdf 3,519 s. v. *espeillon*).

Amiens: für 1259 „. . . li bles et toute autre maniere de *grain*“ (CartAmiens 1, 416), für 1280 „. . . un muis de *grain* a le mesure d'Amiens. Chest a savoir les deux pars de ble et le tierche part d'avaine“ (ib. 2, 12)[242], für 1293 „. . . tous les ans I mui de *grain* moitie ble moitie avene a le mesure d'Amiens“ (ib. 2, 44).

Beauvais: für 1368 „. . . sept mines de *grain*, dont chuinc mines de blé et deux d'avaine“ (CartBeauvais 654).

Cotentin: für 1328 „Et vaut (le fief) en *grains*, en regars et en deniers, avecques la court et l'usage . . .“ (Gdf 6, 737 s. v. *regart*).

Renneville (Eure): für ca. 1310 „. . . XXVI sestiers de *grains*, c'est assavoir I muy d'avainne, comble; item un sestiers de fourment, VIII sestiers de mesteil, et II sestiers de poeis“ (Delisle 326/7).

Saint-Maixent: für 1587 „. . . aucuns *grains*, vivres, vin, foin, pailles, avoine“ (ChartMaixent 2, 310).

Dijon: vor 1386 „recepte de froment, de gros bleis, autres *grains*“ (ChartDijonR 32).

Auch dem Altprovenzalischen war die Verwendung von *gran* als Getreidekollektivum nicht fremd; als solches gebrauchen es bereits Bertrand de Born („Mescla'l *gran* ab la palha“, Rn) und Giraut de Bornelh („E com venria bos *gras* De mala semensa“, GirBorn 1, 160). Unter den nichtliterarischen Texten ist u. a. auf das Livre des Etablissements de Bayonne hinzuweisen, wo es für 1415 heißt: „tot marchant estrange qui porti froment, segle o autre *gran*, de queinhe condicion que sie, en Baione . . .“ (Lv).

Innerhalb der Iberoromania – das sei hier anhangsweise hinzugefügt – ist die gleiche Verwendungsweise für das kat. *gra* seit dem 14. Jh. belegt, so etwa in „tot forment e ordi e tot altre *gra* e legums“ für Barcelona 1349 (AlcM)[243]. Im Spanischen und Portugiesischen dagegen bezeichnet der Singular *grano* bzw. *grão* nur das einzelne Korn; die kollektive Bedeutung „Korn, Getreide“ bleibt hier dem Plural *granos* bzw. *grãos* vorbehalten.

Eine Bedeutungskonkretisierung unseres Wortes, wie sie in Italien schon im frühen Mittelalter eingetreten ist, läßt sich u. a. auch in der Galloromania feststellen. So ist *grain* in der Bedeutung „Weizen“ schon für 1273 in der Grafschaft Ponthieu bezeugt (FEW). Möglicherweise wird *grain* auch im folgenden Passus aus den Nouveaux statuts d'Ernest

---

[242] Vgl. noch ib. a. 1287 (2, 34).

[243] Zu weiteren kat. Belegen vgl. noch ALcM und DiccAguiló 4, 173.

de Bavière von 1592 als Getreideartbezeichnung verwendet: „Mais où le père . . . eusse simplement legué, donné ou promis aulcune rente en espece de grain, froument, espeaulte ou aultres sortes . . ." (CoutLiège 2, 542). Da nämlich nach *grain* „Korn, Getreide" ein „c'est à savoir . . ." zu erwarten wäre und im übrigen auch an anderer Stelle in den gleichen Statuten der die Aufzählung eröffnende abstrakte Oberbegriff fehlt („. . . en espece de froument, espeaulte, avoine, . . .", ib. 2, 539), könnte mit *grain* hier der Roggen gemeint sein. Im ganzen gesehen sind aber die Fälle, in denen *grain* in alt- bzw. mittelfranzösischer Zeit als Getreideartbezeichnung Verwendung fand, eher selten[244].

Werfen wir schließlich noch einen Blick auf das Neufranzösische sowie die heutigen galloromanischen Mundarten.

Die Verhältnisse hinsichtlich der Verwendung von *grain* in der neufranzösischen Schriftsprache sind bekannt: im Prinzip bezeichnet das Wort im Singular nur das einzelne Korn, nicht aber das Kollektivum „Korn, Getreide". In letzterer Bedeutung ist allein der Plural *les grains* zulässig; bei weitem üblicher ist jedoch in dieser Verwendung nfr. *blé* trotz seiner Ambivalenz.

In den galloromanischen Dialekten lebt der Typus *grain* als abstrakter Oberbegriff „Getreide" nur noch in einigen Gebieten fort (nach ALF 474 „épi de blé" und ALF 1178 „sac de blé"), und zwar in der Wallonie (p 176, 183, 184, 188, 191, 195, 291/4), in Westfrankreich (p 433, 450), in der Bourgogne (p 1), in Lothringen (p 66), in der Schweiz (p 52 *grẽna*); unter Einfluß des it. *grano* „Korn, Getreide" stehen im wald. Piemont p 992, in der Provence p 898 (vgl. dazu die it. p 899, 990 *grana*).

Über die Verwendung des Typus *grain* als Getreideartbezeichnung verschafft u. a. der ALF 136 „le blé est mûr, mais l'avoine . . ." Aufschluß; gemeint ist also der Weizen: wallon. p 176, 183/4, 188, 191/2, 195, 292/4; westfr. p 433, 446/7, 450, 476 sowie nach FEW Alençon, Chateaubriant, Bas-Maine; lothr. p 66 sowie nach FEW Moselle, Fraize, St-Amé; frpr. p 63; unter Einfluß des it. *grano* „Weizen" wald. p 992, pr. p 898 (vgl. die it. p 899, 990).

Bei den Angaben des ALF, soweit sie die französischen Dialekte berühren, ist jedoch Vorsicht geboten, da *blé* trotz der Gegenüberstellung von *avoine* von den Sujets vielfach als Getreidekollektivum aufgefaßt worden ist. Das beweisen etwa wallon. p 183/4, die sowohl für „Getreide" (ALF 474, 1178) als auch für „Weizen" (ALF 136) und „Roggen" (ALF 1211) *grẽ* haben. Da aber nicht vorstellbar ist, daß so verschiedene Getreidearten wie Weizen und Roggen an einem Orte die gleiche Bezeich-

---

[244] Der eine oder andere alleinstehende *grain*-Beleg, wie etwa „nuef setiers de grain . . ." (1282, Gdf 5, 88 s. v. *mairie*) oder „trais muis de grein de rente" (1292, CartChartresM 214), wird aus begreiflichen Gründen aber sicherlich als Getreideartbezeichnung zu verstehen sein.

nung tragen, ist nur anzunehmen, daß die Sujets beide Getreidearten vergröbernd durch den abstrakten Oberbegriff ausgedrückt haben. Ähnlich wird sich Fraize *grè* in den Bedeutungen ,,Weizen" und ,,Roggen" erklären (vgl. R 16, 150 n. 1).

Als Roggenbezeichnung in den heutigen galloromanischen Dialekten hatten wir den Typus *grain* bereits eingangs kennengelernt. Über die Verwendung in weiteren speziellen Bedeutungen (,,Hafer", ,,Gerste") orientiert das FEW.

Wenn also – fassen wir noch einmal zusammen – dem lat. GRANUM in der Galloromania als Getreidekollektivum bzw. Getreideartbezeichnung nicht der gleiche Erfolg beschieden war wie in der Italoromania, so erklärt sich dies dadurch, daß eine Sprach- bzw. Dialektgemeinschaft durchaus mit ein und derselben Bezeichnung für den abstrakten Oberbegriff und die vorherrschende Getreideart auskommen kann. Da sich aber die Galloromania frühzeitig für das altniederfränkische Superstratwort *BLĀD entschieden hatte, blieb nur wenig Platz für das in den fraglichen Bedeutungen erst relativ spät auftauchende fr. *grain* bzw. occitan. *gran* übrig.

4. Lat. *CONSECALE

Unter diesem Etymon sind in der Bedeutung ,,Roggen" folgende Formen aufzuführen: Vassy-sous-Pisy (Yonne) *concès*, Doubs *kõsę* (ALF 1211 p 33). Um die Lautstruktur dieser Belege erklären zu können, müssen wir jedoch auch verwandte Formen, die die primäre Bedeutung des Wortes ,,Mengkorn" aufweisen, in den Rahmen unserer Betrachtung mit einbeziehen.

Zunächst ist auf eine Anzahl von occitanischen Belegen aufmerksam zu machen, die ein *CONSECALIUM voraussetzen; so verzeichnet das FEW apr. *cossegalh*, *consegail* (Nîmes) sowie *coussegail* bei Olivier de Serres[245]. An weiteren Belegen mit palatalem Wortausgang lassen sich dazu ein *cossegalh* für Forcalquier (Basses-Alpes) 1331[246] sowie ein *consegalh* für Entrevaux (Basses-Alpes) 1570 (DocMidi 297) nachtragen. Indirekt werden uns dieselben Formen durch mittellateinische Texte bezeugt, so für 1394 ein *cossegalhum* in ,,XIII cops c o s s e g a l h i" (DC). Auch die Graphie *consegallum* mit *-ll-*, wie sie in einem Testament von 1323 (DC 2, 514 s. v. *conseel*) sowie für Marseille 1564 (ib.) vorkommt, dürfte ebenfalls ein *consegalh* wiedergeben.

Es darf jedoch nicht übersehen werden, daß die neuprovenzalischen Belege, die zum größten Teil aus der Provence und dem Languedoc

[245] In der Ausgabe von 1663 (S. 98) findet sich statt dessen die Form *coustegail*.

[246] Notices et extraits des manuscrits de la Bibliothèque Nationale et autres bibliothèques Bd 36, 1 S. 159.

stammen, ausschließlich einen nichtpalatalen Wortausgang aufweisen (vgl. lang. *coussegal* usw. FEW *CONSECALIUM 1 und ALF 1626 „le méteil")[247]. Und wenn derartige Formen mit *-l* in den fraglichen Mundarten in der Tat eine ältere Stufe *ł* nicht ausschließen (vgl. Ronjat 2, 319), so ergibt sich doch auf Grund von altprovenzalischen Belegen, daß schon früh auch eine nichtpalatale Variante existiert hat. Es sei nur auf ein *consegal* verwiesen, das für Valréas (Vaucluse) 1530 bezeugt ist (DocAvignon 5, 169). Die gleiche Form gibt das mlat. *consegale* wieder, das für Nîmes 1304 in „de consegali triginta cestarios" (DC 2, 514 s. v. *conseel*) und für 1316 in „una aymina bladi consegali computata duos solidos" (ib.) vorkommt. Diese nichtpalatale Variante wird unter dem Einfluß der altprovenzalischen Entwicklungen des Simplex SECALE entstanden sein.

Neben den Belegen aus dem Occitanischen, die sich im Rhône-Becken sowie in den angrenzenden Gebieten konzentrieren, finden sich weitere, die ebenfalls mit dem Etymon *CONSECALIUM im Zusammenhang stehen, im nördlich anschließenden frankoprovenzalischen und französischen Sprachgebiet. Zu den im FEW s. v. CONSECALIUM 2 aufgeführten Belegen seien zunächst noch folgende nachgetragen: an neueren Dialektbelegen *consé* „méteil" für Broye-lez-Pesmes (Perron 428) sowie ganz allgemein für die Franche-Comté (Dartois 183; Beauquier 2, 318). Für das frankoprovenzalische Dauphiné ist vor allem auf ein *cosseal* „méteil" bei Charbot (1645–1722) aufmerksam zu machen, das sich neben der Form *cossial* bei Ravanat wieder findet. Ravanat vermerkt auch ein gleichbedeutendes, jedoch bereits veraltetes *cossié*.

Aufschlußreicher sind jedoch die mittelalterlichen Belege, die uns zusätzlich vorliegen: Aus den Rechnungsbüchern Philipps des Kühnen, aus denen der bereits im FEW genannte Beleg für *conseel* von 1364 (InvBourgogne 1, 37) stammt, kommen hinzu *conseal* für 1368 (ib. 1, 138) und *conceel* für 1371 (ib. 1, 233). Weitere Belege sind aus dem 13. und 14. Jahrhundert. In einem Schriftstück von 1273/74 aus der Abtei Saint-Etienne zu Dijon, das den Verkauf eines Zinses an das Armenhaus von Til-Châtel (ct. Is-sur-Tille, arr. Dijon, Côte-d'Or) fixiert, ist der Passus „. . . un quartaul de consaul . . ." (ChartDijonT 79) zu lesen. Ebenfalls noch ins 13. Jahrhundert gehört ein Beleg, der in einem Urteil der Cour des Grands-Jours de Champagne von 1286 enthalten ist. In diesem lateinisch abgefaßten Urteilsspruch zugunsten der Augustinerpriorei von Belroy, die sich seit 1217 in Bar-sur-Aube befand, wird das uns interessierende Wort in seiner volkssprachlichen Form verwendet: „. . . duos modios bladi, videlicet unum modium frumenti et unum

---

[247] Zusätzlich ist noch ein *condégal* „méteil" für das Dép. Vaucluse zu nennen (Reiller, J.: Les transformations de l'agriculture vauclusienne depuis le début du 19e s., Avignon 1945, S. 20).

modium de conseel . . ." (Brussel 1, 241; vgl. DC). Für weitere Belege aus dem 14. Jahrhundert sei auf das Urkundenbuch der Abtei La Chapelle-aux-Planches (Haute-Marne) verwiesen, in dem *conceel* für 1342 (CartTroyes 4, 83) und 1360 (ib. 4, 85) sowie *conseil* für 1383 (ib. 4, 87) vorkommen sowie auf das Temporalienverzeichnis der Abtei S. Remi zu Reims von 1384, in dem *concial* genannt wird (Gdf).

Die frühesten Belege sind jedoch wieder indirekter Art, da es sich um volkssprachliche Formen in mittellateinischem Gewande handelt. So findet sich im Urkundenbuch der Abtei S. Nicaise zu Reims für 1250 zweimal der Passus: „octo sextaria consialii mercalis" (DC). Noch älter ist ein Beleg aus dem Burgund; hier heißt es in einer Charte aus dem Jahre 1234: „sexaginta vero minas de consetto et sex viginti de avena et dicto blado" (DC), dessen *consettum* wohl zu Recht mit *consellum* interpretiert worden ist.

Wenn auf die beiden mittellateinischen Umsetzungen *consialium* bzw. *consellum* Verlaß ist, läßt sich aus ihnen im ersten Falle ein achamp. **consiail* und im zweiten Falle ein abourg. **consel* erschließen. Auffällig ist das *-ll-* in *consellum*, in dem jedoch wohl kaum ein Hinweis auf Palatalisierung zu erblicken sein wird.

Im Anschluß an diese ergänzenden Belege ergibt sich, daß das Verbreitungsgebiet dieser ursprünglichen Gemengebezeichnung in Nordfrankreich die Bourgogne, die Franche-Comté, das südliche Lothringen sowie die südliche Champagne umfaßt hat bzw. noch umfaßt.

Es stellt sich nun die Frage, wie sich die dialektfranzösischen Formen etymologisch erklären. Im FEW s. v. *CONSECALIUM ist die Rede davon, daß ihnen ein *CONSECALE als Rückbildung aus *CONSECALIUM zugrunde liegt. Wir hätten es demnach mit einem *CONSECĀLE zu tun, das nicht unter den Einfluß des Simplex SĔCĀLE geraten ist, sondern sich den Wörtern auf -ĀLE angeschlossen hat. Diese Tatsache überrascht natürlich. Man wird sich daher fragen, ob hier nicht eine frühe Entlehnung aus Südostfrankreich vorliegt, und zwar speziell zu einer Zeit, als in Nordfrankreich beim Simplex SĔCALE bereits die Synkope eingetreten war, so daß sich *CONSECALE ihm nicht mehr anschließen konnte. Das Verbreitungsgebiet des Typus *CONSECALE innerhalb des Französischen, das in gerader Fortsetzung des Rhône-Tals das Flußgebiet der Saône und nördlich bzw. westlich daran anschließende Räume umfaßt, würde für eine solche Vermutung sprechen.

Wie dem auch sei, die genannten nordfranzösischen Formen führen in irgendeiner Weise auf ein *CONSECĀLE zurück, das also die weitere Entwicklung mit den übrigen Wörtern auf -ĀLE teilt. Daß ein zu erwartendes **consegiel* nicht belegt ist, überrascht nicht weiter, da diese Entwicklung auch bei den Parallelfällen nur ganz vereinzelt anzutreffen ist[248].

---

[248] Vgl. etwa *regiel* (< REGALE) in der Eulalia-Sequenz sowie champ. 14. Jh.

Dafür finden sich allgemein Formen mit einfachem Reibelaut *y*, so *noiel* < NUCALE, *leial* < LEGALE, *reyel* < REGALE, oder mit dessen Verlust, so *noel*, *nouel*, *leal*, *reel* und das oben zitierte *conseel/conceel*. Frühzeitig tritt neben der für französische Verhältnisse erbwörtlich entwickelten Auslautsilbe *-el* auch *-al* auf, das einmal die gelehrt-lehnwörtliche Entwicklung des lat. -ĀLE darstellt, zum anderen aber auch dialektaler Herkunft (champ.) sein kann. So steht neben dem abourg. *conseel* auch ein *conseal*, das mit Vokalisierung des *-l* und unter Aufgabe des Zwischentonvokals das bereits genannte *consaul* ergeben hat. Neuere Belege verwenden die Graphie *conseau* (vgl. FEW *CONSECALIUM 2), in der in Anlehnung an das Französische *-eau* statt *-au* zur Wiedergabe des *ǫ* geschrieben wird. Nicht überall ist jedoch die Vokalisierung des *-l* eingetreten; vielmehr konnte es auch zum Schwund neigen[249]. Diese Entwicklung zeigen bei unserm Wort die beiden eingangs zitierten Belege (Vassy-sous-Pisy *concès*, Doubs *kõsę* ALF 1211 p 33)[250], die auf das oben erwähnte, zu erschließende *consel* zurückgehen.

5. Lat. *MĬSTĪLIUM

Auf die Ableitung *MĬSTĪLIUM von lat. MĬSTUM (neben MĬXTUM) „gemischt" geht das fr. *méteil* „Gemenge" zurück, sofern es nicht sogar erst im Galloromanischen durch Suffixwechsel aus *mesture* (< lat. MĬXTURA) entstanden ist. Das nach Gamillscheg seit dem 13. Jh. belegte Wort[251] läßt sich auch schon früher nachweisen, so u. a. in einer mittellateinischen Urkunde von 1180 „. . . singulis annis viginti solidos et duos sextarios de mestel persolvet" (CartCorbeil 33).

Vereinzelt und dialektal werden die romanischen Entwicklungen von *MISTILIUM auch zur Bezeichnung des Roggens herangezogen[252], so etwa Orne *mẹtẹ* (ALF 1211 p 347); im Katalanischen für Marquixanes (PyrO.) *məstał* und daraus entlehnt Puilaurens (Aude) *mətał* (Salow 20). In der gleichen Bedeutung kommt in den provenzalischen Alpen eine erneut suffigierte Form *mẹtayẹr* (ALF 1211 p 866) vor, die sich aus ursprünglich adjektivischer Verwendung *(blat metayer)* erklärt.

Unter den etymologischen Ansatz *MISTILIUM ist auch ein bourg. *ntǫ* „Roggen" (ALF 1211 p 104) zu stellen. Der besondere Habitus des Wortes erklärt sich einmal durch die Assimilation des silbischen *m* an das folgende *t*; zum andern liegt im Wortausgang eine speziell ostfranzösische

(FEW), *nogieu* (< NUCALE) in der Chronik des Turpin von nach 1205 (Gdf).

[249] Vgl. u. a. im FEW QUALIS, PALUS, SAL sowie ALF 1289 „tel quel".

[250] Zu weiteren Belegen vgl. FEW *CONSECALIUM 2.

[251] Wohl auf Grund des aus dem 13. Jh. stammenden *mestueil* bei Gdf.

[252] Grund dafür ist, daß der Roggen einen wesentlichen Bestandteil des Mengkorns bildet, soweit es als Brotgetreide verwendet wird.

Entwicklung des Suffixes -ĬLIUM (bzw. -ĬCLUM) vor. Da im Ostfranzösischen -ł offenbar nur schwach palatalisiert war, trat vielfach eine Entpalatalisierung ein, bei der ł in *yl* aufgelöst wurde. Der so entstandene sekundäre Diphthong *ey* nahm im folgenden an der ostfranzösischen Entwicklung *ei* > *oi* teil. Früh traten neben dieser Entwicklung auch regionale Varianten auf. So konnte – wohl in vorkonsonantischer Stellung – Entpalatalisierung eintreten, ohne daß ein *y* an die vorangehende Silbe abgegeben wurde; zudem scheint frühzeitig das auslautende *-l* in der Aussprache geschwunden zu sein. Für eine solche Entwicklung sprechen die Formen *mestau* (Loiret 1282, Gdf), *blé mestau* (Chartres 1290, Cart ChartresM 211), *metaul* (Loiret 1299, Gdf) mit rein graphischem *-l*. Den Schwund des *-l* bezeugt auch die Graphie *solot* „soleil" aus dem 13. Jh. (Gdf); da die Herkunft des auslautenden *-o* offenbar nicht mehr durchsichtig war, wurde die Graphie des Wortes an das ostfranzösische Ergebnis des Suffixes -ĬTTU angepaßt.

Diese Entwicklung der Suffixe -ĬLIU und -ĬCLU hat sich bis heute in den ostfranzösischen Mundarten erhalten, so etwa in unmittelbarer Nähe von p 104 *ntǫ*: DomecyV. *paireau* „pareil" (FEW PARICULUS); vgl. weiterhin ALF 950 „orteil" Nièvre *ę̄rtǭ* (p 104, 105), *artǭ* (p 102), Yonne *ę̄rtǫ̆* (p 106), *artǫ̆* (p 107), *artǫ̆* (p 108), SaôneL. *artǫ̆* (p 6), *artǫ̆* (p 7), Côte-d'Or *ę̄rtǫ̆* (p 8), *artǭ* (p 12) usw. (vgl. FEW ARTICULUS); ALF 1241 „soleil" Nièvre *sūlǫ̆* (p 4), SaôneL. *slǭ* (p 7), Côte-d'Or *sūlǫ̆* (p 12), *sǫ̆lǫ̆* (p 16).

Hat sich also einerseits das alte *-o* (< -ĬLIU bzw. -ĬCLU) in der Aussprache bewahrt, so begegnet andererseits auch früh die Tendenz, es zu *u* zu schließen: vgl. centr. *métou* „méteil" (Jaubert 438), das sich als *mestou* bereits im 16. Jh. für Bourges nachweisen läßt (ib.).

6. Lat. *MĬSCĔLLUM

Unter diesem Etymon ist ein sav. *mę̄sę* „Roggen" (ALF 1211 p 947) zu nennen.

Die eigentliche Bedeutung dieses Bezeichnungstypus muß auf Grund des etymologischen Ansatzes wieder „Mengkorn" sein, was im übrigen auch durch eine Anzahl von weiteren Entwicklungen des lat. *MISCELLUM bestätigt wird. Die ALF-Karte 1626 „méteil" verzeichnet in unmittelbarer Nachbarschaft von p 947 für die HSavoie *mę̆ϑę̆* (p 957), ferner für die Waadt *mę̄sę* (p 937), für das Wallis *mę̆šę̆* (p 979), *mę̄ϑǫ̆* (p 976). Dieses Bild läßt sich durch Belege aus anderen Quellen ergänzen[253], wobei die Bedeutung des Wortes auch wieder „méteil" ist: Gruey, Brotte *mǫšǫ*, Montbél. *mochot*, neuch. *messel*, *messé* (jedoch veraltet), Montana *bła mišę*.

[253] Es handelt sich hierbei um unveröffentlichte FEW-Materialien.

Über das Alter dieser Bezeichnung geben uns einige altfrankoprovenzalische bzw. altfranzösische Belege Auskunft. Aus der Westschweiz ist ein *messe* für Fribourg zu erwähnen, das hier in den Comptes de dépenses de la construction du clocher de Saint-Nicolas (zwischen 1470 und 1490) vorkommt (Girardin 248)[254]; weiterhin ist zu nennen ein *messel* für Neuchâtel 1565 und 1771 sowie für die Waadt 1609, ein *messé* für La Chaux-de-Fonds 1759 (Pierrehumbert 362).

Noch älter sind jedoch zwei französische Belege, die aus der Bourgogne bzw. angrenzenden Gebieten stammen. So findet sich in einem Inventarverzeichnis im Anschluß an die Comptes de la Commanderie de Pains (Aube) für 1307/08 ein *meissau* in: „I petit moncel de meissau en une postee" (Thomas 350/1). Die Bedeutung „Mengkorn" ist für dieses *meissau* gesichert, da in einem anderen Passus, der auf den eben genannten Bezug nimmt, *mesteil* gebraucht wird. Ein weiterer Beleg ist schließlich für 1368 anzuführen: „XVIII sextiers de meissiau et XVIII sextiers de tremois par an, grain de moison" (Gdf).

Auf Grund des hier zusammengestellten Belegmaterials läßt sich ein ungefähres Bild von der Verbreitung des Etymons *MISCELLUM gewinnen; sein Vorkommen beschränkt sich demnach auf das Frankoprovenzalische sowie auf den Südosten des französischen Sprachgebietes.

7. Gallolat. *WAĪDIMEN

Auf die gallolateinische Kollektivableitung *WAIDĪMEN von anfrk. *WAIDA „Weide" geht das afr. *gain* (aostfr. *wain* usw.) in den Bedeutungen „Zeit der Ernte, Herbst; Grummet" zurück[255], das neben dem französischen Kompositum *regain* als Simplex vor allem in den Mundarten Ostfrankreichs weiterlebt[256].

Weniger eindeutig geht aus dem altfranzösischen Belegmaterial der einschlägigen Wörterbücher hervor, daß afr. *gain* und speziell aostfr. *wain* auch verbreitet zur Bezeichnung von Getreidearten herangezogen wurde. Godefroy gibt ein einziges Beispiel für Metz 1328 („ung petit tornois pour chascune quarte de bleif qui morroit, soit wains, soit tramois", Gdf 4, 195 s. v. *gaain*), in dem er *wain* mit „froment semé en automne" übersetzt. Im Du Cange finden sich weiterhin zwei Belege, die gleichfalls ostfranzösischer Herkunft sind; für Toul: „qui quidem (grenetarius) praestat juramentum distribuendi grana aequaliter de puro et mixto frumento, wayno et siligine, hordeo et avena pura et mixta"

[254] Girardin leitet das Wort jedoch zu Unrecht aus MIXTU + -ELLU her.

[255] Nicht zu verwechseln mit afr. *gaaing*, *gain* „Gewinn, Erwerb, Beute usw.", das aus afr. *gaaignier* < anfrk. *WAIDANJAN rückgebildet ist.

[256] Vgl. GamGerm 1, 195, Warland 193, ALF 75 „automne", ALF 1139 „regain" sowie FEW *WAIDA.

und für 1246: „duo sextaria bladi quorum medietas esse debet ordei, et alia medietas de wain". Als Definition wird dazu von den Herausgebern „annona seu hordei species, nostris *wain*" gegeben, wobei „hordeum" bestimmt falsch ist, wie schon aus den Belegen selbst hervorgeht. Bei Tobler/Lommatzsch schließlich fehlen Belege für die Getreidebedeutung ganz.

Ausgangspunkt für die Übertragung der Getreidebedeutung auf aostfr. *wain* ist in Ausdrücken wie *bleif de wain* („quattre quarteis de bleif de wain, teil com ilh vient en ladite grange d'Eugny", CartOrvalD 17 für 1299) zu suchen, wo *wain* noch seine Grundbedeutung „Herbst" hat. Entsprechend seiner ursprünglichen Bedeutung wird aostfr. *wain*, auf das Getreide übertragen, zunächst ganz allgemein zur Bezeichnung des im Herbst gesäten Korns herangezogen worden sein. Diese weiter gefaßte Bedeutung „das im Herbst gesäte Korn, Wintergetreide" liegt auch in dem von Godefroy zitierten Beleg vor, und nicht speziell der „Winterweizen", da nicht anzunehmen ist, daß sich eine Mühle ausschließlich mit dem Mahlen von Weizen befaßt[257]. Andererseits ist wohl schon frühzeitig ähnlich wie bei afr. *tremois* eine semantische Spezialisierung eingetreten, indem aostfr. *wain* vor allem zur Benennung der überwinternden Sorten der beiden wichtigsten Getreidearten – Weizen und Roggen – verwendet wurde[258]. Dadurch, daß das aostfr. *wain* als Bezeichnung auf verschiedene im Herbst ausgesäte Getreidearten Anwendung finden konnte, wird aber eine nachträgliche Bedeutungsbestimmung des Wortes zugleich mit einem erheblichen Unsicherheitsfaktor belastet. Da im übrigen die neueren ostfranzösischen Mundarten die Getreidebedeutungen des Wortes nicht bewahrt haben, fehlt uns auch dieser Anhaltspunkt, um festzustellen, welche Getreideart aostfr. *wain* am jeweiligen Ort bezeichnet haben mag.

Als Roggenbezeichnung scheint aostfr. *wain* in den Charten des Urkundenbuches der Abtei Orval verwendet worden zu sein[259]; so interpretiert

[257] *Bleif* ist also in dem genannten Beleg als „Korn, Getreide" und nicht als „Weizen" zu verstehen.

[258] Es hat den Anschein, als habe aostfr. *wain* das synonyme *hivernage* in gewissen Teilen des ostfr. Sprachraums (Wallonie, Lothringen, östliche Champagne) weitgehend vertreten. Aus den genannten Gebieten sind uns jedenfalls außer einem *yvrenage* aus dem 13. Jh. für die Abtei Val St-Lambert (Gdf) keine weiteren Beispiele für *hivernage* „Winterkorn" bekannt. Dagegen kommt es im Afr. vor allem in West- und Mittelfrankreich vor; die östliche Grenze seiner Verbreitung verläuft auf Grund der uns vorliegenden Belege aus Urkundenbüchern über Compiègne, Paris, Corbeil, Montiéramey (Aube), La Chapelle-aux-Planches (Aube), Dijon.

[259] CartOrval a. 1248 (S. 309), a. 1249 (S. 311), a. 1251 (S. 319 *wayn*), a. 1259 (S. 353), a. 1295 (S. 573), a. 1295 (S. 574), a. 1296 (S. 585 *waynum*), a. 1299 (S. 593 *wainum*), a. 1317 (S. 649 *wayn*), a. 1324 (S. 650 *wayn*), a. 1325 (S. 651/2 *wayn*); CartOrvalD a. 1342 (S. 21 *wayn*).

jedenfalls der Herausgeber[260]. Dafür könnte in der Tat sprechen, daß in ein und derselben Charte *waynum* neben *frumentum* vorkommt (a. 1296, CartOrval 585), weiterhin, daß die Verbindung von Abgaben in *wain* und *avoine* in volkssprachlichen Urkunden eine Entsprechung im häufigen Nebeneinander von *siligo* „Roggen“ und *avena* in mittellateinischen Urkunden[261] der gleichen Quelle findet. Wir dürfen aber auch nicht übersehen, daß in anderen altfranzösischen Charten desselben Urkundenbuchs ebensooft, wenn nicht noch häufiger *soile* neben *avoine* genannt wird[262]. Wenn also mit *soile* der Roggen bezeichnet wird, und darüber bestehen keine Zweifel, was ist dann mit *wain* gemeint? Die mögliche Annahme, es handle sich hier um zwei geographisch geschiedene, synonyme Bezeichnungen der gleichen Getreideart (Roggen), die allein durch die verschiedenartige Herkunft der Charten im fraglichen Urkundenbuch nebeneinander erscheinen, besteht nicht zu Recht, da aus der Herkunft der fraglichen Charten mit *wain* bzw. *soile* eindeutig hervorgeht, daß beide Wörter im selben Gebiet (vor allem in der südlichen Wallonie, Prov. Luxembourg) vorkommen. Es bleibt daher – immer unter der Voraussetzung, daß es sich bei *wain* hier überhaupt um eine Roggenbezeichnung handelt – als Erklärung nur die Möglichkeit, daß mit diesem Wort speziell der Winterroggen gemeint ist, während in den Fällen, wo statt dessen *soile* erscheint, die Rede vom Roggen schlechthin ist.

Unter diesen Umständen verzichten wir auch darauf, das folgende Belegmaterial für afr. *gain*, aostfr. *wain* als Getreidebezeichnungen semantisch näher bestimmen zu wollen. Aostfr. *wain* ist belegt für die Gegend von Metz (Neufchâtel) 1292 in „quarante quartes de wain dou melhour bleif... et quarante quartes d'avaine“ (UBLuxemburg 5, 499), für Metz 1296 („saze rezaus de wayn“, Gdf 6, 603 s. v. *rasel*), für die Gegend von Auboué (MeurtheM.) 1296 in „VI quartes de wain“ (Gdf 6, 484 s. v. *quarte*); aus der Wallonie weiterhin 1305 für Vieux-Virton in „vintesinc mues Vertenois de bleif, moitiet wain et l'autre avoinne“ (UB Luxemburg 7, 69) und 1373/74 für Saint-Hubert in einer Abrechnung *wayen* neben *wain* (ChartSHubert 1, 596). Für die Champagne liegen uns Belege aus verschiedenen Urkundenbüchern der Diözese Troyes vor, und zwar sowohl in mittellateinischen als auch in altfranzösischen Charten. Für Beaulieu (Aube) ist zu nennen für 1245 ein latinisiertes *gain* in „duos sextarios gaini et duos sextarios avene“ (CartTroyes 4, 293)

[260] Vgl. CartOrval 707, wo im Glossaire *wain* mit „seigle“ wiedergegeben wird.

[261] CartOrval a. 1222 (S. 179), a. 1235 (S. 240), a. 1243 (S. 275), a. 1277 (S. 493), a. 1298 (S. 578).

[262] CartOrval a. 1245 (S. 288), a. 1247 (S. 297), a. 1251 (S. 319), a. 1259 (S. 357), a. 1261 (S. 389), a. 1265 (S. 416), a. 1271 (S. 454), a. 1273 (S. 478), a. 1278 (S. 495), a. 1285 (S. 539) usw.

sowie ein latinisiertes *wain* für 1262 in „duos sextarios bladi medietatem waini et medietatem avene" (ib. 4, 294); für Basse-Fontaine (Aube) 1251 *gainium* in „sex sextarios bladi annui redditus, medietatem videlicet gainii et medietatem avene" (ib. 3, 69); für die Abtei La Chapelle-aux-Planches (HMarne) latinisiertes *wain* in mittellateinischen Charten von 1259 („apud Otingnias III sextarios avene, apud Baaliacum I sextarium waini", ib. 4, 58) und 1273 („... quamdam minam bladi waini ...", ib. 4, 63); afr. *gain* kommt vor in volkssprachlichen Urkunden für Montier-en-Der (HMarne) 1261 („quatorze sestiers et set bichez de gain ..., et dis et set sestiers d'aveine", ib. 4, 234) und für die Abtei La Chapelle-aux-Planches 1312 („... et ensamble six moiton (!) froment et douze moitons avaine a panre chascun an sus la cure de Soublaines et un grand setier de gayn ...", ib. 4, 77). Die Form *gain* wird auch genannt in einem Tauschhandel von 1261 zwischen dem Kloster von Montier-en-Der und dem Grafen Thibaud: „..., c'est assavoir quatorze setiers et sept bichez de gain, ..., e deis e sept setiers d'aveinne"[263]. Schließlich liegt uns noch ein altfranzösischer Beleg in einer mittellateinischen Urkunde von 1302 für die Abtei von Chaumousey (Vosges) vor: „..., mediantibus duobus resalibus bladi wayen ..." (CartChaumousey 2, 316).

8. Lat. TRĬMĒNSIS

Das lat. *trimestris, -e* „dreimonatlich", welches sich u.a. schon bei Varro, Columella und Plinius findet, kommt erneut in den Originum sive etymologiarum libri XX des Isidorus vor: „Trimestre triticum ideo nuncupatum, quia satum post tres menses colligitur" (IsidOrig 17, 3, 8) und gleich darauf „Hordeum dictum, quod prae ceteris generibus frumenti ante fiat aridum, vel quod spica eius ordines habeat. Horum tria genera. ... Tertium trimestre, quia, cum cogit necessitas, verno seminatur et celeriter colligitur" (ib. 17, 3, 10). In einigen Handschriften der Origines aus dem 8. Jahrhundert taucht an diesen beiden Stellen zum ersten Mal eine Variante *trimensis* auf[264]. Mehr noch als diese Belege bei Isidorus läßt die Bewahrung des lat. TRIMENSIS in den romanischen Sprachen – vor allem im Galloromanischen, sodann gelegentlich im Iberoromanischen – erkennen, daß diese spätlateinische Variante des lat. *trimestris* auf das Gebiet der späteren Westromania beschränkt geblieben ist.

Der semantische Wert des spätlat. *trimensis* wie des lat. *trimestris* ist in der Verbindung mit Getreidebezeichnungen *(triticum, hordeum)* der folgende: mit dem Adjektiv soll zum Ausdruck gebracht werden, daß die betreffende Getreideart im Frühjahr gesät und nach drei Monaten ge-

[263] Layettes du Trésor des chartes 4, 25.
[264] Vgl. die varia lectio der ed. Lindsay.

erntet wird. Das Adjektiv *trimensis* dient also dazu, das Sommerkorn einer Getreideart von deren Winterkorn zu unterscheiden.

Den romanischen Entwicklungen des spätlat. TRIMENSIS, die fast durchweg substantivisch verwendet werden, liegt die allgemeine Bedeutung „Sommerkorn, Sommergetreide" zugrunde. Das erklärt auch, weshalb im einzelnen sehr verschiedene Getreidearten mit TRIMENSIS bezeichnet werden können, sofern sie im Frühjahr zur Aussaat gelangen. In diesem Zusammenhang soll jedoch nur auf einige Belege hingewiesen werden, die uns in der Bedeutung „Sommerroggen" überliefert sind: frcomt. *trémois* Beauquier 2, 318, Montaigut-en-Combrailles (PuyD.) *tramois*; HSaône *trémoille* Beauquier 2, 318 (der Wortausgang erklärt sich durch Einfluß von -ĬLIA), Plancher *trémojil* (-ILE); Gilh. *traméso* (< *TREMENSA), Vinz. *trəmyá*, lim. *tromiso*[265]. Daß unser Wort auch schon in älterer Zeit zur Bezeichnung des Sommerroggens herangezogen wurde, geht u. a. aus einem Passus im Théâtre d'agriculture et mesnage des champs des Olivier de Serres hervor: „Touchant le segle, . . ., elle(!) est remarquée de deux especes, dont l'une est de l'hyver et l'autre du printemps: ceste-cy par aucuns estant appellée, tremeze" (OldeSerres 98). Die hier genannte Form ist ein von Olivier de Serres dem Französischen angepaßtes occit. *tremeza*.

Weitaus schwieriger ist es dagegen, unter den alt- und mittelfranzösischen Belegen in Zinsrodeln u. dgl. jene herauszufinden, die zur Bezeichnung des Sommerroggens dienten, da von Gebiet zu Gebiet, wenn nicht gar von Ort zu Ort mit *trémois* die Sommerung einer anderen Getreideart gemeint sein konnte. Hinzukommt, daß bereits im Altfranzösischen mit *trémois* auch ein Mengkorn bezeichnet wurde, eine Bedeutung, die das Wort z. T. noch in den heutigen Mundarten trägt. Wir beschränken uns also im folgenden darauf, altfranzösische bzw. altprovenzalische Belege zusammenzustellen, ohne uns in Vermutungen darüber zu verlieren, welche spezielle Getreidebedeutung in jedem einzelnen Falle vorgelegen haben mag.

Das laut FEW s. v. TRIMENSIS seit ca. 1210 belegte fr. *tremois* „blé semé en mars" kommt bereits im 12. Jh. in seiner volkssprachlichen Form in mittellateinischen Urkunden vor. In einer 1145 in Wahart (Belg., Prov. Luxembourg) ausgestellten Urkunde heißt es u. a.: „De qua annona quatuor sextarii erunt de bono frumento et alii quatuor de tremois, quamdiu molendinum ne molet. Cum autem molere ceperit, illi quatuor sextarii de tremois de mixta multura ejusdem molendini persolventur" (ChartSHubert 1, 114). Im Urkundenbuch der Abtei Saint-Loup zu Troyes findet sich afr. *tremois* zum erstenmal für 1150 in „. . . annonam determinatam, scilicet IIII sextaria frumenti, V siliginis, VIII de tremois" (CartTroyes 1, 41). Das gleiche *tremois* läßt

[265] Zu den übrigen Belegen vgl. den FEW-Artikel TRIMENSIS.

sich in ähnlichem Kontext für 1150 (1170, ib. 6, 53) und 1150/1178 (ib. 6, 130) im Urkundenbuch von Montier-la-Celle nachweisen; weiterhin aus derselben Quelle für 1219: „tres minas bladi ad mensuram Trecensem in elemosinam, unam minam frumenti et duas de tremois" (ib. 6, 148). Die Nennung des französischen Wortes verdanken wir hier wie in vielen anderen Fällen dem Unvermögen der Schreiber, das volkssprachliche Wort ins Lateinische umzusetzen oder eine bedeutungsgleiche Entsprechung zu finden. Derartige Fälle stellen aber eher Ausnahmen dar, zumindest im 12. Jh. Die Regel ist vielmehr, das afr. *tremois* im mittellateinischen Schrifttum mit *tremesium* wiederzugeben[266]. Zu den seltener gebrauchten Übertragungen ins Mittellateinische gehören etwa *tremissis* (a. 1159, ChartSHubert 1, 119), *annona tremesialis* (vor 1147, CartTroyes 4, 5) und *tremensis annona* (a. 1171, ib. 6, 133). Daneben begegnen auch weniger anspruchsvolle Versuche, das französische Wort zu latinisieren, so etwa wenn *tremois* mit *tremosium* wiedergegeben wird in „centum gelimas yurenagii et centum gelimas tremosii" für Modave-en-Condroz 1295[267]; auffällig ist auch ein *tremedusium* („tria modia tremedusii") für 1059/60 (CartYonne 2, 12), das ein afr. **tremedois* voraussetzen sollte, wenn es sich nicht einfach um eine Phantasieumsetzung von *tremois* handelt.

Am Rande sei erwähnt, daß das im FEW s. v. TRIMENSIS für das 14. Jh. verzeichnete *tramois* „saison où l'on sème le trémois" auch schon früher zu belegen ist, so etwa für Thionville 1239: „Toutes les charrues ... doient venir en ma croee et hareir I iour en wain et I iour au tramois et I iour au soumart" (UBLuxemburg 2, 384).

Unter den Ableitungen ist im FEW ein afr. *tremisiage* (für *tremesage*) als Getreidebezeichnung nachzutragen, das wohl in Analogie zum Bedeutungsantipoden *hivernage* „Winterkorn" gebildet worden ist. Afr. *tremisiage* kommt in einer mit französischen Sprachelementen stark durchsetzten mittellateinischen Urkunde von 1153 vor: „..., pro tribus bichez de blé, uno anno frumentum, et altero tremisiage" (CartYonne 1, 515). Indirekt wird uns afr. *tremesage* sodann durch die mittellateinischen Umsetzungen *tremesagium*[268], *tremensagium* (a. 1203, CartYonne Qu 12) und *tramesagium* (vor 1191, CartTroyes 5, 67) bezeugt.

---

[266] Vgl. u. a. die Belege im CartYonne a. 1164 (2, 174), 1168/76 (2, 204/5), a. 1169 (2, 221), a. 1183 (2, 344), a. 1184 (2, 348), a. 1184 (2, 350), a. 1189 (2, 396), a. 1190 (2, 419), a. 1196 (2, 471), a. 1196 (2, 475) sowie in den CartTroyes a. 1180 (1, 98), a. 1216 (1, 234), a. 1226 (1, 275), vor 1157 (4, 16), a. 1145 (4, 248), a. 1184 (6, 52), a. 1188 (6, 227), a. 1236 (6, 240/1), a. 1185 (6, 281), a. 1195 (6, 296), a. 1202 (7, 205), a. 1200 (7, 300).

[267] Bulletin de la société d'art et d'histoire du diocèse de Liège Bd 8 (Liège 1894) S. 278.

[268] CartYonne a. 1158 (2, 94), CartYonneQu a. 1219 (S. 102), a. 1222 (S. 128), CartTroyes a. 1176 (3, 98).

Als Ableitung von TRIMENSIS wird im FEW u. a. für Feyzin (Isère) ein *trəmẹzáyə* „blé de printemps" ALLy 46 p 51 genannt. Es läßt sich nachweisen, daß dieselbe Bezeichnung bereits zu Beginn des 13. Jhs. im benachbarten occitanischen Sprachgebiet bekannt war. In einer Urkunde aus dem Kloster Durbon (HAlpes) von 1208 findet sich das fragliche Wort in folgendem Passus: „Similiter dono et confirmo ... quicquid sive in annona, sive in tremsailla, prius habuerant a me fratres Durbonis" (ChartDurbon 217). Die gleiche Bezeichnung konnte auch im Urkundenbuch der Abtei Saint-Victor zu Marseille festgestellt werden. Wichtig für die Lokalisierung des Belegs ist, daß er in einer 1218 in La Javie (BAlpes) ausgestellten Urkunde vorkommt: „Item diximus de Mariaudo quod redderet domus de Ouchis octo sextarios bladi, per medium annone et tremsalle, domui de Cloquerio annuatim" (Cart Marseille 2, 440).

Welche bestimmte Getreideart mit dem apr. *tremsalha* bezeichnet wurde, läßt sich nicht mehr eindeutig entscheiden. Feststeht nur, daß es sich um ein Sommergetreide gehandelt haben muß. Das geht auch aus einigen neueren Dialektbelegen hervor, in denen das apr. *tremsalha* fortlebt, so mars. *transailhos* f. pl. „trémois" (Achard 620), HAlpes *tramesailles* „semis des blés trémois du premier au 10 mai" (Flagge 68), Queyr. *transalies* „récoltes semées au printemps (orges, avoines, etc.)" (Chabrand R 126), Lallé *transalias, transaous* (Flagge 68), Barc. *transalhas* „récoltes des semences de printemps ..." (ArnaudM 143)[269]. Bei Roumanille findet sich ein *transaio* „légumes que l'on sème sur le chaume, après la moisson" (Mistral), das ebenfalls hierher zu stellen ist. Nach Mistral soll *transalhos* schließlich noch im Languedoc vorkommen. Im Wortausgang stehen die hier zitierten Formen wohl unter dem Einfluß von *semenalhas* bzw. *semenalha*, wie bereits Flagge annahm. Das eingangs genannte frpr. *trəmẹzáyə* wird aus den occitanischen Alpendialekten entlehnt sein.

9. Lat. GĔRMĀNUM

In großen Teilen Süditaliens – es handelt sich im einzelnen um Südkampanien, Lukanien, Kalabrien und Nordostsizilien – wird ein Typus *yermánu* zur Bezeichnung des Roggens verwendet[270]. Daneben – wenn auch weniger häufig – begegnet die Variante *yermána*, deren Genuswechsel sich wohl in Anlehnung an das vor allem in Kalabrien vorkommende *segria*[271] oder an das it. *segale, segala* vollzogen hat. Vielfach erscheint

---

[269] ALFSuppl 189 gibt für Barc. (= p 889) die Form *trånzalas* in gleicher Bedeutung.

[270] Für die Formen vgl. AIS 1462 und speziell für das Kalabrische RohlfsCal 1, 378.

[271] Vgl. S. 50f.

der Vortonvokal in abgelauteter Form, so als *i* vor allem erwartungsgemäß im Sizilianischen (*yirmánu* p 859 usw.); daneben kommen verbreitet Formen mit Labialisierung des Vortonvokals vor (*yurmánu* p 731, 791, *yurmána* p 726, 733, 740 usw.). Vereinzelt findet sich schließlich Vokalanaptyxe in *yurumánu* (p 725) und *ǵurəmánə* (p 732).

Mit dem Typus *yermánu* lernen wir eine zweite süditalienische Roggenbezeichnung kennen, nachdem uns unter den Entwicklungen des lat. SECALE bereits ein *segría* begegnet war. Weiter verbreitet und auch gebräuchlicher ist zweifellos das vorliegende *yermánu*.

Als Etymon liegt den Roggenbezeichnungen vom Typus *yermánu* das lat. GERMANUM zugrunde, das sich am besten herausgelöst aus dem ursprünglichen Begriffsverband *frumentum germanum* „germanisches Getreide, Korn" erklären läßt[272]. Auch heute ist z. T. noch in Süditalien die Vorstellung lebendig, der Roggen sei das Korn schlechthin der Germanen bzw. der Deutschen. So wird etwa am Fuße des Aetna der Roggen als *grano tedesco* bezeichnet (Magerstedt 293).

Interessante Aufschlüsse über das Alter des südit. *yermanu* als Roggenbezeichnung lassen sich aus dem mittellateinischen Schrifttum gewinnen. Es offenbart uns nämlich, daß die Bezeichnung GERMANUM ihre Einführung in Süditalien nicht den Hohenstaufen verdankt, wie man annehmen könnte, sondern zumindest zwei Jahrhunderte vorher dort bereits gebräuchlich war. Zu diesem Schluß kommen wir auf Grund einer im Jahre 999 ausgefertigten Urkunde aus der Benediktiner-Abtei Sancta Trinitas zu Cava de' Tirreni (Prov. Salerno), in der es heißt: „ipsi filii mei deant mihi dua quartaria de granum et dua de germanu" (CodCava 3, 92). Jahrhunderte später stoßen wir im Mittellateinischen wiederum auf eine Spur des südit. *yermanu*. Sie findet sich in den Pandectae medicae des Matthaeus Silvaticus, der in der ersten Hälfte des 14. Jahrhunderts als Arzt in Salerno gelebt hat. In diesem alphabetisch angelegten Werk behandelt Matthaeus Silvaticus den Roggen unter dem Stichwort *germanum*, dem Synonyma z. T. aus anderen Sprachen beigegeben worden sind: „Germanum latine vel siligo, grece tifa vel sithus, ara(bice) siligohih"[273].

Beide Belege, die aus der süditalienischen GERMANUM-Roggenbezeichnungszone stammen, deuten darauf hin, daß GERMANUM möglicherweise schon in spätlateinischer Zeit, auf jeden Fall aber im frühen Mittelalter als Roggenbezeichnung in Süditalien eingeführt worden ist.

Die Autorität der medizinischen Fakultät von Salerno und der aus ihr hervorgegangenen Werke hat dazu beigetragen, daß auch diesseits der

[272] So bei RohlfsCal 1, 378. BattAl setzen ein *triticum germanum* an, was jedoch bei Berücksichtigung der Bedeutung des südit. *yermánu* nicht gerechtfertigt ist.

[273] Matthaeus Silvaticus: Pandectae medicae (Venetiis 1488) cap. 289. Mit latine ist hier der mlat. Sprachgebrauch gemeint.

Alpen die vorliegende süditalienische Roggenbezeichnung in botanischen und heilpraktischen Traktaten genannt wird, obwohl es so gut wie sicher ist, daß *germanum* im Mittellateinischen hier zu keiner Zeit gebräuchlich war. So wird u. a. im Gart der Gesuntheit von 1485 das Kapitel „Siligo ruckenkorn" mit der Aufreihung folgender Roggenbezeichnungen eröffnet: „Siligo vel germanum latine. grece tyfa vel sytus. arabice siligehyh"[274]. Mit geringen Abweichungen in der Orthographie der Formen findet sich diese Reihe auch im Feldbuch der Wundarznei des Hans von Gersdorff[275] aus dem Jahre 1528 wieder. Wenn man berücksichtigt, daß der Ortus sanitatis von 1484, der die Vorlage zum deutschen Gart der Gesuntheit war, in vielem den Pandectae medicae des Matthaeus Silvaticus verpflichtet ist (vgl. MeyerBot 4, 193/5), wird man wohl annehmen dürfen, daß er seiner Quelle auch bei den fraglichen Roggenbezeichnungen unbesehen gefolgt ist.

10. Lat. Barbaria

Auf dieses Etymon wird gewöhnlich ein piem. *barbarià* m.[276] zurückgeführt, das speziell im Monferrato den Roggen bezeichnet (Ferraro 19); laut AIS 1462 „la segale" kommt es auch an anderen Orten vor: Mombaruzzo *barbalyắ* (p 167), Cortemilia *barbayắ* f. (p 176) sowie bereits in Ligurien Calizzano *bårbåryǻ* (p 184).

Häufiger wird jedoch im Piemontesischen dasselbe Wort in der Bedeutung „Mengkorn" verwendet (Levi 38); an Einzelbelegen lassen sich hierfür noch anführen: Canavese *barbeyrá* (NigraEtim 643), Villafalletto *barbariắ* (AIS 1462 Legende p 172) sowie in der piemontesisch-ligurischen Grenzmundart von Ormea *balbaryá, bolbaryá* (Schädel 125; ParodiOrm 118).

Aus dem Piemontesischen ist *barbarià* auch in die occitanischen Alpendialekte eingedrungen; so nach ALF 1626 „le méteil" *bărbăryă* p 972, 982), *bărbārẹ* f. (p 971) sowie nach AIS 1462 Legende Pontech. *barbariắ* (p 160).

Die gleiche Getreidebezeichnung kommt in der Form *barbariatum* bzw. *barbareatum* bereits in den mittelalterlichen Statuten einiger piemontesischer Städte vor. So findet sich in den Statuten von Cuneo (13.–14. Jh.) die folgende Stelle: „quando sextarius barbariati erit valoris, videlicet solidorum viginti, detur libra panis subtilis, sive mediocris, pro denarijs tribus cum dimidio: et ab inde infra et supra pro rata" (NigraLat 14). Die

---

[274] Gart der Gesuntheit (Mainz 1485) cap. 362 fol. 287r°.

[275] Hans von Gersdorff: Feldbuch der Wundarznei (Strassburg 1528) cap. 362 fol. 138r°.

[276] Sofern nicht anders angegeben, wird das Wort überall als Maskulinum gebraucht.

Statuten von Fossano aus dem 14. Jahrhundert enthalten ein „sextarium silliginis et barbariati" (ib.). Auch die Statuten von Asti erwähnen unser Wort an zwei Stellen: „Teneatur potestas sine tenore facere jurare omnes pistores et pistorissas de Ast et burgis cohaerentibus civitati, quod non immiscebunt legumina, neque siliginem, neque mundiliam vel barbareatum cum furmento" (DC) und „blava vero intelligatur furmentum, barbariatum, siligo et omne genus blavae grossae et minutae" (DC).

Für die beiden letzten Belege wird bei Du Cange ohne ersichtlichen Grund als mutmaßliche Bedeutung „Gerste" angenommen. C. Nigra will dagegen in den gleichen Belegen aus Asti die Bedeutung „Spelt" erkennen, verzeichnet jedoch in anderem Zusammenhang auch „Mengkorn" als mögliche Bedeutung. Im Anschluß an die neueren piemontesischen Dialektformen werden wir aber für alle mittellateinischen Belege die Bedeutung „Mischkorn" in Anspruch nehmen dürfen. Auf jeden Fall ist mit *barbariatum* bzw. *barbareatum* nicht der Roggen gemeint, da dieser in drei von den vier Belegen mit *siligo* bezeichnet wird.

Die etymologische Herleitung der obengenannten Formen ist umstritten. Im FEW wird piem. *barbarià* u. a. mit einer Anzahl von provenzalischen Maisbezeichnungen (ALF 800 „le maïs": *bla dẹ barbaríá* p 877, *bla dẹ barbārýá* p 865, *bla dẹ barbari* p 875, *barbaryẹ* p 873, *barbayẹ* p 871) zusammengestellt und für alle als Etymon Barbaria, der Name des maurischen Nordafrika, in Vorschlag gebracht mit der Begründung: „Dieser name läßt nicht auf herkunft der pflanze aus Nordafrika schließen, sondern nur darauf, daß sie überhaupt importiert ist. Die benennung nach *Barbarie* geschah in anlehnung an die gangbaren, zunächstliegenden geographischen begriffe"[277]. Diese Etymologie, die für die genannten Maisbezeichnungen ohne Einschränkung zu billigen ist, bedarf im Zusammenhang mit unserem piemontesischen Wort einer Korrektur. Es liegt nämlich in piem. *barbarià* nicht, wie in Unkenntnis der oben aufgeführten mittellateinischen Belege angenommen wurde, das Grundwort Barbaria mit sekundärer Akzentverlagerung auf den Auslautvokal vor (vgl. etwa Levi 38). Vielmehr handelt es sich offensichtlich hier um eine Ableitung auf -atus, was natürlich bei einem Wort wie barbaria ungewöhnlich ist. Nicht ganz von der Hand zu weisen ist daher der Ansatz eines *(granum)* *barbaricatum[278] als Ableitung von barbaricus, auch wenn er nicht in jeder Hinsicht befriedigt.

Eine andere Erklärung hatte bereits 1904 C. Nigra vorgeschlagen (NigraEtim 643). Für ihn liegt in piem. *barbarià*, das neben „Mengkorn" auch noch „bevanda di cioccolata con latte e caffè" bedeuten soll, in

---

[277] Dieser Herleitung schließen sich u. a. an REW 944a (3. Aufl.), BattAl und Battaglia.

[278] So schon unter Vorbehalt bei Schädel 125.

letzter Konsequenz lat. BARBA vor[279]. Zur Bekräftigung dieser These führt Nigra aus der Mundart der Stadt Turin die folgenden im vorigen Jahrhundert gebräuchlichen Bezeichnungen für Mischgetränke an: *pür e fyur* „caffè e latte“, *fyur e barba* „latte e cioccolata“, *pür e barba* „caffè e cioccolata”, in denen *barba* für „cioccolata“ steht, wobei die dunkle Färbung das Tertium comparationis gewesen sein wird. Nun sind aber die zuletzt genannten Bezeichnungen wenig geeignet, zu einer Erklärung des piem. *barbarià* „Mengkorn“ beizutragen. Als sicher ist nämlich anzunehmen, daß die Mischgetränkbezeichnungen vom Typus *fyur e barba* bedeutend jünger sind als *barbarià* „Mengkorn“, das ja bereits im Mittelalter belegt ist. Und was die Verwendung von *barbarià* in der Bedeutung „bevanda di cioccolata con latte e caffè“ betrifft, so scheint es sich hier um eine relativ junge Bedeutungsübertragung zu handeln, wozu die ursprüngliche Bedeutung des Wortes „Mischung verschiedener Getreidearten“ einlud.

Trotz der Problematik einer Herleitung von lat. BARBA trat C. Nigra auch später noch einmal für sie ein (NigraLat 14). Dabei stellt er ausdrücklich fest, daß in piem. *barbarià* „Mengkorn“ nicht (fr.) *barbes* „Grannen“ vorliegt[280], wie bei Du Cange angenommen wurde, sondern lat. BARBA „Barthaar“, wobei die dunkle Färbung die Rolle des Tertium comparationis gespielt haben soll.

Einer solchen Erklärung fehlt es natürlich an der nötigen Motivierung. Wohl erscheint BARBA häufig in italienischen Pflanzennamen. Es darf aber nicht übersehen werden, daß es sich dabei vor allem um Verbindungen wie *barba di capra, barba di becco, barba di cappuccino* handelt[281], in denen die ursprüngliche Bedeutung von *barba* „Bart(haar)“ noch klar erkennbar ist. Anlaß zu dieser Übertragung gaben bartähnliche Wurzelhaare, gefiederte Blätter oder ähnliches. Dagegen läßt sich kein Pflanzenname feststellen, in dem *barba* auf Grund der dunklen Färbung der Barthaare vorliegt.

Einer Herleitung des piem. *barbarià* von lat. BARBA ist also in jedem Falle eine Verbindung mit lat. BARBARIA vorzuziehen, auch wenn diese in morphologischer Hinsicht nicht voll befriedigt.

---

279 Im Anschluß an Nigra wurde piem. *barbarià* in der 1. Auflage des REW auch s. v. BARBA (Rew 944) aufgeführt. Die Zweifel, die C. Salvioni in seinen Postille italiane e ladine al Vocabolario etimologico romanzo (RDR 4, 199) an dieser Herleitung hegte, veranlaßten Meyer-Lübke, unser Wort in der 3. Auflage des REW – wohl unter Einfluß des FEW – s. v. BARBARIE (REW 944a) zu nennen.

280 Das nit. *le barbe* kennt diese Bedeutung nicht mehr, wohl aber das ältere Italienische. Vgl. etwa RigutiniB 1, 88 und LazzioliN 1, 270, wo mit *le barbe delle biade* (!) „die Grannen“ ein altitalienischer Sprachgebrauch festgehalten worden ist.

281 Zu weiteren Beispielen vgl. Battaglia und Penzig 2, 51/2.

11. Anfrk. *ROGGO

In den heutigen ostwallonischen Mundarten findet sich als Bezeichnung für den Roggen ein Typus *regon*, für den sich u. a. folgende Einzelbelege feststellen lassen: in der Provinz Lüttich für Spa, Stavelot *r'gon* (Haust 542) und La Gleize *r'gon, rugon* (RemGl 127); für Malmedy *rgõ* auf Grund des ALF 1211 p 191[282]. In einem wallonisch-französischen Wörterbuch aus dem Jahre 1793, das besonders das Ostwallonische und hier speziell die Mundart von Malmedy berücksichtigt, begegnet ebenfalls *regon*[283]. In der südlich anschließenden Provinz Luxembourg wird diese Bezeichnung vom ALF 1211 p 190 *(rgõ)* für Vielsalm genannt. Auch im ALF 136 „le blé est mûr, mais l'avoine ..." kommt *rgõ* am gleichen Ort (p 190) vor. Daraus ist jedoch nicht der Schluß zu ziehen, daß auch der Weizen an dieser Stelle mit *rgõ* bezeichnet wird. Vielmehr wird das Sujet *blé* in der Bedeutung „Korn, Getreide" verstanden haben. Da andererseits der Roggen hier offenbar die wichtigste Brotgetreideart ist und damit das Korn schlechthin verkörpert, wird *rgõ* auch als allgemeine Getreidebezeichnung verwendet[284]. Der Gebrauch des Wortes als Getreidekollektivum wird übrigens schon vom oben erwähnten wallonisch-französischen Wörterbuch von 1793 bezeugt, das *regon* mit „blé" (= „Getreide") wiedergibt.

Zur speziellen Bedeutung des Wortes ist weiterhin zu vermerken, daß *regon* nicht immer den Roggen schlechthin bezeichnet hat. Vielfach war nämlich mit *regon* eine minderwertige Roggensorte gemeint, „qu'on semait ordinairement après l'essartage, espèce plus petite et donnant une farine plus noire que le *wassin*" (Haust 542)[285]. Die besondere Bedeutung des Wortes geht bereits aus der Definition „variété de seigle que l'on cultive sur les hautes fagnes d'Ardennes" bei Grandgagnage hervor (Grandg 2, 291).

Nachdem wir uns einen Überblick über die Verbreitung des Typus *regon* als Roggenbezeichnung in den heutigen wallonischen Mundarten verschafft haben, ist festzustellen, seit wann und in welchem Umfange sich das Wort im Altwallonischen nachweisen läßt.

Die frühesten, uns zur Zeit erreichbaren Belege stammen aus dem Jahre 1283 und beziehen sich beide auf Lüttich: „cinquante muis de bleit de

---

[282] Vgl. auch Zéliqzon 261 *(r'goŋ)* und Warland 165, 218 *(rugon, r'gon)*. S. ferner ALF 652 „le glui" p 191 *strẽ dü rgõ*.

[283] Extrait d'un dictionnaire wallon-français composé en 1793 par M. Augustin-François Villers de Malmedy p. p. Ch. Grandgagnage in BSLW Bd 6, 3 S. 80.

[284] Vgl. ALF 474 „épi de blé" p 190 *pãm di rgõ* und ALF 1178 „sac de blé" p 190 *sak di rgõ*.

[285] Auch Body 156 äußert sich in ähnlichem Sinne: „*regon* (ou plutôt *r'gon*), ..., sorte de petit seigle cultivé en Ardenne et surtout dans les écobuages".

regon a la mesure de Liege" (DC)[286] und „trois muis d'avaine a la mesure de Liege et neuf sombrins de regon, que ils nous paient chacun an pour cens, pour pieches, pour tailles de terre" (DC 7, 654 s. v. *sumberinus*, Gdf 7, 466 s. v. *sombrin*). Ein weiterer Beleg, der aus der gleichen Zeit stammt, aber nicht genau zu datieren ist (zwischen 1275 und 1296), bezieht sich auf die ehemalige Zisterzienserabtei von Val-Benoît bei Lüttich; hier heißt es: „sei freire et lor oire doient prendre deux muids de regons ens elle grange delle Vaz Benoitte a Oire heritaublement et chascon an" (CartValBenoît 215).

Mehrfach findet sich awallon. *regon* auch im Cartulaire de l'église Saint-Lambert de Liège, so für 1288 „. . . item XIII muis et dois stiers de regon irretaules" (CartLiègeBS 2, 433), für 1323 „. . ., le muyd de regon à la mesure de Treicth extimée à trois libres, . . ." (ib. 6, 305), für 1348 „. . . et doient de relief az povres de Mumale un stier de regon . . ." (ib. 4, 100)[287] und für 1363 schließlich „. . . parmi une demee tirche de regon et dois denirs et mailhe de cens hiretaule . . ." (ib. 4, 392). Der früheste Beleg im Urkundenbuch der Abtei Stavelot-Malmedy ist aus dem Jahre 1367: „Item, doit le forstier dudit ban audit mayeur le jour Saint Estenne d'an en an VI coppes de rogon et VI cappons de rente" (ChartStavelotM 2, 314).

Für das 14. Jh. sei weiterhin auf den Myreur des hystors des Jean d'Outremeuse hingewiesen, wo neben *regon* die Varianten *rogon* und *rugon* vorkommen: „. . ., et pou de pain qui estoit de regon" (JPreis 6, 410); „on vendoit le rogon le muy XXXI sols d'esterlins" (ib. 4, 542); „. . . qui exstimat le muy de rugon et de frument à XII libres" (ib. 6, 222). Auch in der Geste de Liège des Jean des Preis begegnet unser Wort, diesmal in der Form *rogon*: „. . . et li muys de rogon pour V gros delivreit" (ib. 4, 736). Daneben lassen sich aber auch *soile*[288] und *wassen*[289] in der gleichen Bedeutung in den genannten Werken des Jean des Preis feststellen. Die Verwendung verschiedener Roggenbezeichnungen durch Jean des Preis erklärt sich, soweit es *regon* und *wassen* berührt, aus der Abhängigkeit von Quellen der Lütticher Lokalgeschichte. Mit *soile* dagegen gebrauchte Jean des Preis eine dem ganzen Altostfranzösischen bekannte Roggenbezeichnung.

In der Chronik des Jean de Stavelot, die als Fortsetzung zum Myreur des histors des Jean des Preis gedacht war und Ereignisse der ersten Hälfte des 15. Jhs. zur Darstellung bringt, stoßen wir erneut auf die

---

286 Vgl. Gdf, wo unser Wort zu Unrecht mit „méteil" übersetzt wird.

287 Gdf, der den gleichen Beleg zitiert, setzt die fragliche Urkunde zu spät (ca. 1400) an.

288 „Mains tout ensi que Charles ly roy astoit songnoux Del ymage esgardeir et forment delitoux, Soy desfist par li soile l'ymage gratioux . . ." (JPreis 2, 766).

289 Vgl. S. 171.

Form *regon*: „Et toutes les mesures deseurdit sont provées et paeléez par bleis de regon bien commournée“ (JStavelot 213)[290]. Weiterhin ist für Malmedy 1429 neben *rogon* die seltene Graphie *rogoin* (Warland 165)[291] und für Lüttich 1463 *roggon* („et par especiaul a vicaire delle egliese parochiale de Thourynne quattre stiers de roggon“, CartLiègeTh 361) belegt.

Aus dem 16. Jh. soll für die am häufigsten vertretene Form *regon* ein Beispiel zitiert werden, das einer 1585 in Lüttich erlassenen Verordnung über den Getreidehandel entnommen ist: „. . . que nul, . . ., ne s'advance dorsenavant de vendre, . . ., aucuns grains, soit frument, regon, orges, espeautre, avoine ou de quelque autre espèce“ (OrdLiège II 2, 96). Für 1575 wird ein *rougons* in den Oeuvres de la cour de justice du ban de Roanne (RemGl 127)[292] genannt. Schließlich sei noch auf die vielen Belege für *regon* bzw. *rogon* aus dem 15.–17. Jh. im Urkundenbuch der Abtei Stavelot-Malmedy[293] hingewiesen.

Über das Gebiet der heutigen ostwallonischen Dialekte hinaus weisen Belege aus den Jahren 1403/04, die die Existenz unseres Wortes als Roggenbezeichnung für den wallonischen Teil der Provinz Brabant bezeugen. In den Comptes des receveurs du domaine à Jodoigne (Arr. Nivelles) finden sich nämlich unter dem genannten Datum die folgenden Belege: „despense de rogon a hiretaige . . .“ (HanonL 1, 91), „aux membours de l'englise saint Medard, de la Chapelle et l'Osteller pour faire l'anniversaire des seigneurs ducs de Brabant . . . ij m. [de] rigon“ (ib. 1, 91) und „à Hennequin la guaitte du chastel de Jodoigne pour ses gaiges et pensions . . . iiij m[uids] ij str rigon“ (ib. 1, 195). Im wallonischen Teil der Provinz Brabant lebt übrigens auch heute noch dieses Wort fort, wenn sich auch seine Bedeutung geringfügig verschoben hat. In der Umgebung von Jodoigne kommt *r'gon* in der Bedeutung „plante de seigle repoussant l'année suivante dans une autre variété de céréales” vor und in größerer Verbreitung im Arrondissement Nivelles als Bezeichnung eines „rejet de n'importe quelle espèce de céréale“, so etwa in *r'gon d'avinne* (Legros 186).

Die Durchsicht einer Anzahl von Urkundenbüchern aus dem Gebiet des Zentral- und Westwallonischen sowie aus dem Hainaut[294] hat dagegen keine weiteren Belege für *regon* zutage gefördert. Wenn es in volkssprachlichen Urkunden der konsultierten Quellen darum ging, den Roggen zu benennen, wurde vielmehr das aostfr. *soile*, *soille* verwendet.

---

[290] Eine andere Handschrift hat an der gleichen Stelle *rogon*.

[291] An gleicher Stelle ist die Form *regon* schon für 1343 verzeichnet.

[292] Die dort zitierten Formen *rogge* und *roge* sind mndl. Provenienz.

[293] ChartStavelotM a. 1435 (2, 428), a. 1436 (2, 428), a. 1452 (2, 439), a. 1455 (2, 443 *rogon*), a. 1458 (2, 447 *rogon*), a. 1459 (2, 448 *rogon*) usw.

[294] Es wurden im einzelnen herangezogen: CartOrval, ChartSHubert, Mon NamHainLux Bde 1, 2, 3, 8, ChartMons, ChartTournai.

Es drängt sich also der Schluß auf, daß *regon* auch schon in altfranzösischer Zeit nur im östlichen Wallonien sowie in daran angrenzenden Gebieten gebräuchlich war[295]. Demnach hätte sich der Verbreitungsbereich unseres Wortes als Roggenbezeichnung nur geringfügig im Laufe der Jahrhunderte verändert.

Trotz der räumlichen Begrenzung dürfte der hier besprochene Typus vor allem auf Grund seines hohen Alters auf ein anfrk. *ROGGO (vgl. asächs. *roggo*) zurückgehen[296], das im Romanischen wie die übrigen entlehnten maskulinen n-Stämme des Germanischen nach dem Vorbild der lateinischen Substantive auf -O, -ONIS behandelt wurde.

12. Ahd. WEIZZI, WEIȜI

Mit dem hier zu nennenden Typus *wassin* begegnet uns nach *regon* erneut eine Roggenbezeichnung, die nur in wallonischen Mundarten vorkommt. Auch bezüglich der geographischen Verbreitung innerhalb des Wallonischen weist der Typus *wassin* auffällige Parallelen zu *regon* auf, wie im folgenden noch zu zeigen sein wird.

Zunächst soll hier ein Überblick über das Vorkommen des Typus *wassin* in den heutigen wallonischen Dialekten gegeben werden. Für die Provinz Lüttich liegt uns vor allem aus der im Nordwesten gelegenen Hesbaye eine Anzahl von Belegen für die Form *wassin* vor (Warnant 167); hierher gehört auch das vom ALF 1211 für Waremme (p 196) verzeichnete *wasẽ*. Seltener kommt in der südlichen Hesbaye sowie in weiteren Teilen des Arrondissements Huy die Nebenform *wèssin* vor (Warnant 167; Haust 706). Im Arrondissement Lüttich, für das uns J. Haust *wassin* bezeugt (Haust 706), begegnet nach Aussagen des ALF 1211 in Beaufays (p 194) ein entnasalisiertes *wasę̄*. Auch im Arrondissement Verviers findet sich gelegentlich *wassin*, so für Dolhain (ALF 1211 p 193) und La Gleize (RemGl 128)[297]; daneben erscheint *wèssin* in Polleur (Haust 706) und 'au bord de l'Amblève' (Body 205)[298], was sich gleichermaßen auf die Arrondissements Verviers und Lüttich beziehen kann. In der Mundart von Malmedy existieren beide Formen nebeneinander, wobei *wassin* verbreiteter ist, während *wèssén* nur im Ostmalmedischen (Faymonville) vorkommt (Warland 192; Bastin 97). Die Bedeutung des Wortes ist im Malmedischen speziell „Sommerroggen". Im gan-

---

[295] Deshalb dürfte auch die Ortsbezeichnung *Les Regons* im Dép. Cher (Gdf) nicht im Zusammenhang mit dem hier behandelten *regon* stehen.

[296] Vgl. hierzu Kluge 604 und FEW germ. ROGGO, wo das aus den verschiedenen germanischen Sprachen entlehnte galloromanische Wortgut mit seiner z. T. auffälligen Bedeutungsentwicklung zusammengestellt ist.

[297] Hier ist *wassin* ein junges Lehnwort, das gelegentlich das üblichere *r'gon* ersetzt.

[298] Ein dort ebenfalls verzeichnetes *wassin* ist nicht näher lokalisiert.

zen tritt aber hier dieser Typus gegenüber dem üblicheren *regon* zurück, das den Roggen schlechthin bezeichnet (Warland 192); so gibt denn auch der ALF 1211 für Malmedy (p 191) *rgõ*. Erneut läßt sich unser Typus im Norden der Provinz Luxembourg nachweisen, und zwar für Bomal-lez-Durbuy im Arrondissement Marche (ALF 1211 p 192 *wasẽ*). Weiter südlich kommt er im Dialekt von Awenne (Arr. Neufchâteau) vor; hier bezeichnet *wassin* einen „seigle à haute tige et à gros grains"[299]. Auffällig ist, daß dasselbe *wasin* (wohl für *wassin*) in dem keine 10 km von Awenne entfernten Saint-Hubert den Weizen bezeichnen soll (Marchot 41). Schließlich kommt *wassin* „Roggen" nach Ausweis des ALF 1211 (für Sclayn p 197)[300] und von Dialektwörterbüchern (Pirsoul 522; Grandg 2, 483) noch in der Provinz Namur vor.

Zusammenfassend läßt sich also feststellen, daß der Typus *wassin* im Ostwallonischen sowie in angrenzenden Teilen des Zentralwallonischen anzutreffen ist, wenngleich auch hinzugefügt werden muß, daß der Schwerpunkt seiner Verbreitung im Raum von Lüttich liegt.

Ein Wort schließlich noch zur Bedeutung des ostwallon. *wassin*, das nicht überall, wie wir sahen, den Roggen schlechthin bezeichnet. So versteht etwa das Malmedische unter *wassin/wèssén* den Sommerroggen im Gegensatz zu *regon* „Roggen schlechthin". Auch im übrigen Ost- bzw. Zentralwallonischen sind *regon* und *wassin* keine sich völlig deckenden Synonyma. Es ergibt sich vielmehr, daß diese beiden Bezeichnungen ursprünglich und im Prinzip auch heute noch zwei verschiedene Roggenarten repräsentieren (vgl. Body 205). So wird uns die *regon*-Varietät als eine Roggensorte beschrieben, die kleinere Körner hat und dunkleres Mehl liefert als die *wassin*-Varietät (Haust 542). Zudem findet die *regon*-Varietät, die ihre geringere Güte mit größerer Widerstandsfähigkeit kompensiert, als Erstlingskorn auf neu unter den Pflug genommenem Boden Verwendung. Es scheint also, als sei die *wassin*-Varietät die empfindlichere, aber zugleich auch bessere Sorte. Schon L. Remacle definierte übrigens *wassin* mit „genre de graminées qui a du rapport avec le froment" (RemDict 2, 652); für ihn hat also der *wassin*-Roggen Eigenschaften, die ihn in die Nähe des Nacktweizens rücken. In diesem Sinne ist wohl auch der oben zitierte Beleg *wasin* „froment" für Saint-Hubert zu verstehen. Es wird hier also keine wirkliche Weizenart gemeint sein, sondern nur jene bessere Roggensorte, die gewisse Ähnlichkeit mit dem Nacktweizen aufweist. Mit anderen Worten, für den Laien scheint die *wassin*-Varietät auf Grund ihrer Güte eher eine Weizen- als eine Roggenart zu sein.

[299] Calozet, J.: Li brak'nî (eine in der Mundart von Awenne abgefaßte Novelle) in BSLW 58, 208.

[300] Auch im ALF 136 „le blé est mûr, mais l'avoine . . ." wird für p 197 *wasẽ* verzeichnet, jedoch mit dem ausdrücklichen Vermerk, daß der Roggen gemeint sei.

Wenn sich heute innerhalb des Ost- bzw. Zentralwallonischen an voneinander getrennten Orten *regon* oder *wassin* als allgemeine Roggenbezeichnung findet – *regon* etwa für Malmedy, *wassin* für Lüttich –, so erklärt sich das daraus, daß die betreffende Roggensorte in der jeweiligen Gegend vorwiegend oder gar ausschließlich angebaut wird.

Bei der nun folgenden Betrachtung der altwallonischen Belege für *wassin* werden wir gut daran tun, uns die qualitative Verwandtschaft dieser Roggensorte mit dem Weizen zu vergegenwärtigen, da sie nicht wenig zum Verständnis der einzelnen Stellen beitragen kann.

Der früheste, uns zur Zeit erreichbare Beleg begegnet in der wallonischen Übersetzung einer lateinisch abgefaßten Urkunde von 1208, in der Philipp II. August der Stadt Lüttich die ihr vom Bischof Albert verliehenen Rechte, Privilegien usw. bestätigt. Es heißt hier u. a.: „Ons ne doit vendre en la citeit de Liege pain autrement que IIII pour I denier, se li muy de wassen n'est dont alle valeur de X soulz ou de plus; . . .“ (OrdLiège I 33)[301]. Das Original hat dagegen an der gleichen Stelle: „In civitate Leodiensi non debet panis aliter vendi quam quatuor pro denario, nisi modius tritici ematur pro decem solidis vel pro majore pretio;...“ (OrdLiège I 31). Aus der Verwendung von *triticum* im Original könnte man den Schluß ziehen, es handle sich bei *wassen* in der Übersetzung um eine Bezeichnung für den Weizen. Zur besseren Beurteilung der Glosse *triticum* : *wassen* ist aber folgendes zu berücksichtigen: Hätte man wirklich *triticum* mit einer wallonischen Weizenbezeichnung wiedergeben wollen, dann wäre dafür nur *spiaute* in Frage gekommen. Eine andere Weizenart als Spelt war nämlich zu jener Zeit in der Wallonie praktisch nicht bekannt, und diese wurde ausschließlich mit ihrer etymologischen Bezeichnung benannt. Daher ist anzunehmen, daß man *triticum* eher als Hauptbrotgetreide verstanden hat, wie es übrigens der Zusammenhang nahelegt. Die wichtigste Brotgetreideart war jedoch im mittelalterlichen Lüttich der *wassin*-Roggen. So werden wir den frühesten Beleg für unser Wort trotz des *triticum* im Original in der Bedeutung „Roggen“ zu verstehen haben. Inwieweit die gewisse Ähnlichkeit zwischen dem Nacktweizen und dem *wassin*-Roggen bei der Übersetzung von *triticum* durch *wassen* eine Rolle gespielt hat, mag dahingestellt bleiben.

Zwei Jahrhunderte später nahm Jean de Stavelot die Charte von 1208 in ihrer Übersetzung in seine Chronik auf, wo unsere Stelle den folgenden Wortlaut hat: „Ons ne doit vendre pain en la citeit de Liege aultrement que IIII por I denier, se li bleis de wassen n'est donc alle valleur de X sols ou de plus; . . .“ (JStavelot 154).

---

[301] Die Übersetzung liegt in einer Abschrift aus dem 14. Jh. vor. Gdf zitiert diesen Erstbeleg nach RecLiège 2, 5 (nicht S. 13!) mit der Variante „. . ., se ly bleis ne wassen . . .“, die jedoch keinen Sinn gibt (vgl. weiter unten den Beleg bei Jean de Stavelot).

Zeitlich noch vor Jean de Stavelot liegt jedoch eine ganze Reihe anderer Belege. In einer die Stadt Lüttich betreffenden Verordnung von 1252, die das Gewicht der Brotsorten festlegt, ist nur von *wassen* („à LI deniers le moy de wassen", OrdLiège I 47) und *spelte* („à II sols le moy de spelte", ib. I 48) die Rede. Diese Verfügung findet später Aufnahme im Myreur des histors des Jean des Preis, wo unser Wort in der gleichen Form erscheint (JPreis 5, 298).

Mehrmals kommt diese Roggenbezeichnung auch in Urkunden aus Lüttich bzw. seiner Umgebung vor. Noch ins 13. Jahrhundert gehören die folgenden Belege: für 1244 „de prato et terris arabilibus solvet idem Johannes vel heres suus XII modios bladi qui dicitur wessains boni et legalis ad mensuram de predicto Halei, . . ." (CartLiègeBS 1, 468) und in der aus dem 13. Jahrhundert stammenden Übersetzung einer Charte von 1247 für die Abtei Val Saint-Lambert „une mesuire c'om appelle disien de bleif c'om dist en romans wessen" (Gdf)[302].

Wichtiger für die Festlegung der Bedeutung unseres Wortes ist jedoch eine Akte vom 22. Juni 1338, in der die Schäden zusammengestellt sind, die Jean III., Herzog von Brabant, in den Ländereien der Kathedrale Saint-Lambert zu Lüttich während eines Kriegszuges angerichtet hat. Obwohl die Form *wessen* bzw. *wessem* mehrmals in der langen Aufstellung genannt wird, begnügen wir uns hier damit, die Zusammenfassung wiederzugeben: „Liquel prises et levées chi deseur escriptes montent en somme, premiers li argens chuinc cens quatre vins wit livres deus sols sept deniers, paiement de Braibant, et dis livres trois sols de gros et, en boin cens, vint et trois florins et trois deniers de boine monnaie. Et li somme dou fourment monte trois cens vint et six muis. Et li somme dou soille monte sept cens quatre vins dis muis et chuinquante et trois sestiers. Et li somme de l'avaine monte cent dis et sept muis. Et li somme de wessen monte trois cens trente et trois muis quarante et noef sestiers. Et li somme d'espiautre monte quatre cens quatre vins et dis muis. Et li somme de l'orge monte cent sissante dis et nolf muis chuinc sestiers et un quart. Et li somme des pois monte chuinc muis. Et li somme des capons monte quatre vins et dis capons et deus quars d'un capon"[303].

Das Nebeneinander aller wichtigen Getreidearten erlaubt es uns hier, die Bedeutung des Wortes – unabhängig von anderen Belegen – ziemlich genau zu ermitteln. Mit *wessen* ist also weder der Nacktweizen *(four-*

---

[302] Die lateinische Vorlage, die mir Herr B. Pauly, Bibliothèque Nationale (Paris), freundlicherweise mitteilte, lautet: „. . . unius mensure que dicitur disins bladi qui vocatur gallice wessens".

[303] Archives générales du royaume de Belgique, Chartes de Brabant n° 485. Eine Kopie dieser Akte wurde mir von Herrn E. Sabbe, archiviste général du Royaume (Bruxelles), in entgegenkommender Weise zur Verfügung gestellt. Vgl. auch noch dazu CartLiègeBS 3, 538 Anm. 1.

ment), noch der gewöhnliche Roggen *(soille = regon)*, noch der Spelt *(espiautre)* gemeint, sondern zweifellos jene qualitativ hochstehende Roggensorte, die auch heute noch mit *wassin* bezeichnet wird.

Dieselbe Form *wessen* wird verschiedentlich neben *avoine* und *speaulte* in einer Schenkungsurkunde zugunsten von Saint-Lambert zu Lüttich von 1342 erwähnt (CartLiègeBS 3, 606); weiterhin läßt sich *wassin* in der gleichen Quelle für 1344 belegen (ib. 4, 22).

Unsere Annahme, der *wassin*-Roggen nähme hinsichtlich seiner Wertschätzung eine Mittelstellung zwischen dem Nacktweizen und dem gewöhnlichen Roggen ein, wird durch das Einnahmen- und Ausgabenregister der Stiftskirche Saint-Paul zu Lüttich bestätigt. Hier heißt es für das Jahr 1351: „Eodem anno habet custodia in reditibus spelte XVIII modios, IIII sextarios spelte“ (CartLiègeT 224) und wenig später „Eodem anno habet ecclesia in reditibus frumenti, wessendi, siliginis et multure, IIII.XX.XVII modios, VII sextarios, I quartanam dimidiam cum dimidia vertella“ (ib. 225). Erklärend ist diesem Beleg hinzuzufügen, daß die Getreidearten bei Aufzählungen im mittellateinischen Schrifttum vielfach nach ihrer Güte aufgereiht werden und daß *siligo* hier in seiner mittellateinischen Bedeutung „Roggen“ zu verstehen ist.

Ein weiteres Charakteristikum des *wassin*-Roggens geht aus einem Beleg von 1315 für die Abtei von Flône (im Maas-Tal zwischen Lüttich und Huy) hervor; hier heißt es u. a.: „. . ., videlicet de quadraginta et uno modiis cum dimidio nudi grani dicti wessen, . . .“ (DocFlône 2, 405). Es handelt sich also allem Anschein nach beim *wassin*-Roggen um eine Getreideart, deren Körner ähnlich wie die des Nacktweizens weniger stark von den Deckspelzen umhüllt werden, als es etwa beim gewöhnlichen Roggen der Fall ist. In weiteren Charten aus der Abtei von Flône ist ebenfalls von *nudum granum* die Rede (a. 1333, DocFlône 2, 415; a. 1335, ib. 2, 416), jedoch fehlt der für uns besonders aufschlußreiche Zusatz ‚dictum wessen‘. Trotzdem dürfen wir auf Grund des oben zitierten Belegs annehmen, daß wir es bei mlat. *nudum granum* und altostwallon. *wassin* mit synonymen Bezeichnungen der gleichen Getreideart zu tun haben. Damit können wir zugleich ein *nut grain* semantisch bestimmen, das sich vereinzelt im Urkundenbuch von Saint-Lambert zu Lüttich findet: für 1304 „item sor le molin de Vpey sexante meus de nuit grain chascun an . . .“ (CartLiègeBS 3, 39), für 1360 „item doient... a ma damme de Meis de Namur IIII muys de bleit de nut grain . . .“ (ib. 4, 324) und für 1388 „. . . cinque dosins de bleit nus gran, . . .“ (ib. 4, 656). *Nut grain* ist also in altfranzösischer Zeit eine weitere Bezeichnung für den *wassin*-Roggen gewesen.

Unter den Belegen aus dem 15. Jahrhundert soll u. a. die folgende Stelle aus der Gewerbeordnung für Müller und Bäcker der Stadt Lüttich vom Jahre 1401 genannt werden: „Item, semblanment seiront tenus ly bollengiers de livreir, pour chascun muy de spelte teil que dit est,

XXX grans pains de wessen atammis, cescun pessant X mars; . . ." (OrdLiège I 377). Verständlich wird dieser Passus erst, wenn wir die entsprechende Stelle aus dem sogenannten Régiment de Jean de Bavière für Lüttich von 1414 hinzuziehen, das sich hier übrigens eng an die Gewerbeordnung für Müller und Bäcker von 1401 anlehnt: „Item, assi seront tenus tous les dis bolengiers de livreir, por cascun muy de bleid teil que dit est, trente grans pains de wessen que on dit atamis, cascun pain pesant dyez mars; . . ." (OrdLiège I 465). Da der *wassin*-Roggen im Mittelalter ein wichtiges Brotgetreide in und um Lüttich war, rechtfertigt sich eine Gleichstellung mit *bleid* „Korn", nicht aber mit *spelte* „Spelt".

Im Patron del temporaliteit von Jacques de Hemricourt, einer Sammlung des Gewohnheitsrechts vom Ende des 14. Jahrhunderts, findet sich das Kapitel 17 wie folgt überschrieben: „Chi après s'ensiet le juste règle des pois du pain qui ne puet faillir, comment ne à quel pris bleit soy vende, soit espeaulte, soit frumain, soit wassain" (CoutLiège 1, 320)[304]. Da *wassain* hier namentlich aufgeführt wird[305], also zu den Hauptbrotgetreidearten in Lüttich zählt, können wir sicher sein, daß es sich bei *wassain* um eine Roggenart handelt, denn ohne Roggen konnte die mittelalterliche Brotbäckerei nicht auskommen.

Aus dem 15. Jahrhundert – speziell aus dem Jahre 1493 – ist der einzige Beleg für unser Wort, der sich im Urkundenbuch der Abtei von Stavelot-Malmedy findet; hier lautet die Form *wassin* (ChartStavelotM 2, 491).

Ein Cri de péron von 1546, der den Kornhandel in Lüttich neu regelt, zeigt uns in welchem Wertverhältnis der *wassin*-Roggen u. a. zum Nacktweizen steht: „. . . est ordonné et statué que le muyd de spelte ne se poura vendre plus hault que à nueff florins diex aidans; item, le stier de frument non plus que troix florins cincque aidans, et le stier de wasseing ne se deverat vendre plus que troix florins; . . ." (OrdLiège II 1, 152). Der Nacktweizen ist also nur um weniges teurer als der *wassin*-Roggen. In einem weiteren Beleg aus dem Jahre 1546 für Lüttich ist von *blan wassen* die Rede (Gdf), was wiederum auf die besondere Qualität des *wassin*-Roggens hinweist. Aus der Gegend von Spa kommt schließlich ein Beleg von 1572 mit der Graphie *waccein* (Gdf).

Für das 17. Jahrhundert sei lediglich auf einen Beleg aufmerksam gemacht, aus dem wieder die qualitative Verwandtschaft des *wassin*-Roggens mit dem Nacktweizen hervorgeht. In einer Ordonnance über die Brotkontrolle und den Brotverkauf in Lüttich von 1686 heißt es nämlich: „Qu'il (le boulanger) ne puisse donner un pain blanc d'un sol, de deux ou d'un liard, à une chalande en lui vendant ses pains de froment

---

[304] Im Text selbst (S. 321) wird verschiedentlich die Form *wassen* verwendet.

[305] Im Kapitel ist neben *wassen* nur von *espeaulte* die Rede, nicht aber von *frumain*.

ou de w a s s e n t, affin d'attirer les chalandes de leurs confrères . . ." (OrdLiège III 1, 61; vgl. Gdf).

Aus dem 18. Jahrhundert schließlich soll neben zwei nicht weiter interessanten Belegen für Lüttich 1718 *(wassend)*[306] und die Gegend von Herstal 1736 *(wassent)*[307] eine Stelle aus einer Berufsordnung für die Weinbauern von Lüttich aus dem Jahre 1756 genannt werden, in der unser Wort mit anderen Getreidebezeichnungen zusammen erscheint: „. . . à la réserve de l'épeautre, froment, w a s s e n d, orge, pois, vesces, favettes, lessettes, navettes et choses semblables . . ." (OrdLiège III 2, 323; vgl. Gdf).

Die Konzentration der altwallonischen Belege im Raum von Lüttich läßt erkennen, daß *wassin* auch in älterer Zeit fast ausschließlich hier bekannt war. Andererseits geht aus den Belegen hervor, daß *wassin* mindestens seit dem 13. Jahrhundert jene bessere Roggensorte bezeichnet hat, die dem Nacktweizen qualitativ sehr nahesteht. Damit stellt sich zugleich die Frage, wann und wo der Bedeutungswandel von „Weizen" zu „besserer, dem Weizen ähnlicher Roggen" stattgefunden hat; denn daß ostwallon. *wassin* mit ahd. WEIZZI, WEIꝫI „Weizen"[308] zusammenhängt und speziell aus dem Mittelfränkischen entlehnt worden ist, steht außer Zweifel. Da jedoch das rhein. *weissen* sowie seine älteren Belege ausnahmslos die Bedeutung „Weizen" haben[309], muß der Bedeutungswandel im Altostwallonischen noch vor unseren ersten Belegen stattgefunden haben.

13. Sonstiges

Weiterhin sind noch folgende Etyma zu nennen, die vereinzelt als Roggenbezeichnungen Verwendung finden:

Lat. BALEARICUS

Bearn. *balharc, balhart.*

---

[306] Chambre des finances des princes-évêques de Liège. Table des octrois et rendages p. p. S. Bormans in Bulletin de l'Institut archéologique liégeois Bd 7 (Liège 1865) S. 80.

[307] Cour de Herstal. Plaids du 26 octobre 1736 in Enquêtes du musée de la vie wallonne Bd 2 (1929/30) S. 354.

[308] Der Übergang in die schwache Deklination ist für mhd. WEIZE, WEIꝫE bezeugt (vgl. Paul 100/1), mag aber auch schon älter sein.

[309] Nach freundlicher Mitteilung von Herrn Dr. H. Dittmaier vom Rheinischen Wörterbuch in Bonn.

Lat. MARTIUS

Saugues *marsētsa*, Murat *marsentsa*, Chav. *morseïcho* in der speziellen Bedeutung „Sommerroggen (der im März ausgesät wird)"; dazu noch in der gleichen Bedeutung für das Plateau de Millevaches *mášẹ̄yšǫ* (Mazaleyrat 134). Es liegt hier eine Ableitung auf -ĪSCA vor, deren Tonvokal gelegentlich zur Nasalisierung neigt.

Lat. PANIS

Traz-os-Montes *pão* (vgl. auch REW 6198) sowie Westasturien (Besullo) *páŋ* (KrügerHPyr 6); hier nimmt der Roggen wiederum einen allgemeinen Terminus als Bezeichnung für sich in Anspruch, was sich aus der vorwiegenden, wenn nicht ausschließlichen Verwendung des Roggens als Brotgetreide erklären wird.

Lat. SEROTINUS

Auf die feminine Form SEROTINA führen eine Anzahl von occitanischen Sommerroggenbezeichnungen zurück, die untereinander z. T. erhebliche Abweichungen in der Lautstruktur aufweisen: Fraissinet-de-Lozère *sẹrudẹnǫ* (ALMC 964 p 37); *segoudeno* im Dép. Gard für Alais (Hombres Ch 605) und Uzès (Ronjat 1, 238)[310]; rouerg. *segodene* (Mistral). Suffixwechsel zeigt lang. *seroudelio*, *senoudelio* (Sauvages 1785 2, 274); daraus rückgebildet ist lang. *seroudo* (Mistral).

Als Bezeichnungen für andere Getreidearten kommen Entwicklungen von lat. SEROTINUS auch auf der Iberischen Halbinsel vor (vgl. REW 7854, Corom 4, 207).

14. Unsicheres und Ungeklärtes

Laut ALF 1211 findet sich der Typus FRUMENTUM im Hennegau für p 293 *(furmẽ)* als Roggenbezeichnung; da diese Angabe völlig isoliert dasteht, ist anzunehmen, daß ihr ein Mißverständnis zugrunde liegt.

Undurchsichtig ist schließlich die etymologische Herkunft von Limagne *britsiro* f. (vgl. zu weiteren bedeutungsverwandten Formen FEW 21, 116 Begriff „blé, froment") und Arán *karráu* m. (vgl. dazu ferner FEW 21, 119 Begriff „méteil").

Nicht eigentlich hierher gehören *fusẹ̄* m. (BlochLex 123) für Le Thillot (arr. Epinal, dép. Vosges) und *gayõ* m. (ib.) für Le Ménil (ct. Le Thillot, arr. Epinal, dép. Vosges) und La Bresse (ct. Saulxures, arr.

---

[310] R. bezieht sich offensichtlich auf ALF 1211 p 852 (= Uzès) *sẹgüdẹ̄nǫ*, das er zu Recht korrigiert.

Epinal, dép. Vosges), da beide Namen nicht den Getreideroggen, sondern einen Wildroggen, also eine Grasart, bezeichnen.

Zusammenfassung

Die romanischen Sprachen in ihrer Gesamtheit kennen zwei primäre Roggenbezeichnungen – CENTENUM und SECALE. Der Typus CENTENUM kommt im größeren Teil der Pyrenäen-Halbinsel (spanisch-portugiesisches Sprachgebiet) vor; alle übrigen Sprachen verwenden dagegen den Typus SECALE. Diese Zweiteilung der Romania hinsichtlich ihrer Roggenbezeichnung reicht bis in die lateinische Zeit hinauf.

Beide Bezeichnungen liegen überall in erbwörtlicher Entwicklung vor; das gilt auch für die synkopierten Formen vom Typus SECALE in der Galloromania (fr. *seigle*, occitan. *segle*), die man bisher zu Unrecht als gelehrte oder dialektale Lehnwörter erklärt hat.

Die Betrachtung der sekundären Bezeichnungen hat eine Anzahl von weiteren Worttypen zutage gefördert, die ebenfalls – wenn auch nur sporadisch und dialektal – zur Benennung des Roggens herangezogen worden sind. Diese lassen sich folgendermaßen zusammenstellen: 1. ursprüngliche Bezeichnungen für den abstrakten Oberbegriff (ANNONA, *BLĀD, GRANUM); 2. ursprüngliche Mengkornbezeichnungen (*CONSECALE, *MISTILIUM, *MISCELLUM); 3. ursprüngliche Winter- bzw. Sommerkornbezeichnungen (*WAIDIMEN; TRIMENSIS), die entsprechend auch nur auf den Winter- bzw. Sommerroggen übertragen wurden; 4. Bezeichnungen, die die effektive oder mutmaßliche Herkunft des Getreides zum Ausdruck bringen (GERMANUM, BARBARIA); 5. germanische Lehnwörter (*ROGGO, WEIZZI).

Wenn es der Roggen auch auf eine stattliche Anzahl von sekundären Namen bringt, so ist dieser Bezeichnungsreichtum – verglichen mit dem anderer Pflanzen (vgl. die Unkräuter und Blumen) – doch nur relativ. Vergessen wir aber nicht, daß es sich beim Roggen um eine Nutzpflanze handelt, die aus praktischen Gründen eine allgemeinverbindliche Bezeichnung erfordert. Die Allgegenwärtigkeit dieser eigentlichen (schriftsprachlichen) Bezeichnung gestattet gerade noch die Existenz einiger Namen von dialektaler Gültigkeit, verunmöglicht aber vollends die Herausbildung metaphorischer Ausdrücke.

Literaturverzeichnis

1. Quellen

ActeValence = Acte passé à Valence au sujet des revenus perçus sur diverses terres situées dans le mandement de Livron (janvier 1318) p. p. L. Caillet in RLR 56, 159/71.

Alexis = Oeuvres poétiques de Guillaume Alexis p. p. A. Piaget et E. Picot (SATF), 3 Bde, Paris 1896, 1899, 1908.

AntidNic = L'antidotaire Nicolas. Deux traductions françaises de l'Antidotarium Nicolai p. p. P. Dorveaux, Paris 1896.

BeaumCout = Philippe de Beaumanoir: Coutumes de Beauvaisis p. p. A. Salmon, 2 Bde, Paris 1899/1900.

Brun(S) = Les plus anciennes chartes en langue provençale p. p. Cl. Brunel, Paris 1926; Supplément, Paris 1952.

Brussel = Brussel, N. D.: Nouvel examen de l'usage général des fiefs en France pendant les XIe, XIIe, XIIIe et XIVe siècles, 2 Bde, Paris 1750.

CarcBelleville = Le carcabeau en francoprovençal du péage de Belleville p. p. Ch. Perrat et P. Gardette, in RLiR 25, 1/46.

CartAmiens = Cartulaire du chapitre de la cathédrale d'Amiens p. p. J. Roux, 2 Bde (= Mémoires de la Société des antiquaires de Picardie, Bde 14 und 18), Amiens 1905 und 1912.

CartAngers = Cartulaire de l'abbaye de Saint-Aubin d'Angers p. p. E. Lelong, 3 Bde, Paris 1903.

CartAngoulême = Cartulaire de l'abbaye de Saint-Cybard d'Angoulême p. p. P. Lefrancq, Angoulême 1930.

CartAniane = Cartulaires des abbayes d'Aniane et de Gellone. Cartulaire d'Aniane p. p. l'abbé Cassan et E. Meynial, Montpellier 1900.

CartArbois = Cartulaire de la ville d'Arbois au comté de Bourgogne (XIIIe et XIVe s.). App. zu L. Stouff: Les comtes de Bourgogne et leurs villes domaniales, Paris 1899.

CartAutunC = Cartulaire de l'église d'Autun p. p. A. de Charmasse, 2 Bde, Paris/Autun 1865 et 1900.

CartAutunCh = Cartulaire de l'évêché d'Autun connu sous le nom de Cartulaire rouge p. p. A. de Charmasse, Paris/Autun 1880.

CartAutunD = Recueil des actes du prieuré de Saint-Symphorien d'Autun de 696 à 1300 p. p. A. Déléage, Autun 1936.

CartBarbezieux = Cartulaire de Notre-Dame de Barbezieux (Char.) (= Archives historiques de la Saintonge et de l'Aunis, Bd 41), Paris/Saintes 1911.

CartBeaulieu = Cartulaire de l'abbaye de Beaulieu en Limousin p. p. M. Deloche, Paris 1859.

CartBeaumontR = Cartulaire de l'église de la Sainte-Trinité de Beaumont-le-Roger (Eure) p. p. E. Deville, Paris 1912.

CartBeauvais = Cartulaire de l'Hôtel-Dieu de Beauvais p. p. V. Leblond (= Publications de la Société académique de l'Oise. Documents, Bd 5), Paris 1919.
CartBlois = Cartulaire de la ville de Blois (1196–1493) p. p. J. Soyer et G. Trouillard, Blois 1903/07.
CartBourgBr = Cartulaire de Bourg-en-Bresse p. p. J. Brossard, Bourg-en-Bresse 1882.
CartBourgogne = Cartulaire des comtes de Bourgogne (1166–1321) p. p. J. Gauthier, le comte J. de Sainte-Agathe et R. de Lurion (= Mémoires et documents inédits pour servir à l'histoire de la Franche-Comté, Bd 8), Besançon 1908.
CartBrioude = Cartulaire de Brioude (HLoire) p. p. H. Doniol, Clermont-Ferrand/Paris 1863.
CartChamalières = Cartulaire de Chamalières-sur-Loire en Velay, prieuré conventuel dépendant de l'abbaye de Saint-Chaffre p. p. A. Chassaing, Paris 1895.
CartChartresG = Cartulaire de l'abbaye de Saint-Père de Chartres p. p. B. Guérard, 2 Bde, Paris 1840.
CartChartresLM = Cartulaire de Notre-Dame de Chartres p. p. E. de Lépinois et L. Merlet, 3 Bde, Chartres 1862/65.
CartChartresM = Collection de cartulaires chartrains. Bd 1: Cartulaire de Saint-Jean-en-Vallée de Chartres p. p. R. Merlet, Chartres 1906.
CartChâteaudun = Cartulaire de l'abbaye de la Madeleine de Châteaudun (EureL.) p. p. L. Merlet et L. Jarry, Châteaudun 1896.
CartChâtelliers = Cartulaire de l'abbaye royale de Notre-Dame des Châtelliers (DSèvres) p. p. L. Duval, Niort 1872.
CartChaumousey = Cartulaire de l'abbaye de Chaumousey (Vosges), 2 Bde (= Documents rares et inédits de l'histoire des Vosges, Bde 10 und 11), Paris 1891 und 1896.
CartCompiègne = Cartulaire de l'abbaye de Saint-Corneille de Compiègne p. p. le chanoine Morel, Bd 1, Montdidier 1904, Bd 2, Paris 1909.
CartConques = Cartulaire de l'abbaye de Conques en Rouergue p. p. G. Desjardins, Paris 1879.
CartCorbeil = Cartulaire de Saint-Spire de Corbeil au diocèse de Paris p. p. E. Coüard-Luys (= Mémoires et documents publiés par la Société archéologique de Rambouillet, Bd 6), Rambouillet 1882.
CartFirenze = Le carte della canonica della cattedrale di Firenze (723–1149) a cura di R. Piattoli (= Regesta chartarum Italiae, Bd 23), Roma 1938.
CartFougères = Cartulaire de la seigneurie de Fougères (IlleV.) connu sous le nom de Cartulaire d'Alençon p. p. J. Aubergé, Rennes 1913.
CartGellone = Cartulaires des abbayes d'Aniane et de Gellone. Cartulaire de Gellone p. p. P. Alaus, l'abbé Cassan et E. Meynial, Montpellier 1898.
CartGorze = Cartulaire de l'abbaye de Gorze (ms. 826 de la Bibliothèque de Metz) p. p. A. d'Herbomez (= Mettensia, Bd 2), Paris 1898.
CartGrenoble = Cartulaires de l'église cathédrale de Grenoble dits Cartulaires de Saint-Hugues p. p. J. Marion, Paris 1869.
CartLeMans = Chartularium insignis ecclesiae Cenomanensis quod dicitur

Liber albus capituli (= Institut des provinces de France 2. Serie, Bd 2), Le Mans 1869.
CartLeMansB = Cartulaire des abbayes de Saint-Pierre de la Couture (au Mans) et de Saint-Pierre de Solesmes p. p. les bénédictins de Solesmes, Le Mans 1881.
CartLeMansBr = Cartulaire de Saint-Victeur au Mans. Prieuré de l'abbaye du Mont Saint-Michel (994–1400) p. p. B. de Broussillon, Paris 1895.
CartLeMansC = Cartulaire de l'abbaye de Saint-Vincent du Mans p. p. l'abbé R. Charles et le vicomte Menjot d'Elbenne, Mamers/Le Mans 1886/1913.
CartLePuy = Cartulaire des Templiers du Puy-en-Velay p. p. A. Chassaing in Annales de la Société d'agriculture, sciences, arts et commerce du Puy, Bd 33 (Le Puy 1882), S. 139/263.
CartLérins = Cartulaire de l'abbaye de Lérins p. p. H. Moris et E. Blanc, Bd 1, Saint-Honorat de Lérins/Paris 1883, Bd 2, Paris 1905.
CartLiègeBS = Cartulaire de l'église Saint-Lambert de Liège p. p. S. Bormans et E. Schoolmeesters, 6 Bde, Bruxelles 1893, 1895, 1898, 1900, 1913, 1933.
CartLiègeT = Cartulaire ou recueil de chartes et documents inédits de l'église collégiale de Saint-Paul actuellement cathédrale de Liège p. p. O. Thimister, Liège 1878.
CartLiègeTh = Quelques chartes inédites de la collégiale Saint-Paul de Liège p. p. O. Thimister, in Bulletin de la Société d'art et d'histoire du diocèse de Liège, Bd 8 (Liège 1894), S. 355/66.
CartLyon = Cartulaire lyonnais p. p. M.-C. Guigue, 2 Bde, Lyon 1885 und 1893.
CartMarseille = Cartulaire de l'abbaye de Saint-Victor de Marseille p. p. B. Guérard, 2 Bde, Paris 1857.
CartMetz = Cartulaire de l'évêché de Metz. I. Le 3e registre des fiefs p. p. P. Marichal (= Mettensia, Bd 4), Paris 1903.
CartMolesme = Cartulaires de l'abbaye de Molesme (ancien diocèse de Langres) p. p. J. Laurent, 2 Bde, Paris 1907 und 1911.
CartNîmes = Cartulaire du chapitre de l'église cathédrale Notre-Dame de Nîmes p. p. E. Germer-Durand, Nîmes 1874.
CartNorm = Cartulaire normand de Philippe-Auguste, Louis VIII, Saint Louis et Philippe le Hardi p. p. L. Delisle (= Mémoires des antiquaires de Normandie, Bd 16), Caen 1852.
CartNovara = Le carte dell'archivio capitolare di Santa Maria di Novara a cura di F. Gabotto, A. Lizier, A. Leone, G. B. Morandi, O. Scarzello, G. Basso, 3 Bde (= Biblioteca della Società storica subalpina, Bde 78, 79, 80), Pinerolo/Torino 1913, 1915, 1924.
CartNoyers = Cartulaire de l'abbaye de Noyers p. p. l'abbé C. Chevalier (= Mémoires de la Société archéologique de Touraine, Bd 22), Tours 1872.
CartOrléans = Cartulaire de Sainte-Croix d'Orléans (814–1300) p. p. J. Thillier et E. Jarry, Paris 1906.
CartOrval = Cartulaire de l'abbaye d'Orval p. p. le P. H. Goffinet, Bruxelles 1879.

CartOrvalD = Chartes inédites de l'abbaye d'Orval p. p. A. Delescluse, Bruxelles 1896.
CartOrvalDH = Nouvelles chartes inédites de l'abbaye d'Orval p. p. A. Delescluse et K. Hanquet, Bruxelles 1900.
CartParis = Cartulaire de l'église Notre-Dame de Paris p. p. B. Guérard, 4 Bde (= Collection des cartulaires de France, Bde 4/7), Paris 1850.
CartPoitiers = Cartulaire de l'abbaye de Saint-Cyprien de Poitiers p. p. L. Rédet (= Archives historiques du Poitou, Bd 3), Poitiers 1874.
CartPonthieu = Cartulaire du comté de Ponthieu p. p. E. Prarond (= Mémoires de la Société d'émulation d'Abbeville, Bd 2), Abbeville 1897.
CartProuille = Cartulaire de Notre-Dame de Prouille (Aude) p. p. J. Guiraud, 2 Bde, Paris 1907.
CartRedon = Cartulaire de l'abbaye de Redon en Bretagne p. p. A. de Courson, Paris 1863.
CartRemoulins = Cartulaire de Remoulins (Gard) p. p. G. Charvet, Alais 1873/76.
CartRoussillon = Cartulaire roussillonnais p. p. B. Alart, Perpignan 1880.
CartSFlour = Cartulaire du prieuré de Saint-Flour (Cantal) p. p. M. Boudet, Monaco 1910.
CartSilvanès = Cartulaire de l'abbaye de Silvanès p. p. P. A. Verlaguet (= Archives historiques du Rouergue, Bd 1), Rodez 1910.
CartSMaximin = Cartulaire municipal de Saint-Maximin (Var) p. p. L. Rostan, Paris 1862.
CartSSulpiceF = Cartulaire de l'abbaye de Saint-Sulpice-la-Forêt (IlleV.) p. p. Dom Anger, Rennes 1911.
CartTours = Cartulaire de l'archevêché de Tours (Liber bonarum gentium) p. p. L. de Grandmaison, 2 Bde, Tours 1892 und 1894.
CartTroyes = Collection des principaux cartulaires du diocèse de Troyes p. p. l'abbé Lalore:
Bd 1 (Cartulaire de l'abbaye de Saint-Loup de Troyes), Paris 1875;
Bd 2 (Cartulaire de l'abbaye du Paraclet), Paris 1878;
Bd 3 (Cartulaire de l'abbaye de Basse-Fontaine; Chartes de la commanderie de Beauvoir de l'ordre teutonique), Paris/Troyes 1878;
Bd 4 (Cartulaire de l'abbaye de la Chapelle-aux-Planches; Chartes de Montiérender; Chartes de Saint-Etienne de Châlons; Chartes de Toussaints de Châlons; Chartes d'Andecy; Chartes de Beaulieu), Paris/Troyes 1878;
Bd 5 (Cartulaire de Saint-Pierre de Troyes; Chartes de la collégiale de Saint-Urbain de Troyes), Paris/Troyes 1880;
Bd 6 (Cartulaire de Montier-la-Celle), Paris/Troyes 1882;
Bd 7 (Cartulaire de l'abbaye de Montiéramey), Paris/Troyes 1890.
CartValBenoît = Cartulaire de l'abbaye du Val-Benoît p. p. J. Cuvelier, Bruxelles 1906.
CartVaour = Cartulaire des Templiers de Vaour (Tarn) p. p. Ch. Portal et E. Cabié (= Archives historiques de l'Albigeois, Bd 1), Paris/Toulouse/Albi 1894.
CartVigeois = Cartulaire de l'abbaye de Vigeois en Limousin (954–1167) p. p. M. de Montégut, Limoges 1907.
CartVignory = Cartulaire du prieuré de Saint-Etienne de Vignory (HMarne) p. p. J. d'Arbaumont, Langres 1882.

CartYonne = Cartulaire général de l'Yonne p. p. M. Quantin, 2 Bde, Auxerre 1854 und 1860.

CartYonneQu = Recueil de pièces pour faire suite au Cartulaire général de l'Yonne p. p. M. Quantin, Auxerre/Paris 1873.

CathLille = Le Catholicon de Lille p. p. A. Scheler (= Mémoires couronnées et autres mémoires p. p. l'Académie royale des sciences, des lettres et des beaux-arts de Belgique, Bd 37 Abh. 7), Bruxelles 1886.

ChartCluny = Recueil des chartes de l'abbaye de Cluny p. p. A. Bruel, 6 Bde, Paris 1876/1903.

ChartCreuse = Chartes communales et franchises locales du département de la Creuse p. p. L. Duval, Guéret 1877.

ChartDijonB = Cartulaire de l'abbaye de Saint-Etienne de Dijon (1341–1346). App. zu H. Bonneviot: Les greffes du parlement de Bourgogne, Dijon 1911.

ChartDijonR = Chartes de l'abbaye de Saint-Etienne de Dijon (1280–1285). App. zu P. Riandey: L'organisation financière de la Bourgogne sous Philippe le Hardi, Dijon 1908.

ChartDijonT = Chartes de l'abbaye de Saint-Etienne de Dijon (1270–1276). App. zu P. Toussaint: Les foires de Chalon-sur-Saône des origines au XV^e^s. Dijon 1910.

ChartDurbon = Chartes de Durbon (HAlpes) p. p. l'abbé P. Guillaume, Montreuil-sur-Mer 1893.

ChartMons = Chartes du chapitre de Sainte-Waudru de Mons p. p. L. Devillers, 4 Bde, Bruxelles 1899, 1903, 1908, 1913.

ChartPoitou = Chartes et documents poitevins du XIIIe s. en langue vulgaire p. p. Milan S. La Du, 2 Bde (= Archives historiques du Poitou, Bde 57 und 58), Poitiers 1960 und 1963.

ChartSHubert = Chartes de l'abbaye de Saint-Hubert en Ardenne p. p. G. Kurth, ersch. nur Bd 1, Bruxelles 1903.

ChartSMaixent = Chartes et documents pour servir à l'histoire de l'abbaye de Saint-Maixent p. p. A. Richard, 2 Bde (= Archives historiques du Poitou, Bde 16 und 18), Poitiers 1887.

ChartStavelotM = Recueil des chartes de l'abbaye de Stavelot-Malmedy p. p. J. Halkin et C. G. Roland, 2 Bde, Bruxelles 1909 und 1930.

ChartTournai = Chartes de l'abbaye de Saint-Martin de Tournai p. p. A. d'Herbomez (= Collection de chroniques belges inédites 29), 2 Bde, Bruxelles 1898 und 1901.

ChrestienYv = Der Löwenritter von Christian von Troyes, hrsg. von W. Foerster, Halle 1887.

CodCava = Codex diplomaticus Cavensis, 8 Bde, Mediolani/Pisis/Neapoli 1873/93.

CompLePuy = Le compois du Puy-en-Velay écrit en langue d'oc en 1408 p. p. C. Fabre, in ARom 3, 511/42.

CoutGén = Nouveau Coutumier général p. p. Charles A. Bourdot de Richebourg, 4 Bde, Paris 1724.

CoutLiège = Coutumes du pays de Liège p. p. J. Raikem, M. L. Polain, S. Bormans, L. Crahay, 3 Bde, Bruxelles 1870, 1873, 1884.

Dante = Le opere di Dante (testo critico della Società dantesca italiana a cura di M. Barbi, E. G. Parodi, F. Pellegrini, E. Pistelli, P. Rajna, E. Rostagno, G. Vandelli, con indice analitico dei nomi e delle cose di M. Casella) 2a ed. Firenze 1960.

DaurelB = Daurel et Beton. Chanson de geste provençale p. p. P. Meyer (SATF), Paris 1880.

Desch = Oeuvres complètes d'Eustache Deschamps p. p. le marquis de Queux de Saint-Hilaire et G. Raynaud (SATF), 11 Bde, Paris 1878/1903.

DocAlbigeois = Deux livres de raison (1517–1550) avec des notes et une introduction sur les conditions agricoles et commerciales de l'Albigeois au XVIe s. p. p. L. de Santi et A. Vidal (= Archives historiques de l'Albigeois, Bd 4), Paris/Toulouse 1896.

DocAvignon = Histoire de la langue provençale à Avignon du XIIe au XIXes. par P. Pansier, 5 Bde, Avignon 1924/32.

DocEspaña = Documentos lingüísticos de España, hrsg. von R. Menéndez Pidal, ersch. nur Bd 1 (Reino de Castilla), Madrid 1919.

DocFlône = Documents relatifs à l'abbaye de Flône p. p. M. Evrard, in Analectes pour servir à l'histoire ecclésiastique de la Belgique, 2. Serie, Bd 7 (Louvain 1892), S. 273/454, Bd 8 (Louvain 1893), S. 395/492.

DocGévaudan = Documents linguistiques du Gévaudan p. p. Cl. Brunel, in Bibliothèque de l'Ecole des chartes, Bd 77 (Paris 1916), S. 5/102.

DocMarcheL = Documents historiques bas-latins, provençaux et français concernant principalement la Marche et le Limousin p. p. A. Leroux, E. Molinier et A. Thomas, 2 Bde, Limoges 1883 und 1885.

DocMidi = Documents linguistiques du Midi de la France p. p. P. Meyer, Paris 1909.

DocMillau = Documents sur la ville de Millau p. p. J. Artières (= Archives historiques du Rouergue, Bd 7), Millau 1930.

DocSarlat = Documents du XIVe s. en langage de Sarlat (Dordogne) p. p. G. Lavergne, in R 37, 421/31.

EdictDiocl = Edictum Diocletiani de pretiis rerum venalium, hrsg. von Th. Mommsen (erläutert von H. Blümner), Berlin 1893.

FueroGuadalajara = Fuero de Guadalajara (1219) ed. by H. Keniston (= Elliott Monographs in the Romance Languages and Literatures edited by Edward C. Armstrong, Bd 16), Princeton/Paris 1924.

GirBorn = Sämtliche Lieder des Trobadors Giraut de Bornelh, hrsg. von A. Kolsen, 2 Bde, Halle 1910 und 1938.

HanonL = Hanon de Louvet, R.: Histoire de la ville de Jodoigne, 2 Bde, Gembloux 1941.

HuonSQuentin = Huon le Roi de Cambrai: La vie de Saint Quentin p. p. A. Långfors et W. Söderhjelm (= Acta societatis scientiarum Fennicae, Bd 38, Nr. 1), Helsingfors 1909.

InvBourgogne = Inventaires mobiliers et extraits des comptes des ducs de Bourgogne de la maison de Valois p. p. B. Prost, Bd 1 (Philippe le Hardi 1363–1377), Paris 1902/04, Bd 2 (Philippe le Hardi 1378–1390), Paris 1908/13.

IsidOrig = Isidori Hispalensis episcopi etymologiarum sive originum libri XX ed. W. M. Lindsay, 2 Bde, Oxford 1911.

JMolin = Chronique de Jean Molinet p. p. G. Doutrepont et O. Jodogne, 3 Bde, Bruxelles 1935/37.

JPreis = Ly myreur des histors, chronique de Jean des Preis dit d'Outremeuse; La geste de Liège p. p. A. Borgnet et S. Bormans (= Collection de chroniques belges inédites 10), 7 Bde, Bruxelles 1864/87.

JStavelot = Chronique de Jean de Stavelot p. p. A. Borgnet (= Collection de chroniques belges inédites 11), Bruxelles 1861.

Marquant = Marquant, R.: La vie économique à Lille sous Philippe le Bon (= Bibliothèque de l'Ecole des hautes études, Bd 277), Paris 1940.

MédLN = Médicinaire liégeois du XIIe s. et médicinaire namurois du XVe s. p. p. J. Haust (= Académie royale de langue et de littérature françaises de Belgique. Textes anciens, Bd 4), Bruxelles 1941.

MémBretagne = Mémoires pour servir de preuves à l'histoire ecclésiastique et civile de Bretagne p. p. H. Morice, 3 Bde, Paris 1742/46.

MonGuill = Les deux rédactions en vers du Moniage Guillaume, chanson de geste du XIIe s. p. p. W. Cloetta (SATF), 2 Bde, Paris 1906 und 1911.

MonNamHainLux = Monuments pour servir à l'histoire des provinces de Namur, de Hainaut et de Luxembourg p. p. le baron de Reiffenberg (= Collection de chroniques belges inédites 5), 8 Bde, Bruxelles 1844/74.

OldeSerres = Oliver de Serres: Le théâtre d'agriculture et mesnage des champs, Rouen 1663 (Die Erstausgabe ist von 1600).

OrdLiège = Recueil des anciennes ordonnances de la Belgique. Recueil des ordonnances de la principauté de Liège, 1. Serie (974–1506) p. p. S. Bormans, Bruxelles 1878, 2. Serie (1507–1684) p. p. M. L. Polain et S. Bormans, 3 Bde, Bruxelles 1869/72, 3. Serie (1684–1794) p. p. M. L. Polain, 2 Bde, Bruxelles 1855 und 1860.

OrdPaysBas = Recueil des anciennes ordonnances de la Belgique. Recueil des ordonnances des Pays-Bas, 2. Serie (1506–1700) p. p. Ch. Laurent et J. Lameere, 6 Bde, Bruxelles 1893, 1898, 1902, 1907, 1910, 1922.

PlinNH = C. Plini Secundi naturalis historiae libri XXXVII (ed. C. Mayhoff), Bd 1, Leipzig 1906, Bd 2 1875, Bd 3 1892, Bd 4 1897, Bd 5 1897.

PMHLeg = Portugaliae monumenta historica. Leges et consuetudines, Bd 1, Olisipone 1856.

PolyptSGermainP = Polyptique de l'abbaye de Saint-Germain-des-Prés p. p. A. Longnon, 2 Bde, Paris 1886 und 1895.

Rab = Oeuvres de François Rabelais édition critique p. p. A. Lefranc, Bd 1 (Garg. chap. I/XXII), Paris 1913, Bd 2 (Garg. chap. XXIII/LVIII), Paris 1913, Bd 3 (Pant. chap. I/XI), Paris 1922, Bd 4 (Pant. chap. XII/XXXIV), Paris 1922, Bd 5 (Tiers livre), Paris 1931.

RecLex = Recueil général des lexiques français du moyen-âge (XIIe-XVe s.) p. p. M. Roques. Lexiques alphabétiques, Bd 1, Paris 1936, Bd 2, Paris 1938.

RecLiège = Recueil contenant les édits et règlemens faits pour le païs de Liège et comté de Looz p. p. M. G. de Louvrex, 4 Bde, Liège 1750/52.

RecMédFr = Recettes médicales en français p. p. L. Wiese, in Mélanges de linguistique et de littérature offerts à M. Alfred Jeanroy (Paris 1928), S. 663/71.

RecMédPyr = Recettes médicales, alchimiques et astrologiques du XVe s. en langue vulgaire des Pyrénées p. p. Cl. Brunel (= Bibliothèque méridionale, 1. Serie, Bd 30), Toulouse 1956.

RegCamaldoli = Regesto di Camaldoli, Bde 1, 2 a cura di L. Schiaparelli e

F. Baldasseroni, Roma 1907, 1909, Bde 3, 4 a cura di E. Lasinio, Roma 1914, 1928 (= Regesta chartarum Italiae, Bde 2, 5, 13, 14).
RegColtibuono = Regesto di Coltibuono a cura di D. L. Pagliai (= Regesta chartarum Italiae, Bd 4), Roma 1909.
RegLucca = Regesto del capitolo di Lucca a cura di P. Guidi e O. Parenti, 3 Bde (= Regesta chartarum Italiae, Bde 6, 9, 18), Roma 1910, 1912, 1933/39.
RegMontalba = Les Livres de comptes des frères Bonis marchands montalbanais du XIVᵉ s. publiés et annotés pour la Société historique de Gascogne par E. Forestié, 2 Bde (= Archives historiques de la Gascogne, Bde 20 und 23), Paris 1890 und 1893.
RegPisa = Regesto della chiesa di Pisa a cura di N. Caturegli (= Regesta chartarum Italiae, Bd 24), Roma 1938.
RegRavenna = Regesto della chiesa di Ravenna. Le carte dell'archivio estense a cura di V. Federici e G. Buzzi, 2 Bde (= Regesta chartarum Italiae, Bde 7, 15), Roma 1911 und 1931.
RegTrient = Regestum ecclesiae Tridentinae, I. Regesto dei documenti dell'archivio capitolare di Trento dal 1182 al 1350 a cura di C. Ausserer (= Regesta chartarum Italiae, Bd 27), Roma 1939.
RegVolterra = Regestum Volaterranum, bearb. von F. Schneider (= Regesta chartarum Italiae, Bd 1), Roma 1907.
RenartC = Roman de Renart le contrefait p. p. G. Raynaud et H. Lemaître, 2 Bde, Paris 1914.
Ruiz = Juan Ruiz, arcipreste de Hita: El libro de buen amor (edición y notas de J. Cejador y Frauca), 2 Bde, Madrid 1913.
StatSassari = Gli statuti della Repubblica Sassarese, testo logudorese del secolo XIV a cura di P. E. Guarnerio, in AGl 13, 1/124.
TestiTrec = Testi non toscani del Trecento a cura di B. Migliorini e G. Folena (= Istituto di filologia romanza dell'università di Roma. Collezione di testi e manuali fondata da G. Bertoni e diretta da A. Monteverdi, Bd 38), Modena 1952.
TestiQuattroc = Testi non toscani del Quattrocento a cura di B. Migliorini e G. Folena (= Istituto di filologia romanza dell'università di Roma. Collezione di testi e manuali fondata da G. Bertoni e diretta da A. Monteverdi, Bd 39), Modena 1953.
UBBremen = Bremisches Urkundenbuch, hrsg. von D. R. Ehmck und W. von Bippen, 6 Bde, Bremen 1873, 1876, 1880, 1886, 1902, 1940.
UBHalle = Urkundenbuch der Stadt Halle, ihrer Stifter und Klöster, bearb. von A. Bierbach, 4 Bde, Magdeburg 1930, 1939, 1954, 1957.
UBLuxemburg = Urkunden- und Quellenbuch zur Geschichte der altluxemburgischen Territorien bis zur burgundischen Zeit, hrsg. von C. Wampach, 10 Bde, Luxemburg 1935/55.
UBMittelrhein = Urkundenbuch zur Geschichte der jetzt die preußischen Regierungsbezirke Coblentz und Trier bildenden mittelrheinischen Territorien, hrsg. von H. Beyer, L. Eltester, A. Goerz, 3 Bde, Coblentz 1860, 1865, 1874.
UBThüringen = Urkundenbuch der Deutschordensballei Thüringen, hrsg. von K. H. Lampe, bisher 1 Bd (= Thüringer Geschichtsquellen N. F. Bd 7), Jena 1936.

UBWürttemberg = Wirtembergisches Urkundenbuch, hrsg. vom Königlichen Staatsarchiv in Stuttgart, 11 Bde, Stuttgart 1849, 1858, 1871, 1883, 1889, 1894, 1900, 1903, 1907, 1909, 1913.

UBZürich = Urkundenbuch der Stadt und Landschaft Zürich, hrsg. von J. Escher und P. Schweizer, 13 Bde, Zürich 1888, 1890, 1894/95, 1896/98, 1900/01, 1905, 1908, 1911, 1915, 1916, 1920, 1939, 1957.

UrbWerden = Die Urbare der Abtei Werden an der Ruhr, hrsg. von R. Kötzschke, 2 Bde (= Rheinische Urbare Bde 2, 3), Bonn 1906 und 1917.

2. Sekundärliteratur

(Für die Zeitschriften werden die im FEW üblichen Abkürzungen verwendet; vgl. dazu das FEW-Beiheft)

AcevedoF = Acevedo y Huelves, B./Fernández y Fernández, M.: Vocabolario del bable de occidente (= Archivo de tradiciones populares, Bd 3), Madrid 1932.

Achard: Dictionnaire de la Provence et du Comté-Venaissin, Marseille 1785.

AebBlava = Aebischer, P.: Matériaux tirés de chartes latines médiévales d'Italie pour l'étude du type *blava*, in Z 63, 392/403.

AebBlé = Aebischer, P.: Les termes qui rendent l'idée de blé et les idées affines dans le latin médiéval d'Italie, in Mélanges de linguistique et de littérature romanes offerts à Mario Roques, Bd 3 (Paris 1952), S. 1/17.

AebCér = Aebischer, P.: Les dénominations des „céréales", du „blé" et du „froment" d'apres les données du latin médiéval, in Essais de philologie moderne (1951). Bibliothèque de la Faculté de philosophie et lettres de l'Université de Liège, Bd 129 (Paris 1953), S. 77/94.

AebSeigle = Aebischer, P.: Le seigle dans le latin médiéval, in Z 69, 392/402.

AIS = Jaberg, K./Jud, J.: Sprach- und Sachatlas Italiens und der Südschweiz, 8 Bde, Zofingen 1928/40.

ALAndorra = Griera, A.: Atlas lingüístic d'Andorra, Andorra 1960.

ALCa = Griera, A.: Atlas lingüístic de Catalunya, 7 Bde, Barcelona 1923/1966.

AlcM = Alcover y Sureda, A./Moll y Casasnovas, F. de B.: Diccionari català-valencià-balear, 10 Bde, Palma de Mallorca 1930/62.

ALEIC = Bottiglioni, G.: Atlante linguistico etnografico italiano della Corsica, 10 Bde, Pisa 1933/42.

ALF = Gilliéron, J./Edmont, E.: Atlas linguistique de la France, 35 Fasc., Paris 1902/09.

ALG = Séguy, J.: Atlas linguistique et ethnographique de la Gascogne, Bd 1, Toulouse 1954, Bde 2, 3, Paris 1956, 1958.

ALLo = Hallig, R.: Atlas linguistique de la Lozère et des cantons limitrophes du Gard et de l'Ardèche (vgl. FEW-Beiheft).

ALLy = Gardette, P.: Atlas linguistique et ethnographique du Lyonnais, 3 Bde, Lyon 1950, 1952, 1956.

ALMC = Nauton, P.: Atlas linguistique et ethnographique du Massif Central, 3 Bde, Paris 1957, 1959, 1961.

Alonso, M.: Enciclopedia del idioma, 3 Bde, Madrid 1958.
Annovazzi, A.: Nuovo vocabolario pavese-italiano, Pavia 1934.
Arbois = Arbois de Jubainville, H. D': Recherches sur l'origine de la propriété foncière et des noms de lieux habités en France, Paris 1890.
ArnaudM = Arnaud, F./Morin, G.: Le langage de la vallée de Barcelonnette, Paris 1920.
ASF 1958 = Annuaire statistique de la France 1958, Paris 1959.
ASF 1961 = Annuaire statistique de la France 1961, Paris 1962.
ASI 1958 = Annuario statistico italiano 1958, Roma 1959.
ASI 1963 = Annuario statistico italiano 1963, Roma 1964.
Azzi, C.: Vocabolario domestico ferrarese-italiano, Ferrara 1857.
BadíaBielsa = Badía Margarit, A.: El habla del valle de Bielsa (Pirineo aragonés) (= Monografías del Instituto de estudios pirenaicos. filología n° 8, n° general 35), Barcelona 1950.
BadíaGrCat = Badía Margarit, A.: Gramática histórica catalana, Barcelona 1951.
Bartoli, M.: Caratteri fondamentali delle lingue neolatine, in AGl 28, 97/133.
Bastin, J.: Les plantes dans le parler, l'histoire et les usages de la Wallonie malmédienne (= „Nos dialectes", Bd 8), Liège 1939.
Battaglia, S.: Grande dizionario della lingua italiana, bisher 3 Bde, Torino 1961ff.
BattAl = Battisti, C./Alessio, G.: Dizionario etimologico italiano, 5 Bde, Firenze 1950/57.
BattDent = Battisti, C.: Le dentali esplosive intervocaliche nei dialetti italiani (= ZBeih 28), Halle 1912.
BattTrent = Battisti, C.: Studi di storia linguistica e nazionale del Trentino, Firenze 1922.
Bauer, A.: Der Fall der Paenultima und seine Beziehung zur Erweichung der intervokalen Tenuis zur Media und zur Vokalveränderung in betonter freier Silbe, Diss. Würzburg 1903.
Beauquier, Ch.: Faune et flore populaires de la Franche-Comté, 2 Bde, Paris 1910.
BeckerD = Becker-Dillingen, J.: Handbuch des Getreidebaus (= Handbücher des gesamten Pflanzenbaues einschließlich der Pflanzenzüchtung I), Berlin 1927.
Berger, H.: Die Lehnwörter in der französischen Sprache ältester Zeit, Leipzig 1899.
Berkner, F.: Der Getreidebau, in Handbuch der Landwirtschaft (hrsg. von F. Aereboe, J. Hansen, Th. Roemer), Bd 3 (Berlin 1930), S. 1/108.
Bevans, C. A.: The Old French Vocabulary of Champagne, Diss. Chicago 1941.
Blaise, A.: Dictionnaire latin-français des auteurs chrétiens, Strasbourg 1954.
BlochAtl = Bloch, O.: Atlas linguistique des Vosges méridionales, Paris 1917
BlochCar = Bloch, M.: Les caractères originaux de l'histoire rurale française, Oslo 1931.
BlochLex = Bloch, O.: Lexique français-patois des Vosges méridionales, Paris 1915.
BlochParl = Bloch, O.: Les parlers des Vosges méridionales, Paris 1917.

BlochWart 1–4 = Bloch, O./Wartburg, W. von: Dictionnaire étymologique de la langue française, 1. Aufl. 2 Bde, Paris 1932, 2. Aufl. 1 Bd, Paris 1950, 3. Aufl. 1 Bd, Paris 1960, 4. Aufl. 1 Bd, Paris 1964.
Body, A.: Vocabulaire des agriculteurs de l'Ardenne, du Condroz, de la Hesbaye et du pays de Herve, in BSLW 20, 1/206.
Bonnet, M.: Le latin de Grégoire de Tours, Paris 1890.
Bosshard, H.: Saggio di un glossario dell'antico lombardo (= ARomBibl 2. Serie Bd 23), Firenze 1938.
Bourciez, E.: Précis historique de phonétique français, 8. Aufl., Paris 1937.
Braungart, R.: Urheimat der Landwirtschaft aller indogermanischen Völker, Heidelberg 1912.
Bruneau, Ch.: Enquête linguistique sur les patois d'Ardenne, 2 Bde, Paris 1914, 1926.
BrunotB = Brunot, F./Bruneau, Ch.: Précis de grammaire historique de la langue française, 4. Aufl., Paris 1956.
Buschan, C.: Vorgeschichtliche Botanik der Kultur- und Nutzpflanzen der Alten Welt auf Grund prähistorischer Funde, Breslau 1895.
Calonne, A. de: La vie agricole sous l'ancien régime dans le Nord de la France (= Mémoires de la Société des antiquaires de Picardie, 4. Serie Bd 9), Paris/Amiens 1920.
Camilli, A.: Il dialetto di Servigliano (Ascoli Piceno), in ARom 13, 220/71.
Capidan, Th.: Meglenoromânii I. Istoria şi graiul lor (= Academia Română. Studii şi cercetări 7, 1), Bucureşti 1925.
ChabrandR = Chabrand, J. A./Rochas d'Aiglun, A. de: Le patois des Alpes et en particulier du Queyras, Grenoble/Paris 1877.
Charbot = Dictionnaires des patois du Dauphiné de N. Charbot et H. Blanchet p. p. H. Gariel (= Bibliothèque historique et littéraire du Dauphiné, Bd 4), Grenoble s. a.
Cherubini, F.: Vocabolario mantovano-italiano, Milano 1827.
Cintra, L. F. L.: A linguagem dos foros de Castelo Rodrigo (= Publicações do centro de estudos filológicos 9), Lisboa 1959.
Claussen, Th.: Die griechischen Wörter im Französischen, in RF 15, 774/879.
Clédat, L.: Sur le traitement de c après la protonique et la pénultième atones; consonnes intervocales apres la protonique et la pénultième atones, in RPh 17, 122/38, 209/28, 264/90.
Colin, G. S.: Etymologies maġribines, in Hespéris. Archives berbères et bulletin de l'Institut des hautes études marocaines 6, 55/82.
Contini, G.: Reliquie volgari dalla scuola bergamasca dell'umanesimo, in ItDial 10, 223/40.
Cornu, J.: Phonologie du bagnard, in R 6, 369/427.
Corom = Corominas, J.: Diccionario crítico etimológico de la lengua castellana, 4 Bde, Bern 1954/57.
CoromCardós = Corominas, J.: El parlar de Cardós i Vall Ferrera, in BCat 23, 241/331.
CoronediB = Coronedi Berti, C.: Vocabolario bolognese-italiano, 2 Bde, Bologna 1869 und 1874.
Dartois, M.: Coup d'œil spécial sur les patois de la Franche-Comté, in AcBes 1850, S. 139/292.

Dauzat = Dauzat, A.: Dictionnaire étymologique de la langue française, 4. Aufl., Paris 1946.
DauzatDM = Dauzat, A./Dubois, J./Mitterand, H.: Nouveau dictionnaire étymologique et historique de la langue française, Paris 1964.
DC = Glossarium mediae et infimae latinitatis conditum a Carolo du Fresne Domino Du Cange. Editio nova aucta pluribus verbis aliorum scriptorum a Léopold Favre, 10 Bde (nouveau tirage), Paris 1937/38.
Delisle, L.: Etudes sur la condition de la classe agricole et l'état de l'agriculture en Normandie au moyen-âge, Paris 1903.
Delmotte, Ph.: Essai d'un glossaire wallon, 2 Bde, Mons 1907 und 1909.
Devaux, A.: Essai sur la langue vulgaire du Dauphiné septentrional au moyen-âge, Paris/Lyon 1892.
DG = Hatzfeld, A./Darmesteter, A./Thomas, A.: Dictionnaire général de la langue française du commencement du XVIIe s. jusqu'à nos jours, 2 Bde, Paris s. a. (1890/1900).
DiccAguiló = Diccionari Aguiló, 8 Bde, Barcelona 1918/34.
DiccAutoridades = Diccionario de autoridades (edición facsímil), 3 Bde, Madrid 1963.
DiccHist = Diccionario histórico de la lengua española, ersch. nur 2 Bde, Madrid 1933 und 1936.
Diez, F.: Etymologisches Wörterbuch der romanischen Sprachen, 5. Aufl., Bonn 1887.
Dornheim, A.: Die bäuerliche Sachkultur im Gebiet der oberen Ardèche, in Volkst 9, 202/388, 10, 247/369.
Dorsch = Dorschner, F.: Das Brot und seine Herstellung in Graubünden und Tessin, Diss. Zürich 1936.
Dottin, G.: Glossaire des parlers du Bas-Maine, Paris 1899.
Dubler, C. E.: Über das Wirtschaftsleben auf der iberischen Halbinsel vom 11.–13. Jahrhundert (= RH 22), Genf/Zürich 1943.
Elwert, W. Th.: Die Mundart des Fassa-Tals (= Wörter und Sachen, Neue Folge, Beiheft 2), Heidelberg 1943.
Enc = La grande Encyclopédie, 31 Bde, Paris 1885/1901.
EncIt = Enciclopedia italiana di scienze, lettere ed arti, 36 Bde, Milano 1929/39.
EncUn = Enciclopedia universal ilustrada europeo-americana, 70 Bde, Madrid 1907/30.
ErnoutM = Ernout, A./Meillet, A.: Dictionnaire étymologique de la langue latine, 4. Aufl., Paris 1959.
Ferraro, G.: Glossario monferrino, 2. Aufl., Torino 1889.
Ferri, L.: Vocabolario ferrarese-italiano, Ferrara 1889.
FEW = Wartburg, W. von: Französisches etymologisches Wörterbuch, bisher Bd 1 Bonn 1928, Bd 2, 1 Leipzig/Berlin 1940, Bd 2, 2 Basel 1946, Bd 3 Leipzig/Berlin 1934, Bd 4 Basel 1952, Bd 5 Basel 1950, Bd 7 Basel 1955, Bd 8 Basel 1958, Bd 9 Basel 1959, Bd 10 Basel 1962, Bd 11 Basel 1964, Bd 12 Basel 1966, Bd 14 Basel 1961, Bd 16 Basel 1959.
Flagge, W.: Provenzalisches Alpenleben in den Hochtälern des Verdon und der Bléone. Ein Beitrag zur Volkskunde der Basses-Alpes (= ARomBibl 2. Serie Bd 19). Firenze 1935.

Foresti, L.: Vocabolario piacentino-italiano, Piacenza 1836.
Fouché = Fouché, P.: Phonétique historique du français, 3 Bde, Paris 1952, 1958, 1961.
FouchéHisp = Fouché, P.: Etudes de philologie hispanique, in Revue hispanique 77, 1/170.
Fraas, C.: Synopsis plantarum florae classicae oder übersichtliche Darstellung der in klassischen Schriften der Griechen und Römer vorkommenden Pflanzen, München 1845.
Frisoni, G.: Dizionario moderno genovese-italiano e italiano-genovese, Genova 1910.
Gachon, L.: Les Limages du Sud et leurs bordures montagneuses, Tours 1939.
GamGerm = Gamillscheg, E.: Romania germanica, 3 Bde, Berlin/Leipzig 1934/36.
Gamillscheg = Gamillscheg, E.: Etymologisches Wörterbuch der französischen Sprache, Heidelberg 1928.
GartErto = Gartner, Th.: Die Mundart von Erto, in Z 16, 308/71.
GartGred = Gartner, Th.: Die Gredner Mundart, Linz 1879.
GartLad = Gartner, Th.: Ladinische Wörter aus den Dolomiten (= ZBeih 73), Halle 1923.
Gdf = Godefroy, F.: Dictionnaire de l'ancienne langue française, 10 Bde, Paris 1880/1902.
George, P.: Géographie économique et sociale de la France, Paris 1946.
Georges, K. E.: Ausführliches lateinisch-deutsches Handwörterbuch, 8. Aufl., 2 Bde, Hannover/Leipzig 1913 und 1918.
Gerhards, J.: Beiträge zur Kenntnis der prähistorischen französischen Synkope des Pänultimavokals (= ZBeih 55), Halle 1913.
Gerster, W.: Die Mundart von Montana (Wallis) und ihre Stellung innerhalb der frankoprovenzalischen Mundarten des Mittelwallis, Diss. Zürich 1927.
Gierach, E.: Synkope und Lautabstufung (= ZBeih 24), Halle 1910.
Giese, W.: Volkskundliches aus den Hochalpen des Dauphiné (= Hamburgische Universität. Abhandlungen aus dem Gebiet der Auslandskunde, Bd 37), Hamburg 1932.
Gili = Gili Gaya, S.: Tesoro lexicográfico (1492–1726), bisher 1 Bd, Madrid 1947.
Girardin, J.: Le vocalisme du fribourgeois au XVe s., in Z 24, 199/248.
Gloss = Glossaire des patois de la Suisse romande, bisher 3 Bde, Neuchâtel/Paris 1924ff.
Godin, M. A. Freiin von: Wörterbuch der albanischen und deutschen Sprache, Bd 1 Deutsch-Albanisch, Leipzig 1930.
Goffart, N.: Glossaire du Mouzonnais, in Revue de Champagne et de Brie 1895/1900 (vgl. FEW-Beiheft).
Gradmann, R.: Der Getreidebau im deutschen und römischen Altertum, Jena 1909.
Grand, R.: L'agriculture au moyen-âge de la fin de l'empire romain au XVIe s. (= L'agriculture à travers les âges, Bd 3), Paris 1950.
Grandg = Grandgagnage, Ch.: Dictionnaire étymologique de la langue wallone, Bd 1 Liège 1845, Bd 2 Tl 1 Liège/Bruxelles/Leipzig/Aix-la-Chapelle 1850, Tl 2 Bruxelles 1880.

Grisch, M.: Die Mundart von Surmeir (Ober- und Unterhalbstein) (= RH 12), Paris/Zürich/Leipzig 1939.
Gröhler, H.: Über Ursprung und Bedeutung der französischen Ortsnamen, 2 Bde, Heidelberg 1913 und 1933.
Gysling, F.: Contributo alla conoscenza del dialetto della Valle Anzasca (Novara), in ARom 13, 87/190.
Haberl, R.: Nachtoniges A in Proparoxytonis in den romanischen Sprachen, in Z 34, 135/41.
Haeberli, L.: Die Entwicklung der lateinischen Gruppen *kl*, *gl*, *pl*, *bl*, *fl* im Frankoprovenzalischen, in ZFSL 33, 1/43.
Hafner, H.: Grundzüge einer Lautlehre des Altfrankoprovenzalischen (= RH 52), Bern 1955.
Hauger, A.: Zur römischen Landwirtschaft und Haustierzucht, Hannover 1921.
Haust, J.: Le dialecte wallon de Liège. 2e partie: Dictionnaire liégeois, Liège 1933.
Hebeisen W.: Die Bezeichnungen für Geschirr, Eimer, Krug im Französischen, Oberitalienischen und Rätoromanischen mit besonderer Berücksichtigung des Alpengebietes, Diss. Bern 1920.
Hécart, G. A. J.: Dictionnaire rouchi-français, 3. Aufl., Valenciennes 1834.
Hegi, G.: Illustrierte Flora von Mitteleuropa, 13 Teile in 7 Bden, München 1906/31.
Hehn, V.: Kulturpflanzen und Haustiere in ihrem Übergang aus Asien nach Griechenland und Italien sowie in das übrige Europa, 8. Aufl. neuhrsg. von O. Schrader, Berlin 1911.
Heraeus, W.: Kleine Schriften, Heidelberg 1937.
Herford, H.: Die lateinischen Proparoxytona im Altprovenzalischen, Diss. Königsberg 1907.
Herzig, G.: Beitrag zur Kenntnis der Mundart der Auvergne. Vergleichende Darstellung des gegenwärtigen Lautstandes dreier Orte (Vertaizon/Picherande/Bégut-les-Vabres) (= Forschungen zur romanischen Philologie, hrsg. von H. Lausberg, Bd 8), Münster/Westfalen 1959.
Herzog, E.: Etymologisches, in Bausteine zur romanischen Philologie. Festgabe für A. Mussafia (Halle 1905), S. 481/502.
HombresCh = Hombres, M. D'/Charvet, G.: Dictionnaire languedocien-français, Alais 1884.
Hoops = Hoops, J.: Waldbäume und Kulturpflanzen im germanischen Altertum, Strassburg 1905.
HoopsReal = Hoops, J.: Reallexikon der germanischen Altertumskunde, 4 Bde, Strassburg 1911/19.
HorningGr = Horning, A.: Die ostfranzösischen Grenzdialekte zwischen Metz und Belfort (= Französische Studien, Bd 5, Heft 4), Heilbronn 1887.
HorningPän = Horning, A.: Zur Behandlung der tonlosen Paenultima im Französischen, in Z 15, 493/503.
Ibáñez, E.: Diccionario español-rifeño, Madrid 1944.
JahrbBRD 1959 = Statistisches Jahrbuch für die Bundesrepublik Deutschland 1959 (mit den Angaben für 1958), Stuttgart/Mainz 1959.

JahrbDDR 1959 = Statistisches Jahrbuch der Deutschen Demokratischen Republik 1959 (mit den Angaben für 1958), Berlin 1959.
Jaubert, le comte: Glossaire du Centre, 2. Aufl. Paris 1864.
Jud, J.: Mots d'origine gauloise? 2e série, in R 49, 389/416.
Keller, H.-E.: Etude descriptive sur le vocabulaire de Wace (= Deutsche Akademie der Wissenschaften zu Berlin. Veröffentlichungen des Instituts für romanische Sprachwissenschaft, Bd 7), Berlin 1953.
Klatzmann, J.: La localisation des cultures et des productions animales en France, Paris 1955.
Klausing, G.: Die lautliche Entwicklung der lateinischen Proparoxytona im Französischen, Diss. Kiel 1900.
Kluge, F.: Etymologisches Wörterbuch der deutschen Sprache, 17. Aufl., bearb. von W. Mitzka, Berlin 1957.
Koschwitz, E.: Grammatik der neufranzösischen Schriftsprache (16.–19. Jh.), Tl 1 Lautlehre, Oppeln/Leipzig 1889.
KrügerHPyr = Krüger, F.: Die Hochpyrenäen. C. Ländliche Arbeit, Bd 2 Getreide/Heuernte/Bienen usw. (= Hamburger Studien zu Volkstum und Kultur der Romanen, Bd 32), Hamburg 1939.
KrügerLangR = Krüger, F.: Sprachgeographische Untersuchungen im Languedoc und Roussillon, in RDR 3, 144/83, 287/338, 4, 1/15, 5, 1/88.
Lac = La Curne de Sainte-Palaye: Dictionnaire historique de l'ancien langage françois, 10 Bde (Neudruck), Niort/Paris 1875/82.
LandwIt = Die italienische Landwirtschaft (= Berichte über Landwirtschaft. Zeitschrift für Agrarpolitik und Landwirtschaft, 149. Sonderheft), Berlin 1940.
LazzioliN = Lazzioli, C./Nemi, G.: Novissimo dizionario delle lingue italiana e tedesca, 2 Tle in 1 Bd, Brescia 1950.
Legros, E.: Le wallon *stombe* „aiguillon de bouvier", in Vox 11, 170/88.
LespyR = Lespy, V./Raymond, P.: Dictionnaire béarnais ancien et moderne, Montpellier 1887.
Levi, A.: Dizionario etimologico del dialetto piemontese, Torino 1927.
Li = Littré, E.: Dictionnaire de la langue française, 4 Bde, Paris 1863/72.
Lindsstrom, A.: Il vernacolo di Subiaco, in StR 5, 237/300.
Link, H. F.: Über die ältere Geschichte der Getreidearten, in Abhandlungen der Königlichen Akademie der Wissenschaften zu Berlin, Jg. 1816, S. 123/142 und Jg. 1826, S. 67/82.
Longnon, A.: Les noms de lieu de la France, leur origine, leur signification, leurs transformations p. p. P. Marichal et L. Mirot, Paris 1920/29.
Lorck, J. E.: Altbergamaskische Sprachdenkmäler (9.–15. Jh.) (= Romanische Bibliothek 10), Halle 1893.
Lutta, C. M.: Der Dialekt von Bergün und seine Stellung innerhalb der rätoromanischen Mundarten Graubündens (= ZBeih 71), Halle 1923.
Luzi, J.: Lautlehre der subselvischen Dialekte, Diss. Zürich 1904.
Lv = Levy, E.: Provenzalisches Supplementwörterbuch, 8 Bde, Leipzig 1894/1924.
Machado, J. P.: Dicionário etimológico da língua portuguesa, 2 Bde, Lisboa 1956 und 1959.

Magerstedt, D.: Der Feld-, Garten- und Wiesenbau der Römer, Sondershausen 1862.
Mann, St. E.: A Historical Albanian and English Dictionary (1496–1938), London/New York 1948.
Marchot, P.: Le patois de Saint-Hubert (Extrait de la Revue de philologie française et provençale, Bd 4), Paris 1890.
Marquardt, J.: Das Privatleben der Römer (= Handbuch der römischen Altertümer, hrsg. von J. Marquardt und Th. Mommsen, Bd 7), 2. Aufl. Leipzig 1886.
MartBad = Martini, G. S.: Vocabolarietto badiotto-italiano (= Collana di vocabolari dialettali dell'Istituto di glottologia dell'università degli studi di Firenze, Bd 1), Firenze 1950.
MartGard = Martini, G. S.: Vocabolario gardenese-italiano (= Collezione di vocabolarietti dialettali diretta da Carlo Battisti, Bd 1), Firenze 1953.
Masclans = Masclans i Girvès, F.: Els noms vulgars de les plantes a les terres catalanes, Barcelona 1954.
Mattioli, A.: Vocabolario romagnolo-italiano, Imola 1879.
Mazaleyrat, J.: La vie rurale sur le plateau de Millevaches (= Publications de la Faculté des lettres et sciences de l'Université de Clermont-Ferrand 2e série fasc. 8), Paris 1959.
Merlo, Cl.: Appunti sul dialetto della Spezia, in ItDial 12, 211/15.
Meschieri, E.: Nuovo vocabolario mirandolese-italiano, Imola 1932.
MeyerBot = Meyer, E. H. F.: Geschichte der Botanik, 4 Bde, Königsberg 1854/57.
MeyerGl = Meyer, G.: Zu den thrakischen Glossen, in Beiträge zur Kunde der indogermanischen Sprachen 20, 116/24.
MeyerLEinf = Meyer-Lübke, W.: Einführung in das Studium der romanischen Sprachwissenschaft, 3. Aufl. Heidelberg 1920.
MeyerLKat = Meyer-Lübke, W.: Das Katalanische, Heidelberg 1925.
MeyerLNeutr = Meyer-Lübke, W.: Die Schicksale des lateinischen Neutrums im Romanischen, Halle 1883.
MeyerLRoGr = Meyer-Lübke, W.: Grammatik der romanischen Sprachen, 4 Bde, Leipzig 1890/1902.
MeyerLVok = Meyer-Lübke, W.: Zur lateinischen Vokalquantität, in Wiener Studien. Zeitschrift für klassische Philologie 16, 314/23.
MeyerStud = Meyer, G.: Neugriechische Studien III, in Sitzungsberichte der Kaiserlichen Akademie der Wissenschaften zu Wien, Phil.-hist. Kl. Bd 132 (Jg. 1895), Abh. 3.
MillAtl = Millardet, G.: Petit atlas linguistique d'une région des Landes, Toulouse 1910.
Mistral, F.: Lou tresor dóu Felibrige, 2 Bde, Aix-en-Provence 1878.
Monaci, E.: Crestomazia italiana dei primi secoli con prospetto grammaticale e glossario. Nuova edizione riveduta e aumentata per cura di F. Arese, Roma/Napoli/Città di Castello 1955.
Morosi, G.: L'elemento greco nei dialetti dell'Italia meridionale, I. Provincia di Reggio, in AGl 12, 76/96.
Morri, A.: Vocabolario romagnolo-italiano, Faenza 1840.

Musset, G.: Glossaire des patois et des parlers de l'Aunis et de la Saintonge, 5 Bde, La Rochelle 1929, 1931, 1932, 1938, 1948.
NeumannSp = Neumann-Ritter von Spallart, A.: Weitere Beiträge zur Charakteristik des Dialektes der Marche (= ZBeih 11), Halle 1907.
Nicolet, N.: Der Dialekt des Antronatales (= ZBeih 79), Halle 1929.
NigraEtim = Nigra, C.: Note etimologiche e lessicali, in Z 28, 641/48.
NigraLat = Nigra, C.: Saggio lessicale di basso latino curiale compilato su estratti di statuti medievali piemontesi, in Bollettino storico-bibliografico subalpino 14, 1/88, 21, 127/76, 255/77.
Nissen, H.: Italienische Landeskunde, 2 Bde, Berlin 1883 und 1902.
Ovidio, F. D': I riflessi romanzi di VIGINTI, TRIGINTA, QUADRAGINTA, QUINQUAGINTA, SEXAGINTA, SEPT(U)AGINTA, NONAGINTA, *NOVAGINTA, in Z 8, 82/105.
Palay, S.: Dictionnaire du béarnais et du gascon modernes, 2 Bde, Pau 1932.
Paris, G.: Les plus anciens mots d'emprunt du français, in G. Paris – Mélanges linguistiques p. p. M. Roques (Paris 1909), S. 315/52.
ParodiLig = Parodi, E. G.: Studj liguri II, in AGl 15, 1/82.
ParodiOrm = Parodi, E. G.: Intorno al dialetto d'Ormea, in StR 5, 89/122.
Paul, H.: Mittelhochdeutsche Grammatik, 16. Aufl., Halle 1953.
PaulyW = Paulys Realenzyklopädie der klassischen Altertumswissenschaft, Neue Bearbeitung (hrsg. von G. Wissowa), Stuttgart 1894ff.
Penzig, O.: Flora popolare italiana. Raccolta dei nomi dialettali delle principali piante indigene e coltivate in Italia, 2 Bde, Genova 1924.
Perpillou, A.: Cartographie du paysage rural limousin, 2 Bde, Chartres 1940.
Perron, Ch.: Broye-lez-Pesmes. Histoire, statistique, langage, in MémDoubs 1888, S. 331/460.
Peschieri, I.: Dizionario parmigiano-italiano, Parma 1828.
Philipon, E.: Les parlers du Forez cis-ligérien aux XIIIe et XIV[e]s., in R 22, 1/44.
Pieri, S.: Il dialetto gallo-romano di Sillano, in AGl 13, 329/54.
Pierrehumbert, W.: Dictionnaire historique du parler neuchâtelois et suisse romand, Neuchâtel 1926.
Pirona = Pirona, G. A./Carletti, E./Corgnali, G. B.: Il nuovo Pirona (Vocabolario friulano), Udine 1935.
Pirsoul, L.: Dictionnaire wallon-français (dialecte de Namur), 2. Aufl., Namur 1934.
Pizzagalli, A.: Un giullare del popolo, Edoardo Giansanti, e Dizionario del dialetto pesarese, Firenze s. a. (1944).
Poppe, E.: Der Wortschatz des Journal des Sieur de Gouberville in seinen Beziehungen zu den heutigen normannischen Mundarten (= Leipziger romanistische Studien, I. Sprachwissenschaftliche Reihe, Bd 12), Leipzig 1936.
Prati, A.: Vocabolario etimologico italiano, Torino 1951.
Pult, G.: Le parler de Sent (Basse-Engadine), Diss. Lausanne 1897.
Pușc = Pușcariu, S.: Etymologisches Wörterbuch der rumänischen Sprache, I. Lateinisches Element, Heidelberg 1905.
PușcIstr = Pușcariu, S.: Studii Istroromâne III în colaborare cu M. Bartolo, A. Belulovici și A. Byhan (= Academia Română. Studii și cercetări 16), București 1929.

Ravanat, A.: Dictionnaire du patois des environs de Grenoble, Grenoble 1911.
RécCér = Récoltes des céréales et des pommes de terre de 1815 à 1876 p. p. le Ministère de l'Agriculture et du Commerce, Paris 1878.
RemDict = Remacle, L.: Dictionnaire wallon et français, 2. Aufl., Leipzig/Liège 1852.
RemGl = Remacle, L.: Le parler de La Gleize, Bruxelles/Liège 1937.
REW = Meyer-Lübke, W.: Romanisches etymologisches Wörterbuch, 3. Aufl., Heidelberg 1935.
Rheinf = Rheinfelder, H.: Altfranzösische Grammatik, Tl 1 Lautlehre, 2. Aufl., München 1953.
RigutiniB = Rigutini, G./Bulle, O.: Neues italienisch-deutsches und deutsch-italienisches Wörterbuch, 2 Bde, Leipzig/Mailand 1896 und 1900.
Rn = Raynouard, F.: Lexique roman ou dictionnaire de la langue des Troubadours, 6 Bde, Paris 1838/45.
Rodríguez = Rodríguez-Castellano, L.: Aspectos del bable occidental, Oviedo 1954.
Rönsch, H.: Romanische Etymologien, in Z 1, 414/20.
RohlfsCal = Rohlfs, G.: Dizionario dialettale delle tre Calabrie, 3 Bde, Halle/Mailand 1932, 1934, 1939.
RohlfsGasc = Rohlfs, G.: Le gascon. Etudes de philologie pyrénéenne, Halle 1935.
RohlfsGräz = Rohlfs, G.: Etymologisches Wörterbuch der unteritalienischen Gräzität, Halle 1930.
RohlfsItGr = Rohlfs, G.: Historische Grammatik der italienischen Sprache und ihrer Mundarten, 3 Bde, Bern 1949, 1950, 1954.
Rokseth, P.: Terminologie de la culture des céréales à Majorque (= Biblioteca filològica, Bd 15), Barcelona 1923.
Rolland, E.: Flore populaire de la France ou histoire naturelle des plantes dans leurs rapports avec la linguistique et le folklore, 11 Bde, Paris 1896/1914.
Ronjat, J.: Grammaire istorique des parlers provençaux modernes, 4 Bde, Montpellier 1930, 1932, 1937, 1941.
Rothmann, M.: Die Getreidewirtschaft Rumäniens, Diss. Gießen 1940.
Runk = Runkewitz, W.: Der Wortschatz der Grafschaft Rethel in Beziehung zur modernen Mundart nach dem „Trésor des chartes du comté de Rethel" (= Leipziger romanistische Studien, I. Sprachwissenschaftliche Reihe, Bd 16), Leipzig/Paris 1937.
Salow, K.: Sprachgeographische Untersuchungen über den östlichen Teil des katalanisch-languedokischen Grenzgebietes (= Bibliothèque de dialectologie romane, Bd 1), Hamburg/Paris 1912.
SalvApp = Salvioni, C.: Appunti meridionali, in StR 6, 5/67.
SalvLag = Salvioni, C.: Saggi intorno ai dialetti di alcune vallate all'estremità settentrionale del Lago Maggiore, in AGl 9, 188/248.
SalvMil = Salvioni, C.: Fonetica del dialetto moderno della città di Milano, Torino 1884.
Sauvages, l'abbé de: Dictionnaire languedocien-français, 1. Aufl. Nîmes 1756, 2. Aufl. Nîmes 1785.
Savoy, E.: L'agriculture à travers les âges, 4 Bde, Paris 1935/52.

Scalais, R.: La production agricole dans l'Etat romain et les importations des blés provinciaux jusqu'à la deuxième guerre punique, in Musée belge 29, 143ff.
Schädel, B.: Die Mundart von Ormea, Halle 1903.
Scharfetter, R.: Das Pflanzenleben der Ostalpen, Wien 1938.
Schiemann, E.: Weizen, Roggen, Gerste. Systematik, Geschichte und Verwendung, Jena 1948.
Schorta, A.: Lautlehre der Mundart von Müstair (Münster, Kt. Graubünden) (= RH 7), Paris/Leipzig/Zürich 1938.
Schrader, O.: Reallexikon der indogermanischen Altertumskunde, 2 Bde, Berlin/Leipzig 1923 und 1929.
Schuchardt, H.: Der Vokalismus des Vulgärlateins, 2 Bde, Leipzig 1866/67.
Schüle, R. C.: Inventaire lexicologique du parler de Nendaz, in Vox 20, 161/284, 21, 141/241.
SchulzGetr = Schulz, A.: Die Geschichte der kultivierten Getreide I, Halle 1913.
SchulzRogg = Schulz, A.: Die Geschichte des Roggens, in 39. Jahresbericht des westfälischen Provinzialvereins für Wissenschaft und Kunst für 1910/1911 (Münster 1911), S. 153/63.
SchwanB = Schwan, E./Behrens, D.: Grammatik des Altfranzösischen, 8. Aufl., Leipzig 1909.
Seifert = Seifert, A.: Glossar zu den Gedichten des Bonvesin da Riva, Berlin 1886.
SeifertProp = Seifert, E.: Die Proparoxytona im Galloromanischen (= ZBeih 74), Halle 1923.
Sella, P.: Glossario latino emiliano (= Studi e testi pubblicati per cura degli scrittori della Biblioteca Vaticana e degli archivisti dell'Archivio Segreto, Bd 74), Città del Vaticano 1937.
Simonet, F. J.: Glosario de voces ibéricas y latinas usadas entre los Mozárabes, Madrid 1888.
Spoerri, T.: Il dialetto della Valsesia, in RLomb 51, 39/409, 683/752.
Staaf, E.: Etudes sur l'ancien dialecte léonais d'après des chartes du XIIIe s. (= Arbeten utgifna med understöd af Vilhelm Ekmans Universitetsfond Uppsala, Bd 6), Uppsala 1907.
StolzSchm = Stolz, F./Schmalz, J. H.: Lateinische Grammatik (= Handbuch der Altertumswissenschaft, 2. Abt. 2. Teil), 5. Aufl. bearb. von M. Leumann und J. B. Hofmann, München 1926.
Straka, G.: Observations sur la chronologie et les dates de quelques modifications phonétiques en roman et en français prélittéraire, in RLR 71, 247/307.
Strobel, H.: Die von Pflanzennamen abgeleiteten Ortsnamen einiger südfranzösischer Departements, Diss. Tübingen 1936.
Sütterlin, L.: Die heutige Mundart von Nizza, in RF 9, 249/586.
Svennung, J.: Untersuchungen zu Palladius und zur lateinischen Fach- und Volkssprache (= Arbeten utgivna med understöd av Vilhelm Ekmans Universitetsfond Uppsala, Bd 44), Uppsala 1935.
Szemerényi, O.: Etyma Latina I, in Glotta 38, 216/51.
Tagliavini, C.: Il dialetto del Livinallongo, Bolzano 1934.

ThesLL = Thesaurus linguae Latinae, bisher 6 Bde, Leipzig 1900ff.
Thomas, A.: Nouvelles variétés étymologiques, in R 44, 321/56.
Tiktin, H.: Zum istrorumänischen Wortschatz, in Z 31, 226/30.
TL = Tobler, A./Lommatzsch, E.: Altfranzösisches Wörterbuch, bisher 6 Bde, Berlin 1925, 1936, Wiesbaden 1954, 1960, 1963, 1965.
TommaseoB = Tommaseo, N./Bellini, B.: Dizionario della lingua italiana, 7 Bde (3ª ristampa economica dell'edizione integra), Torino 1916.
Toppino, G.: Il dialetto di Castellinaldo, in AGl 16, 517/48.
Ungarelli, G.: Vocabolario del dialetto bolognese, Bologna 1901.
Usteri, R.: Croquis de la vie des femmes au Pays d'Enhaut (= RH 15), Paris/Leipzig/Zürich 1940.
Väänänen, V.: Le latin vulgaire des inscriptions pompéiennes (= Abhandlungen der Deutschen Akademie der Wissenschaften zu Berlin, Klasse für Sprache, Literatur und Kunst, Jg. 1958, Nr. 3), Berlin 1958.
Vaniček, A.: Etymologisches Wörterbuch der lateinischen Sprache, 2. Aufl., Leipzig 1881.
Vautherin, A.: Glossaire du patois de Châtenois, Belfort 1896.
VerrierO = Verrier, A.-J./Onillon, R.: Glossaire étymologique et historique des patois et des parlers de l'Anjou, 2 Bde, Angers 1908.
Wagner, M. L.: Dizionario etimologico sardo, 2 Bde, Heidelberg 1960/62.
Walberg, E.: Saggio sulla fonetica del parlare di Celerina-Cresta (Alta-Engadina), Diss. Lund 1907.
WaldeH = Walde, A./Hofmann, J. B.: Lateinisches etymologisches Wörterbuch, 3. Aufl., 2 Bde, Heidelberg 1938/39 (Bd 2 auch in 4. Aufl. 1954).
Walser, W.: Zur Charakteristik der Mundart des Aosta-Tales, Diss. Zürich 1937.
Warland, J.: Glossar und Grammatik der germanischen Lehnwörter in der wallonischen Mundart Malmedys (= Bibliothèque de la Faculté de philosophie et lettres de l'Université de Liège, Bd 84), Liège/Paris 1940.
Warnant, L.: La culture en Hesbaye liégeoise (= Académie royale de langue et de littérature françaises de Belgique, Bd 19), Bruxelles 1949.
WartburgEinf = Wartburg, W. von: Einführung in Problematik und Methodik der Sprachwissenschaft, 2. Aufl., Tübingen 1962.
Wendel, H.: Die Entwicklung der Nachtonvokale aus dem Lateinischen ins Altprovenzalische, Diss. Tübingen 1906.
Wiskemann, H.: Die antike Landwirtschaft und das von Thünen'sche Gesetz, Leipzig 1859.
Zaun, O.: Die Mundart von Aniane in alter und neuer Zeit (= ZBeih 61), Halle 1917.
Zéliqzon, L.: Glossar über die Mundart von Malmedy, in Z 18, 247/66.
Zimmerli, J.: Die deutsch-französische Sprachgrenze in der Schweiz, 3 Teile, Basel/Genf 1891, 1895, 1899.

Kolibri 360 GmbH
Ferdinand-Jühlke-Straße 7
99095 Erfurt, Deutschland
produktsicherheit@kolibri360.de